高职高专教改系列教材

钢结构设计原理

主　编　李有香

副主编　夏　璐　姜　玮　祝冰青

　　　　刘　雯　王晓春

主　审　满广生

U0294468

中国水利水电出版社
www.waterpub.com.cn

内 容 提 要

  本教材为中央财政支持提升专业服务产业发展能力建设专业"建筑钢结构工程技术专业"系列教材之一。作者本着高职高专教育特色，依据提升专业服务能力的专业人才培养方案和课程建设的目标及要求，按照校企专家多次研究讨论后制定的课程标准进行编写。

  全书共8个学习项目，内容包括：钢结构概论，钢结构的材料，钢结构的连接，轴心受力构件，受弯构件——钢梁，拉弯和压弯构件，钢屋盖，门式刚架轻型钢结构。

  本书可作为建筑钢结构工程技术专业的教学用书，也可作为土建类相关专业和工程技术人员的参考用书。

图书在版编目（CIP）数据

钢结构设计原理/李有香主编．—北京：中国水
利水电出版社，2013.8（2016.7重印）
高职高专教改系列教材
ISBN 978 - 7 - 5170 - 1172 - 9

Ⅰ．①钢…　Ⅱ．①李…　Ⅲ．①钢结构-结构设计-高
等职业教育-教材　Ⅳ．①TU391.04

中国版本图书馆 CIP 数据核字（2013）第 191359 号

书　　名	高职高专教改系列教材 **钢结构设计原理** 主　编　李有香
作　　者	副主编　夏璐　姜玮　祝冰青　刘雯　王晓春 主　审　满广生
出版发行	中国水利水电出版社 （北京市海淀区玉渊潭南路 1 号 D 座　100038） 网址：www. waterpub. com. cn E - mail：sales@waterpub. com. cn 电话：（010）68367658（营销中心）
经　　售	北京科水图书销售中心（零售） 电话：（010）88383994、63202643、68545874 全国各地新华书店和相关出版物销售网点
排　　版	中国水利水电出版社微机排版中心
印　　刷	北京嘉恒彩色印刷有限责任公司
规　　格	184mm×260mm　16 开本　17.75 印张　448 千字　1 插页
版　　次	2013 年 8 月第 1 版　2016 年 7 月第 2 次印刷
印　　数	3001—5500 册
定　　价	**43.00** 元

凡购买我社图书，如有缺页、倒页、脱页的，本社营销中心负责调换

版权所有·侵权必究

前　　言

　　本教材是依据中央财政支持提升专业服务产业发展能力建设专业"建筑钢结构工程技术"的人才培养方案和课程建设目标进行编写的。

　　本专业的课程改革是以工作过程为导向，以项目为载体进行的。人才培养方案和课程重构建设方案由校企等多方面的专家经过多次研讨论证形成。根据课程教学基本要求，按照以学习情境代替学科为框架体系的编排结构，在教材风格上形成理论与实践相结合的鲜明特色。与以往教材对比，本教材理论知识本着适度的原则，在此基础上大幅度增加计算实例，着重和突出学生实际能力的培养。本教材共有8个学习项目，内容包括钢结构概论、钢结构的材料、钢结构的连接、轴心受力构件、受弯构件——钢梁、拉弯和压弯构件、钢屋盖、门式刚架轻型钢结构。每个项目按照工作任务分为若干个工作情境。本教材的例题、思考题和习题的安排注意引导学生采用理论联系实际的学习方法，以培养其分析问题、解决问题的能力。

　　本教材由安徽水利水电职业技术学院李有香任主编，夏璐编写项目1、项目2；李有香编写项目3、项目4，姜玮（安徽省第四建筑工程公司）编写项目5；祝冰青编写项目6；刘雯编写项目7；王晓春编写项目8。

　　本教材由满广生教授任主审。

　　本教材由安徽水利水电职业技术学院和安徽省第四建筑工程公司共同开发，在编写过程中，得到了安徽省第三建筑工程公司的大力支持，在此一并表示感谢。限于作者水平，书中难免存在欠妥之处，敬请广大读者批评指正。

编者

2013 年 4 月

目　　录

学习项目 1　钢 结 构 概 论

学习目标：通过本项目的学习，掌握钢结构的特点及实际运用情况；熟悉钢结构的基本结构类型及其组成；了解钢结构的发展现状及存在的主要问题。

学习情境 1.1　钢结构的特点和应用范围

1.1.1　钢结构的特点

钢结构是以钢材（钢板和型钢）为主要材料制作的结构，和其他材料的结构相比，钢结构具有如下特点。

1. 强度高、自重小

钢材的容重虽然比钢筋混凝土、砖石及木材大，但其强度高，因此在承载力相同的条件下，钢结构所用的材料少，所以自重比其他结构小。例如，在跨度和荷载都相同时，普通钢屋架的重量只有钢筋混凝土屋架的 1/4～1/3，若采用冷弯薄壁型钢屋架，则自重仅约为钢筋混凝土屋架的 1/10，轻得更多。由于强重比大，钢结构用于建造大跨度结构时可以采用更小的截面尺寸，结构占用空间小；由于重量轻，可减轻下部结构和基础的负担；由于自重小，便于运输和吊装。在交通不便、取材困难的边远山区修建公路或输电工程时，优先考虑选用钢桥或钢制的输电线塔架。

2. 材质均匀

钢材的内部组织均匀，非常接近于各向同性体，弹性工作范围大，它的实际工作情况与工程力学计算中所采用的材料为匀质、各向同性体的假定较符合。因此，计算结果准确，可靠性高。

3. 塑性、韧性好

钢材破坏前要经受很大的塑性变形，能吸收和消耗较多的能量，具有良好的塑性，因此钢结构在一般情况下，不会发生突发性破坏，破坏前有较大变形作预兆。此外，钢材还具有良好的韧性，能很好地承受动力荷载和地震作用。国内外调查表明，地震后，各类结构中钢结构所受的损害最小，故在抗震设防地区可以优先考虑采用。

4. 工业化生产程度高

钢结构是用各种型材（H 型钢、T 型钢、工字钢、槽钢、角钢等）和钢板，经切割、焊接等工序制造成钢构件或子结构，然后分运输单元送至工地安装而成。对一些轻型屋面结构（压型钢板屋面、彩板拱形波纹屋面等），甚至可在工地边轧制边安装。钢结构的安装，由于是装配化作业，故效率高，施工周期短，投资收效快。此外，钢结构工程主要是干作业，能改善施工环境，有利于文明施工。

5. 拆迁方便

钢结构由于重量轻、连接方便，故非常适宜于建造一些临时结构、移动结构等。对已经使用的钢结构，也便于加固、改建，甚至拆迁。

6. 密闭性好

焊接的钢结构可以做到完全密闭，因此适宜于建造要求气密性和水密性好的气罐、油罐和高压容器。

7. 耐腐蚀性差

一般钢材易腐蚀，特别是在湿度大和有侵蚀性介质的环境中更甚。钢材锈蚀严重时会影响结构的使用寿命，因此钢结构须采取除锈、刷油漆等防护措施，而且还须定期维修，需要一定的维护费用。据有关资料估算，有 10%～12% 的钢材损耗属于锈蚀损耗。

8. 耐热性能好，但耐火性能差

当辐射热温度低于 100℃ 时，即使长期作用，钢材的主要性能变化也会很小，因此其耐热性能较好。但当温度超过 200℃ 时，其材质变化较大，达 600℃ 时强度几乎为零，故当结构表面长期受辐射热达 150℃ 以上或在短时间内可能受火焰作用时，须采取隔热和防火措施。

1.1.2 钢结构的应用范围

随着我国国民经济的不断发展和科学技术的进步，钢结构在我国的应用范围也在不断扩大。根据钢结构的特点，目前钢结构应用范围大致如下。

图 1.1　哈尔滨会展中心屋盖（230m 跨）

1. 大跨度结构

结构跨度越大，自重在荷载中所占的比例就越大，减轻结构的自重会带来明显的经济效益，因此钢结构在大跨空间结构和大跨桥梁结构中得到了广泛的应用，如大型公共建筑物（图 1.1）、大型工业厂房以及大跨度桥梁等常采用钢结构。

2. 受动力荷载影响的结构

由于钢材具有良好的韧性，吊车起重量较大且其操作频繁，故动载影响大的车间（如冶金工厂的炼钢、轧钢车间，重型机器制造厂的铸钢、锻压、水压机、总装配车间）的主要承重骨架及吊车梁多采用钢结构；设有较大锻锤或产生动力作用的其他设备的厂房，即使屋架跨度不大，也往往由钢制成；对于抗震能力要求高的结构，采用钢结构也是比较适宜的。

3. 多层、高层和超高层建筑

钢结构因其材料强度高、结构重量轻、对地基压力小，在超高层建筑（图 1.2）中应用相当普遍。由于钢结构的综合效益指标优良，近年来在多、高层民用建筑中也得到了广泛的应用。

4. 塔桅结构

高耸结构包括塔架和桅杆结构，如高压输电线路的塔架、广播、通信和电视发射用的塔架（图 1.3）和桅杆、火箭（卫星）发射塔架等。

5. 可拆卸和搬迁结构

钢结构不仅重量轻，还可以用螺栓或其他便于拆装的手段来连接，因此非常适用于需要搬迁的结构，如建筑工地、油田和需野外作业的生产和生活用房的骨架等。钢筋混凝土结构施工用的模板和支架，以及建筑施工用的脚手架等也大量采用钢材制作。

图 1.2　上海金茂大厦

（88 层，420.5m）

图 1.3　黑龙江电视塔

6. 容器和其他构筑物

冶金、石油、化工企业中大量采用钢板做成容器及大直径管道，包括油罐（图 1.4）、煤气罐、高炉、热风炉等，这是由于钢材易于制成不渗漏的密闭结构。此外，经常使用的还有皮带通廊栈桥、管道支架、锅炉支架等其他钢构筑物，海上采油平台也大都采用钢结构。

图 1.4　立式油罐

图 1.5　门式刚架轻钢厂房

7. 轻型钢结构

钢结构重量轻，不仅对大跨结构有利，对屋面活荷载特别轻的小跨结构也有优越性。轻型钢结构通常指由薄壁型钢、薄钢板、小角钢或圆钢等焊接而成的结构，它和普通钢结构相比，除了具有普通钢结构的特点外，还有屋面荷载轻、杆件截面小、取材方便、用料省、自重轻、施工速度快等特点。其类型有门式刚架（图 1.5）、拱形波钢屋盖等。门式刚架的跨度一般不大于 40m，用钢量大约为 $30kg/m^2$；拱形波纹钢屋盖结构跨度一般为 8m，用钢量大约为 $20kg/m^2$。

目前国内主要将轻钢结构应用于工业厂房的建设，它对加速基本建设，特别是中小型企业的建设以及对现有企业的革新改造起重大作用。其应用范围已从工业厂房、仓库、体育馆等向住宅、别墅等发展。实践证明，轻型钢结构是很有发展前途的结构。

学 习 情 境 1.2　钢 结 构 的 设 计 方 法

1.2.1　结构的可靠度

结构设计必须在经济合理的前提下使设计的结构满足各种预定的功能。结构设计必须满足的功能包括：

(1) 能承受在正常施工和正常使用时可能出现的各种作用。

(2) 在正常使用时具有良好的工作性能。

(3) 在正常维护下具有足够的耐久性能。

(4) 在偶然事件发生时及发生后，仍能保持必需的整体稳定性，不致倒塌。

上述 4 项功能可以概括为结构应具有安全性、适用性和耐久性，统称为结构的可靠性。结构的可靠性与多种因素有关，这些因素又都存在着不确定性。例如，结构所承受的各种作用（荷载、温度变化、基础沉降、地震等）是变化的，决定结构承载力的材料强度、截面尺寸等也是变化的，它们的计算取值常常与结构的实际情况有一定出入，此外计算模型不完善、制造安装几何尺寸及质量有差异等因素都具有随机性。因此，荷载效应可能大于结构抗力，结构不可能百分之百的可靠，而只能对其作出一定的概率保证。

GB 50068—2001《建筑结构可靠度设计统一标准》（以下简称《统一标准》）规定，结构在规定时间（指设计基准期，一般建筑结构取 50 年）内，在规定条件（正常设计、正常施工、正常使用、正常维护）下，完成预定功能的概率，称为结构的可靠度，或称为可靠概率 p_s。反之，结构不能完成预定功能的概率就称为失效概率 p_f，$p_s + p_f = 1$。p_s 和 p_f 均可用来度量结构的可靠性，但习惯上常常是控制结构的失效概率，使其小到一定数值从而保证结构的可靠性。

《统一标准》规定，结构的可靠度应采用以概率论为基础的极限状态设计方法分析确定。通常情况下，结构所处的状态可以用结构所受作用（荷载、温度变化、基础沉降、地震等）产生的效应 S（称为作用效应，代表荷载对结构的综合效应）和结构的抗力 R 之间的关系来描述，即

当结构处于可靠状态时，$R > S$ 或 $Z = R - S > 0$；

当结构处于失效状态时，$R < S$ 或 $Z = R - S < 0$；

当结构处于极限状态时，$R = S$ 或 $Z = R - S = 0$。

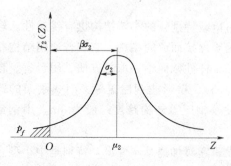

图 1.6　概率密度函数 $f_z(Z)$

从上述关系中可以看出，$Z = R - S$，这是结构的功能函数，可以判断结构所处的状态；$Z = R - S = 0$ 是结构的极限状态方程；这一函数为正值时结构可以满足功能要求，为负值时则不能。那么失效概率 p_f 就是 $Z = R - S < 0$ 这一事件的概率，即

$$p_f = P(Z = R - S < 0) \qquad (1.1)$$

设 S、R 这两个随机变量相互独立，且均为正态分布，根据概率理论，Z 也将是正态分布的随机

变量。图 1.6 所示为 Z 的概率密度函数 $f_z(Z)$。图中阴影部分的面积即可代表失效概率 p_f 的大小，μ_z 是平均值，σ_z 是标准差，若取 $\mu_z = \beta\sigma_z$，即 $\beta = \mu_z/\sigma_z$。对于正态分布函数，p_f 和 β 有一一对应关系，见表 1.1。已知 β 值愈大，p_f 值就愈小，结构愈可靠，故 β 值称为结构可靠指标。

表 1.1 β 和 p_f 的对应关系

β	p_f	β	p_f
1.0	1.59×10^{-1}	3.0	1.35×10^{-3}
1.5	6.68×10^{-2}	3.5	2.33×10^{-4}
2.0	2.28×10^{-2}	4.0	3.17×10^{-5}
2.5	6.21×10^{-3}	4.5	3.40×10^{-6}

实际计算中，是以可靠指标 β 代替 p_f 来衡量结构的可靠性的，所以只要已知 R、S 的平均值 μ_R、μ_S 及标准差 σ_R、σ_S，则由概率理论可知，$\mu_z = \mu_R - \mu_S$，$\sigma_z = \sqrt{\sigma_R^2 + \sigma_S^2}$。由此得出，$\beta = \mu_z/\sigma_z = (\mu_R - \mu_S)/\sqrt{\sigma_R^2 + \sigma_S^2}$。

以上结论是按 R、S 为正态分布求得的。实际结构的各种作用效应 S 及抗力 R 多数都不是正态分布，对于这些非正态分布的随机变量，可以将它们转换成当量正态变换，然后按当量正态分布的平均值和标准差计算即可。

1.2.2 结构的极限状态

整个结构或结构的一部分超过某一特定状态就不能满足设计规定的某一功能要求，这种特定状态就称为该功能的极限状态。根据结构的安全性、适用性和耐久性功能要求，极限状态可分为承载能力极限状态和正常使用极限状态两类。

1. 承载能力极限状态

这种极限状态对应于结构或结构构件达到最大承载力或不适于继续承载的最大塑性变形的情况。当结构或结构构件出现下列状态之一时，即认为超过了承载能力极限状态。

（1）整个结构或结构的一部分作为刚体失去平衡（如倾覆等）。

（2）结构构件或连接因超过材料强度而破坏（包括疲劳破坏），或因过度的塑性变形而不适于继续承载。

（3）结构转变为机动体系。

（4）结构或结构构件丧失稳定（如压屈等）。

（5）地基丧失承载力而破坏（如失稳等）。

2. 正常使用极限状态

这种极限状态对应于结构或结构构件达到正常使用或耐久性能的某项规定限值的情况。当结构或结构构件出现下列状态之一时，即认为超过了正常使用极限状态。

（1）影响正常使用或外观的变形。

（2）影响正常使用或耐久性能的局部损坏（包括裂缝）。

（3）影响正常使用的振动。

（4）影响正常使用的其他特定状态。

1.2.3　概率极限状态设计法

针对上述两种极限状态，对其失效概率 p_f 或可靠指标 β 合理取值，才认为能保证结构设计足够可靠和经济合理。要求失效概率 $p_f=0$，即结构绝对安全是不可能的。同时，若 p_f 取值过小，结构可靠度虽然增加，但结构造价也会增加，不经济。因此，合理取值应该是要求结构的失效概率 p_f 足够小，小到人们可以接受的程度即可。《统一标准》对承载力极限状态取值见表 1.2。表中数值是先对按原有规范设计的现有各类结构进行反算求得其可靠度，然后加以综合调整确定的。即《统一标准》所规定的结构可靠度，实际上是根据与原有规范的结构总体可靠度水平相近的原则确定的。

表 1.2　　　　　结构构件承载力极限状态设计时采用的可靠指标 β 值和失效概率 p_f 值

破坏类型 ＼ 安全等级	一级		二级		三级	
	β	p_f	β	p_f	β	p_f
延性破坏	3.7	1.08×10^{-4}	3.2	6.87×10^{-4}	2.7	3.47×10^{-4}
脆性破坏	4.2	1.33×10^{-5}	3.7	1.08×10^{-4}	3.2	6.87×10^{-4}

注　1.　延性破坏是指结构构件在破坏前有明显的变形或其他预兆。
　　2.　当承受偶然作用时，β 值应符合专门规范的规定。

表 1.2 中所提到的安全等级，是根据结构破坏可能产生的后果（危及人的生命、造成经济损失、产生社会影响等）的严重性来划分的。一般情况下，重要的工业与民用建筑物（如影剧院、体育馆、高层建筑等）划为一级，一般的工业与民用建筑物划为二级，次要的建筑物则划为三级。

由于结构脆性破坏要比延性破坏更危险，因此，表 1.2 中脆性破坏的可靠指标 β 要比延性破坏提高 0.5。另外，安全等级愈高的结构，其可靠度指标 β 要求也愈高。

一般以钢结构按安全等级为二级考虑，构件按延性破坏考虑，取 $\beta=3.2$。对于钢结构的连接，《统一标准》未作具体规定，考虑到钢结构的连接是以破坏强度作为极限状态的，β 值应取得高一些，一般可取 4.5。

对于正常使用极限状态，构件的可靠指标 β 值根据其可逆程度宜取 $0\sim1.5$。

进行结构设计就是要保证实际结构的可靠指标 β 值不小于规定的限制（表 1.2）。但是，直接计算 β 值十分麻烦，同时其中有些与设计有关的统计参数还不容易求得。为使计算简便，《统一标准》规定的设计方法是将对 β 值的控制等效地转化为对以分项系数表达的设计表达式的控制。（GBJ 50017—2003）《钢结构设计规范》就是采用以概率理论为基础，用分项系数表达的极限状态设计法。建筑钢结构设计采用承载能力和正常使用两个极限状态下的分项系数表达式，即实用概率极限状态设计表达式。详细内容分述如下。

1.　承载能力极限状态实用设计表达式

承载能力极限状态按荷载效应的基本组合和偶然组合两种情况分别计算。其中基本组合应按下列两个设计表达式中的最不利值进行计算。

$$\gamma_0\left(\gamma_G S_{GK}+\gamma_{Q_1}S_{Q_1K}+\sum_{i=2}^{n}\gamma_{Q_i}\psi_{ci}S_{Q_iK}\right)\leqslant R(\gamma_R,f_k,\alpha_k,\cdots) \tag{1.2a}$$

$$\gamma_0\left(\gamma_G S_{GK}+\sum_{i=2}^{n}\gamma_{Q_i}\psi_{ci}S_{Q_iK}\right)\leqslant R(\gamma_R,f_k,\alpha_k,\cdots) \tag{1.2b}$$

式中　γ_0——结构重要性系数，安全等级为一级时，$\gamma_0 = 1.1$，安全等级为二级时，$\gamma_0 = 1.0$，安全等级为三级时，$\gamma_0 = 0.9$；

　　　　γ_G——永久荷载分项系数，一般情况下，对式（1.2a）取 1.2，对式（1.2b）取 1.35，但是，当永久荷载效应对承载能力有利时，不应大于 1.0；

γ_{Q_1}、γ_{Q_i}——第 1 个和第 i 个可变荷载的分项系数，一般情况下采用 1.4，但是当可变荷载效应对承载能力有利时，应取 0，各项活荷载中，在结构构件或连接中产生应力最大者为第一个活荷载；

　　　S_{GK}——永久荷载标准值的效应；

　　S_{Q_1K}——在基本组合中起控制作用的第一个可变荷载标准值的效应；

　　S_{Q_iK}——第 i 个可变荷载标准值的效应；

　　　ψ_{ci}——第 i 个可变荷载的组合值系数，其值不应大于 1，按荷载规范的规定用；

　$R(\cdots)$——结构构件的抗力函数；

　　　f_k——材料性能标准值；

　　　γ_R——材料抗力分项系数，钢结构设计中，对于 Q235 钢，$\gamma_R = 1.087$，对于 Q345、Q390 及 Q420 钢，$\gamma_R = 1.111$；

　　　α_k——几何参数的标准值。

对于一般排架、框架结构，式（1.2a）可采用下列简化极限状态设计表达式：

$$\gamma_0\left(\gamma_G S_{G_K} + \psi \sum_{i=1}^{n} \gamma_{Q_i} S_{Q_{iK}}\right) \leqslant R(\gamma_R, f_k, \alpha_k, \cdots) \tag{1.3}$$

式中　ψ——简化设计表达式中采用的荷载组合系数，一般情况下取 $\psi = 0.9$，当只有一个可变荷载时取 $\psi = 1.0$。

直接承受动力荷载的结构，按式（1.2a）、式（1.2b）和式（1.3）计算时，还应按有关规定乘以动力系数。计算疲劳时，应采用标准荷载。

式（1.2a）、式（1.2b）和式（1.3）适用于荷载的基本组合情况。对于荷载的偶然组合，应按照有关专门规范计算。

2. 正常使用极限状态实用设计表达式

对于正常使用极限状态，结构应分别采用作用效应的标准组合、频遇组合及准永久组合进行计算，以满足结构的变形、振幅、加速度、应力、裂缝等限制要求。由于一般钢结构的正常使用极限状态设计只涉及控制变形和挠度，如梁的挠度、柱顶的水平位移、高层建筑层间相对水平位移等，因此只考虑荷载的标准组合。计算时采用荷载标准值，不乘荷载分项系数，对于动力荷载也不乘动力系数。

按标准组合计算时，设计表达式为

$$v = v_{G_K} + v_{Q_{1K}} + \psi_{ci} \sum_{i=2}^{n} \psi_{ci} v_{Q_{iK}} \leqslant [v] \tag{1.4}$$

式中　v——挠度及变形；

　　$[v]$——容许挠度或变形，其值按有关规范和使用要求确定；

　　其余符号与式（1.2a）、式（1.2b）同。

按频遇组合和准永久组合计算的设计表达式可参见 GB 50009—2012《建筑结构荷载规范》。

上列各式中所提到的永久荷载是指设计基准期（结构使用期）内，不随时间变化或其变化与平均值相比很小的荷载。可变荷载是指设计基准期内其值随时间变化，且其变化与平均值相比较大的荷载。荷载标准值是指正常情况下可能出现的最大荷载值，按设计基准期内最大荷载的概率分布的某一分位值确定。结构如果同时承受多个可变荷载作用，各个可变荷载同时达到各自最大值的可能性很小，因此需用组合系数 ψ_Q 进行折减。材料强度标准值 f_k 是材料强度概率分布为 0.05 的分位值（其含义是材料强度低于标准强度值的概率为 5%）。

前面已经提到分项系数设计表达式是按规定的可靠指标 β 经等效转化得到的。在进行等效转化时，对各种荷载分项系数 γ_G、γ_Q 及材料抗力分项系数 γ_R 进行调整，使其按分项系数设计表达式设计出来的各种结构构件的实际 β 值，与规定的 β 值在总体上误差最小，由此来确定各个分项系数值。上列各式中的分项系数值就是经过优化找出的最佳匹配值。

在分项系数设计表达式中虽然没有可靠指标 β，但并不等于没按规定的可靠指标 β 设计，分项系数设计表达式的各种系数实质上起着可靠指标 β 的作用，即等效于结构可靠指标 β（或失效概率 p_f）达到或接近预定要求。

学习情境 1.3 钢 结 构 的 发 展

1.3.1 我国钢结构的发展简史

在我国，钢结构的应用和发展有着悠久的历史。早在战国时期，我国的炼铁技术已很盛行。公元 65 年（汉明帝时代），已成功地锻铁为环，相扣成链，在公元 58～75 年建成了世界上最早的铁链悬桥——兰津桥，它比欧洲最早出现的铁索桥要早 70 年。随后陆续建造的有云南的沅江桥（建于 400 多年前）、贵州的盘江桥（建于 300 多年前）以及四川省泸定县的大渡河桥（建于 1696 年）等。无论在工程规模上还是建造技术上，都处于世界领先水平。

我国古代在各地还建立了不少的铁塔。如 1061 年（宋代）在湖北荆州玉泉寺建成的 13 层铁塔，高 17.5m，建于 1061 年；江苏省镇江的甘露寺铁塔，原为 9 层，现存 4 层，建于 1078 年；山东省济宁的铁塔寺铁塔，建于 1105 年等。我国古代采用钢铁结构的光辉史绩，充分说明了我国古代的冶金技术方面是领先的。

近百余年来，钢结构在欧美一些国家的工业与民用建筑物中得到广泛的应用，但我国钢结构的发展很缓慢。那一时期，在全国只建造了少量的民用与工业建筑（如上海 18 层的国际饭店、上海大厦、永安公司等）、一些公路和铁路钢桥，并主要是由外商承包设计和施工。同一时期，我国的钢结构工作者在艰难的条件下也建造了一些钢结构的建筑物，其中具有代表性的有 1931 年建成的广州中山纪念堂、1934 年建成的上海体育馆和 1937 年建成的杭州钱塘江大桥（钱塘江大桥是我国自行设计和建造的第一座公路、铁路两用钢桥，安全使用至今）。

新中国成立后，随着我国冶金工业的发展以及钢铁产量的增长，钢结构的设计、制作和安装水平有了很大的提高，为我国钢结构的发展创造了条件。

我国钢结构真正突飞猛进地发展，则在 1978 年我国实行改革开放之后。随着经济建设获得飞速的发展，钢产量逐年增加。这一时期我国钢产量从 1978 年年产 3000 万 t 升至 1996 年突破年产 1 亿 t，跃居世界首位；到 2004 年则猛增至 2.67 亿 t；到了 2006 年，我们国家钢产量已经达到 4.2 亿 t。随着钢产量的增加，我国建筑钢材不仅数量大幅增长，而且品种也大大增加。其中强度为 $200\sim360N/mm^2$ 的碳素结构钢和低合金高强度钢已基本满足建筑市场要求，钢材供求基本趋于平衡，同时还成功研制开发出能抵抗大气腐蚀的耐候钢，以及能抵抗层状撕裂的 Z 向钢。另外，H 型钢、剖分 T 型钢、压型钢板均是近年来开发投产的新品种。我国钢材产量和品种快速增长，为钢结构发展提供了物质基础。

这一时期，在工业厂房中有代表性的是上海宝山钢铁总厂一、二期工程建设，包括炼铁、热轧、冷轧、无缝钢管厂，自备电厂等厂房，全部采用了钢结构，屋面和墙面均采用了压型钢板或铝合金板，总计使用钢结构 30 万 t，钢结构厂房面积达 105 万 m^2，在国际上也举世瞩目。与此同时，各地还建成许多高层及超高层钢结构建筑，如深圳地王大厦，标准层 68 层，楼顶面高 325m，楼顶塔尖处高 384m，1995 年建成，其总高度当时居亚洲第一，世界第四；上海金茂大厦，地上 88 层，高达 420.5m，1997 年建成时为世界第三高楼。此外，空间大跨度钢结构发展也相当迅速。例如，1990 年北京第十届亚运会的十几个体育场馆大多采用了网架和网壳结构，有的用了斜拉索体系，并采用压型钢板作屋面，其中最大跨度是 168m×72m。这些体育场馆结构新颖，具有民族风格，广受好评；1999 年建成的长春体育馆，在国内首次采用大截面方钢管组成网壳屋盖，最大方钢管截面为 300mm×300mm，网壳屋脊拱架跨度长向为 192m，径向拱架跨度短向为 146m，拱架中心落地矢高 41m，建成时是亚洲最大的方钢管轻钢网壳。此外，悬索结构和膜结构也得到了一定的应用。轻型钢结构建筑由于用钢量小，近几年在我国发展很快。

由于我国钢结构政策从"限制使用"改为"积极合理地推广应用"，近年来，钢结构制作和安装企业像雨后春笋般在全国各地涌现，外国著名钢结构厂商也纷纷打入中国市场。在我国专家多年工程实践和科学研究的基础之上，我国颁布实施了新的 GB 50017—2012《钢结构设计规范》（截至本书出版，该规范尚未开始实施）和 GB 50018—2002《冷弯薄壁型钢结构技术规范》。可以预期，随着我国经济建设的不断发展，钢结构的应用将日益广泛，并将进入新的更高的发展阶段。

1.3.2　钢结构的发展方向

随着我国经济的发展，钢结构的应用也在如火如荼地发展。但就我国目前的状况以及与国际钢结构水平比较，不论在使用数量上，还是在技术上仍有很大差距。因此，在今后一段时期内，还须在生产高效钢材、改进设计方法、完善结构型式、提高制造和安装工艺等方面不断努力。

1.3.2.1　研制和推广应用高强度、高性能钢材

1. 高强度钢材

应用高强度钢材，对大（跨度）、高（耸）、重（型）的结构非常有利。我国新修订的钢结构设计规范中增列了性能优良的 Q420 钢。另外我国冶金部门制订了 YB 4104—2000《高层建筑结构用钢板》，该钢板是专门供高层建筑和其他重要建（构）筑物用来生产厚板焊接截面构件的。其性能与日本建筑结构用钢材相近，而且质量上还有所改进。

美国和欧洲等国家也在高强度、高性能钢材的研制和应用等方面作出了不少贡献。如美国生产的经调质处理的合金钢板 A514，其屈服点高达 $690N/mm^2$，并可用于焊接生产。

2. H 型钢、T 型钢

我国钢结构在 20 世纪一贯采用的型钢品种是普通工字钢、槽钢和角钢。由于其截面形式和尺寸的限制，故在应用时材料很难充分合理地发挥作用。但国外自 1970 年以来，就大

量采用了 H 型钢和 T 型钢，如图 1.7 所示。由于其截面开展，并可直接用来做梁、柱或屋架杆件等，使制造工作量减低 15％～20％，工期缩短，经济效果显著。我国近年来在引进的上海宝山钢铁总厂的部分厂房和许多高层建筑中，就主要采用了这类型钢。现在，我国马鞍山钢铁公司、鞍山第一轧钢厂等已能批量生产，且其他具有较大规模的 H 型钢轧钢厂也在修建中，可以保证市场需求，但部分 T 型钢生产仍有欠缺。

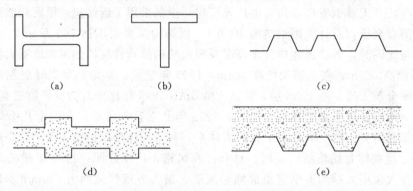

图 1.7　H 型钢、T 型钢和压型钢板

3. 彩（色）涂（层）钢板、热镀锌或镀铝锌钢板

镀锌或镀铝锌钢板是在薄钢板（厚度 0.3～2mm，屈服点不小于 280N/mm² 或不小于 345N/mm²）表面热浸镀锌或镀铝锌而成，具有很好的耐腐蚀性能，而后者更优于前者。彩涂钢板则是以镀锌（或镀铝锌）钢板作基板，再在其表面辊涂 1～2 层彩色聚酯类涂料，故其抗大气腐蚀性能更佳。由于其厚度小，易于冷压成形，色彩鲜艳，故可将其冷压（轧）成各种波形的压型钢板，直接用作屋面板、墙板。还可用两层压型钢板在其间填充聚氨酯或岩棉做成夹心保温板，不但重量轻（自重仅 0.1kN/m²），外形美观，且施工简便。再者，将 0.6～1.5mm 厚彩涂钢板先压成单个梯形或 U 形直槽板，再沿其槽向弯成拱形，然后一一拼接做成彩板拱形波纹屋面，是近年来应用异军突起的一种轻型钢结构。它不需屋架、檩条等承重构件，甚至不需柱子而做成落地拱。其跨度一般为 6～36m，用钢量仅 10～20kN/m²。另外，用镀锌钢板压制成的压型钢板还可用于高层建筑的组合楼盖，即在其上浇灌混凝土，此时它既可以代替模板又可起抗拉筋作用、承受拉力。

4. 冷弯（薄壁）型钢

采用 1.5～5mm 薄钢板（或镀锌、镀铝锌钢板）经冷轧（弯）形成各种截面形式的型钢。由于壁薄，故相对而言，其材料离形心轴较普通型钢远，因此能有效地利用材料，从而达到节约钢材的目的。如用冷弯型钢制造的屋架，其用钢量仅 10kN/m² 左右，约比热轧型钢制造的省 40％。将冷弯型钢用于建造住宅，并使其产业化，降低造价，那么我国住宅建筑将出现一个新景象。

冷弯型钢的生产，近年来在我国已形成一定规模，产量超过了 100 万 t/a，壁厚亦达到 14mm（美国可冷弯 25.4mm，已超出薄壁范围的概念），这也为其应用创造了良好条件。但目前市场品种规格仍参差不齐，高强度低合金钢材材质的产品亦有待改善。

5. 耐候钢、耐火钢、Z 向钢

耐候钢（包括耐盐腐蚀钢）具有良好的抗腐蚀性能，可节约钢结构大量的涂装和维护费用。耐火钢则可改善普通钢材不耐高温的特性，保证结构的安全使用。我国目前对这两种钢材的开发已取得可喜成果。如武钢生产的 WGJ510C2（屈服点不小于 $325N/mm^2$）耐火耐候建筑用钢，其耐候性能为普通钢材的 $2\sim8$ 倍，耐火性能则达到保证 600℃ 高温下的屈服点不低于室温时的 2/3（普通钢材在 600℃ 时强度接近于零）的建筑防火安全指标。Z 向钢是保证厚钢板在厚度方向具有抗层状撕裂能力，高层钢结构和海上石油平台一般都需要此项保证。Z 向钢对冶炼和轧制的质量控制远比普通钢材严格，前述 WGJ510C2 钢轧制的厚板具有良好的抗层状撕裂能力。

综上所述，我国钢材的种类和质量均不及工业发达国家。研制开发新型高强高效钢材，是摆在我国冶金战线科技工作者面前的一项重要任务。

1.3.2.2 改进设计方法

经过我国钢结构工程技术人员多年来勤奋工作，GB 50017—2003《钢结构设计规范》在原规范的基础上作了较多改进。在设计方法上，采用了当前国际上结构设计最先进的方法——以概率论为基础的极限状态设计法。该方法的特点是，用根据各种不定性分析所得到的失效概率（或可靠指标）去度量结构的可靠性，并使所计算的结构构件的可靠度达到预期的一致性和可比性。但是该方法还有待发展，因为用它计算的可靠度还只是构件或某一截面的可靠度而不是结构体系的可靠度。若要对结构体系的性能研究采用概率方法，则需要进行的研究工作更多。另外，对构件或连接的疲劳验算，采用的是容许应力幅计算法，而非按极限状态计算的方法，这亦有待于进一步研究。

另外，目前大多数国家（当然包括我国）采用计算长度法计算钢结构的稳定问题。该方法的最大特点是以单个构件为分析对象，采用计算长度系数来考虑结构体系对被隔离出来的构件的影响，进行一阶弹性分析，计算比较简单，对比较规则的结构也可给出较好的结果。但计算长度法不能考虑节间荷载的影响，不能考虑结构体系中内力的塑性重分布，不能精确地考虑结构体系与它的构件之间的相互影响。要克服上述问题，必须开展以整个结构体系为对象的二阶非弹性分析，即所谓高等分析和设计。但目前仅平面框架的高等分析和设计法研究得比较成熟，空间框架的高等分析距实用还有很大的一段距离有待跨越。

高等分析和设计是一个正在发展和完善的新设计方法，而且是一种较精确的方法，我们可以用其来评价计算长度法的精度和存在的问题，提出有关计算长度法的改进建议。可以预期，在近期内这两种方法将并存，并获得共同的发展。今后，随着计算机技术的发展，高等分析和设计法将逐渐成为主要的设计方法。

1.3.2.3 采用新型结构体系

近年来，在全国各地修建了大量的大跨空间结构，网架和网壳结构型式已在全国普及，张弦桁架、悬挂结构也有很多应用实例；直接焊接钢管结构、变截面轻钢门式刚架、金属拱型波纹屋盖等轻钢结构也已遍地开花；钢结构的高层建筑也在不少城市拔地而起；适合我国国情的钢—混凝土组合结构和混合结构也有了广泛应用；索膜结构也有了一定的应用。

选择先进合理的结构体系，即既需满足建筑艺术需要，又需做到技术先进、经济合理、安全适用。各种不同的结构体系各有所长，需根据结构体系特点选用。

1.3.2.4 应用优化原理

电子计算机的应用，已使确定优化的结构形式和优化的截面形式成为可能，从而取得极大的经济效果。例如用计算机优化确定的吊车梁的截面尺寸可比过去的标准设计节省钢材 $5\%\sim10\%$。但其对整体结构的优化设计今后还须作进一步研究。另外，随着社会分工日益细化，计算机辅助设计和绘制钢结构施工详图亦应大力开发提高，以促进钢结构设计走向专业化发展道路。

1.3.2.5 构件的定型化、系列化、产品化

钢结构的制造工业机械化水平还需要进一步提高。从设计着手，结合制造工艺，使一些易于定型化、标准化的产品（如网架、平行弦人字形屋架等）的规格统一，便于互换和大量制造成系列化产品，以达到批量生产，降低造价。

学习情境 1.4 "钢结构设计原理"课程的主要内容、特点和学习方法

1.4.1 "钢结构设计原理"课程的主要内容

"钢结构设计原理"是建筑钢结构工程技术专业的一门主要课程，其任务是通过对本课程的学习，初步获得必须具备的钢结构基本理论、基本概念的知识及基本设计能力。针对课程的任务，本教材安排如下内容：钢结构的特点及应用、钢结构设计基本原理、钢材的基本性能、钢结构的连接及基本构件（梁、柱、拉杆、压杆等）的设计原理及方法、钢屋架和门式刚架。前面几部分的内容是"钢结构设计原理"的基础，钢屋架和门式刚架是结构设计的一部分，也是钢结构基本内容的综合运用。

"钢结构设计原理"课程学时有限，教材仅根据 GB 50017—2003《钢结构设计规范》编写。尽管各种钢结构的设计规范不同，对于同一种结构，各个国家的规范也不相同，但钢结构的基本原理和基本概念是一致的；各种钢结构的组成方式及特点各不相同，但组成结构的原则和规律是相同的。因此具备钢结构的基本知识以后，对其他的结构及规范经过一段时间的研究学习也是能够掌握的。学习中应注意扩大知识面，做到触类旁通、举一反三，以便将来向更宽更深的层面上发展。

1.4.2 "钢结构设计原理"课程的特点

"钢结构设计原理"是一门理论性较强的课程，但其理论密切联系实际，须结合实验和实际工程检验才能完善和发展。"钢结构设计原理"还是一门很有生命力的课程，随着各种高效钢材和新型结构的开发，计算技术和实验手段的现代化，钢结构技术也在随奋斗目标更新和发展，各种标准和规范也在不断修订充实，而"钢结构设计原理"课程的内容也在不断地修订扩充。今天的大学生将要工作到 21 世纪的中期，不难预料，到那时，今天教材中的许多内容将因陈旧而被淘汰，许多新的内容又会增加进来。因此学习钢结构设计原理课程要有发展的观点，尤其要培养、锻炼自学能力，以便在今后的工作中，不断补充和更新自己的知识，跟上时代发展。

1.4.3 "钢结构设计原理"课程的学习方法

从我国目前情况看，专科层次建筑钢结构工程技术专业的学生，今后大多从事建筑钢结构工程施工工作。钢结构设计原理的内容涉及结构在荷载作用下的基本性能及设计基本原理，这些知识在结构的整个施工过程中都会用到。实际上，一个结构从材料加工成零件—（通过焊接或螺栓连接等）组成构件—运送到工地—吊装就位连接成整体结构，直到投入营运，整个过程结构都是以不同的形式处在不同的荷载作用下。例如在运输或吊装过程中，组

成结构的构件或部件就支撑在不同的支点或吊点上，承受着自重或其他荷重。在这些状态下，它们的强度是否满足要求，它们的稳定是否得到保证等，都是施工人员必须考虑的问题。虽然这些状态不是每一项都要进行验算，但是施工人员却必须对它们的受力状态有清楚的了解和认识，对一些关键的部位和状态，还必须进行验算，必要时还须采取恰当的措施来保证施工安全。因此对施工人员来说，不仅要掌握施工的技术和方法，还要有一定的结构设计知识，为今后能够灵活有效地处理施工过程中的许多问题，奠定必要的基础。

综上所述，对于"钢结构设计原理"课程的学习首先应将基本理论和基本概念放在重要地位，并要善于对材料、连接、基本构件和屋架设计等内容归纳和比较，并不断的加深理解，同时还需联系工程实践吸取感性知识。另外，要加强练习，在做习题时，应条理清楚，步骤分明，计算方法得当。

项 目 小 结

（1）钢结构具有强度高、自重轻、材质均匀、塑性韧性好、施工速度快等优点，但需注意防锈蚀及防火维护。

（2）钢结构最适合于大（跨度）、高（耸）、重（型）、动（力荷载）的结构，但是随着我国工业生产和城市建设的发展，钢结构的应用范围也扩大到轻工业厂房和民用住宅等。

（3）钢结构通常由型钢、钢板等制成的拉杆、压杆、梁、柱、桁架等构件组成，各构件或部件间采用焊接或螺栓连接。钢结构用于单层厂房、大跨度空间结构、多高层及超高层建筑中，根据荷载形式及使用功能，应该选择合适的结构型式。在满足结构使用功能的要求时，结构必须形成空间整体（几何不变体系），才能有效而经济地承受荷载，具有较高的强度、刚度和稳定性。根据组成方式不同，钢结构设计时可根据情况按平面结构计算或按空间结构计算。

（4）我国钢结构设计方法采用以概率理论为基础、用分项系数表达的极限状态设计法。它要求结构完成预定功能的概率（结构可靠度 p_s）要大到某一规定值，或其失效概率 p_f 要小于某一规定值，才能认为结构是安全的。同时它又将不满足预定功能的状态称为极限状态，并将其分为承载能力极限状态和正常使用极限状态。p_s 和 p_f 可以用可靠指标 β 来衡量，即 β 要大到某一规定值才认为结构安全。为便于设计计算，《规范》将两种极限状态下的 β 值控制转化为以分项系数表达的极限状态设计表达式，满足这个表达式，即等效于 B 值、失效概率 p_f 达到要求。

（5）钢结构的发展关键是要节约钢材。要从生产高效钢材、改进设计方法、完善结构形式、提高制造和安装工艺等方面不断进行研究。

思 考 题

1. 钢结构有哪些特点？
2. 目前我国钢结构应用在哪些方面？钢结构的应用范围与钢结构的特点有何关系？
3. 名词解释：结构极限状态，结构可靠性，可靠概率，失效概率，可靠指标 β，荷载标准值，强度设计值。
4. 分项系数设计表达式与可靠指标 β 有何关系？

学习项目2 钢结构的材料

学习目标：通过本项目的学习，掌握建筑钢材的主要机械性能；熟悉钢材受力的两种破坏形式及防止脆性破坏的措施；了解影响建筑钢材机械性能的主要因素；了解我国目前生产的建筑钢材的品种和规格，并学习根据相应的性能要求选取钢材。

学习情境2.1　建筑钢结构对钢材性能的要求

钢材种类很多，各自的性能、产品的规格及用途都不相同，符合钢结构性能要求的钢材只有碳素钢及低合金钢中的几种。用作钢结构的钢材必须符合下述的几点要求。

1. 较高的强度

较高的抗拉强度 f_u 和屈服强度 f_y。f_u 是衡量钢材经过较大变形后的抗拉能力，它直接反映钢材内部组织的优劣，f_u 高可增加结构的安全储备。f_y 是衡量结构承载力的指标，f_y 高则可减轻结构自重，节约钢材和降低造价。

2. 较好的变形能力

变形能力好即塑性和韧性性能好。塑性好，结构在静载和动载左右下有足够的应变能力，可减轻结构出现脆性破坏的倾向，又能通过较大的塑性变形调整局部高峰应力。韧性好，结构则具有较好的抵抗冲击和振动荷载的能力。

3. 良好的工艺性能

良好的工艺性能包括冷加工、热加工和可焊性能。具有良好的工艺性能的钢材不但易于加工成各种形式的结构构件，而且不致因加工而对结构的强度、塑性、韧性等造成较大的不利影响。

此外，根据结构的具体工作环境及条件，有时还要求钢材适应低温、高温、腐蚀性环境以及重复荷载作用等性能。例如在低温下工作的结构，要求钢材保持较好的韧性；在易受大气侵蚀的露天环境下或者在有害介质侵蚀的环境下工作的结构，要求钢材具有较好的抗锈蚀能力。

GB 50017—2003《钢结构设计规范》推荐采用 Q235、Q345、Q390 及 Q420 号钢材作为建筑结构使用钢材。其中 Q235 号钢材属于碳素结构钢中的低碳钢（C≤0.25%）；而 Q345、Q390 及 Q420 都属于低合金高强度结构钢，这类钢材是在冶炼碳素结构钢时加入少量合金元素（合金元素总量低于 5%），而含碳量与低碳钢相近。由于增加了少量的合金元素，使材料的强度、冲击韧性、耐腐性能均有所提高，而塑性降低却不多，因此是性能优越的钢材。各类钢种供应的钢材规格分为型材、板材、管材及金属制品 4 个大类，其中钢结构用得最多的是型材和板材。

学习情境 2.2　建筑钢材的破坏形式

钢材有两种性质完全不同的破坏形式，即塑性破坏和脆性破坏。钢结构所用的材料虽然具有较好的塑性和韧性，但一般也存在发生脆性破坏的可能。

塑性破坏是由于变形过大，超过了材料或者构件可能的应变能力而产生的，而且仅在构件的应力达到了钢材的抗拉强度 f_u 后才发生。破坏前构件产生较大的塑性变形，断裂后的断口呈纤维状，色泽发暗。在塑性破坏前，构件发生较大的明显变形，变形持续时间长，容易及时被发现而采取应对措施，不致引起严重后果。另外，塑性变形后出现内力重分布，使结构中原先受力不等的部分应力趋于均匀，因而提高了结构的承载能力。

脆性破坏前塑性变形很小，甚至没有塑性变形，计算应力可能小于钢材的屈服点 f_y，断裂从应力集中处开始，冶金和机械加工过程中产生的缺陷，特别是缺口和裂纹，常是断裂的发源地。破坏前没有任何预兆，破坏是突然发生的，断口平直并呈有光泽的晶粒状。由于脆性破坏前没有明显的预兆，无法及时察觉和采取补救措施，而且个别构件的断裂常会引起整体结构塌毁，后果严重，损失较大。因此在设计、施工和使用的过程中，应特别注意防止钢结构的脆性破坏。

《规范》所推荐的几种建筑钢材均有较好的塑性和韧性。在正常情况下，它们都不会发生脆性破坏。因此，我国规范对钢结构构件的可靠性计算一般根据延性破坏来取值。但是，钢材究竟会发生何种形式的破坏，不仅与钢材的品种有关，还与钢材所建结构的工作环境、结构构件形式等多种因素有关。常常有这样的情况，即原来塑性很好的钢材，当工作环境改变（如应力集中严重、在低温下受冲击荷载作用等）时，就可能导致钢材性能转脆，发生脆性破坏。历史上曾有过多起焊接桥梁、船舶、吊车梁及储罐等，由于气温骤降、受冲击荷载、有严重应力集中或钢材及焊缝品质不合格等原因，导致脆性破坏的事故。我国 1989 年曾发生过一起直径 20m 的焊接钢制储罐在交工验收后使用不久即突然破坏的事故。事故发生过程不足 10s，无任何先兆，呈明显的脆性断裂特征。当时气温为 -11.9℃，罐内装载低于设计容量，罐体压力远低于钢材屈服点。调查判定为低应力下低温脆性断裂事故。进一步调查发现，储罐焊缝存在大量未焊透现象，部分钢材含碳量、含硫量较高，降低了钢材的塑性及可焊性，其常温冲击韧性值比规定值低是导致低温断裂的原因。鉴于这些教训，对钢材发生脆性破坏的危险性应有充分的认识，应注意研究钢材的机械性能及钢材性能转脆的条件，在钢结构的设计、施工及使用过程中，采取适当的措施，防止发生脆性破坏。

学习情境 2.3　建筑钢材的主要性能

钢材作为结构用料，与其他材料相比，有明显的综合优势。国际上习惯以材料自身的密度与其屈服点的比值（比强度）作为指标表征一种结构的轻质高强度程度。除了铝合金以外，钢材的比强度值最低，而钢材的弹性模量却是铝合金的 3 倍，这说明作为结构材料，钢材具有良好的刚度，这也是其他材料难以比拟的。

从结构应用的角度，应从两个方面关注材料性能，即力学性能和工艺性能。力学性能是要满足结构的功能要求，包括强度、塑性、韧性、硬度等。工艺性能是要满足各种加工的要求，除了要具备良好的塑性外，还要具有冷弯性能和可焊性。

2.3.1 建筑钢材的力学性能

1. 强度

材料在外力作用下抵抗破坏的能力称为强度。一般由常温静载下单向拉伸试验表明，也可通过弹性极限、比例极限、屈服强度、抗拉强度等指标来反映，在拉伸试件的应力—应变曲线上可表示出来，如图 2.1 所示，图中纵坐标为应力 σ（按试件变形前的截面积计算），横坐标为试件的应变 ε（$\varepsilon = \Delta L / L$，$L$ 为试件原有标距段长度，对于标准试件，L 取为试件直径的 5 倍，ΔL 为标距段的伸长量）。

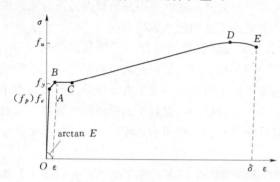

图 2.1　低碳钢拉伸试验示意图

从这条曲线中可以看出钢材在单向受力过程中有以下几个阶段：

（1）弹性阶段（曲线 OA 段）。当应力不超过 A 点时，钢材处于弹性工作阶段，应力与应变之间呈线性关系，这时如果试件卸荷，σ—ε 曲线将沿着原来的曲线下降，至应力为 0 时，应变也为 0，即没有残余的永久变形。这时钢材处于弹性工作阶段，A 点的应力称为钢材的弹性极限 f_e，所发生的变形（应变）称为弹性变形（应变）。

实际上弹性阶段 OA 是由一直线段及一曲线段组成，直线段从 O 开始到接近 A 点处终止，然后是一极短的曲线段到 A 点终止。直线段的应变随着应力增加成比例地增长，即应力—应变关系符合虎克定律，直线的斜率 $E = d\sigma / d\varepsilon$ 称为钢材的弹性模量。直线段终点处的应力称为钢材的比例极限 f_p，由于 f_p 与 f_e 十分接近，一般认为两者相同。《规范》取各类建筑钢材的弹性模量 $E = 2.06 \times 10^5 \text{N/mm}^2$。

（2）弹塑性阶段（曲线的 AB 段）。在这一阶段应力与应变不再保持直线变化而呈曲线关系。弹性模量亦由 A 点处 $E = 2.06 \times 10^5 \text{N/mm}^2$ 逐渐下降，至 B 点趋于 0。B 点应力称为钢材屈服点（或称屈服应力、屈服强度）f_y。这时如果卸荷，σ—ε 曲线将从卸荷点开始沿着与 OA 平行的方向下降，至应力为 0 时，应变仍保持一定数值，称为塑性应变或残余应变。在这一阶段，试件既包括弹性变形（应变），也包括塑性变形（应变），因此 AB 段称为弹塑性阶段。其中弹性变形在卸荷后可以恢复，塑性变形在卸荷后仍旧保留，故塑性变形又称为永久变形。

（3）屈服阶段（曲线的 BC 段）。低碳钢在应力达到屈服点 f_y 后，压力不再增加，应变却可以继续增加。应变由 B 点开始屈服时，$\varepsilon_y \approx 0.15\%$，增加到屈服终了时，$\varepsilon$ 达到 2.5% 左右。这一阶段曲线保持水平，故又称为屈服台阶，在这一阶段钢材处于完全的塑性状态。对于材料厚度（直径）不大于 16mm 的 Q235 号钢，$f_y = 235 \text{N/mm}^2$。

（4）应变硬化阶段（曲线的 CD 段）。钢材在屈服阶段经过很大的塑性变形，达到 C 点以后又恢复继续承载的能力，σ—ε 曲线又开始上升，直到应力达到 D 点的最大值，即抗拉强度 f_u。这一阶段（CD 段）称为应变硬化阶段。对于 Q235 号钢，f_u 为 375～460N/mm²。

（5）颈缩阶段（曲线的 DE 段）。试件应力达到抗拉强度 f_u 时，试件中部截面变细，形成颈缩现象。随后 $\sigma—\varepsilon$ 曲线下降，直到试件拉断（E 点）。曲线的 DE 段称为颈缩阶段。试件拉断后的残余应变称为伸长率 δ。对于材料厚度（直径）不大于 16mm 的 Q235 号钢，$\delta \geqslant 26\%$。

钢材拉伸试验所得的屈服点 f_y、抗拉强度 f_u 和伸长率 δ，是钢结构设计对钢材机械性能要求的三项重要指标。f_y、f_u 反映钢材强度，其值越大，承载力越高。钢结构设计中，常把钢材应力达到屈服点 f_y 作为评价钢结构承载能力（抗拉、抗压、抗弯强度）极限状态的标志，即取 f_y 作为钢材的标准强度 $f_K = f_y$。设计时还将 $\sigma—\varepsilon$ 曲线简化为如图 2.2 所示的理想弹塑性材料的 $\sigma—\varepsilon$ 曲线。根据这条曲线，认为钢材应力小于 f_y 时是完全弹性的，应力超过 f_y 后则是完全塑性的。设计中以 f_y 作为极限，是因为超过 f_y 钢材就进入应变硬化阶段，材料性能发生改变，使基本的计算假定（理想弹塑性材料）无效。另外，钢材从开始屈服到破坏，塑性区变形范围很大（$\varepsilon = 0.15\% \sim 2.5\%$），约为弹性区变形的 200 倍。同时抗拉强度 f_u 又比屈服点高出很多，因此取屈服点 f_y 作为钢材设计应力极限，可以使钢结构有相当大的强度安全储备。

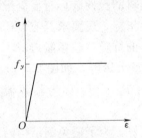

图 2.2　理想弹塑性材料的 $\sigma—\varepsilon$ 曲线

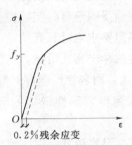

图 2.3　钢材的条件屈服点

2. 塑性

塑性表示钢材在外力作用下抵抗变形的能力，它是钢材的一个重要性能指标，钢材的伸长率 δ 是反映钢材塑性（或延性）的指标之一，其值越大，钢材破坏吸收的应变能越多，塑性越好。建筑用钢材不仅要求强度高，还要求塑性好，能够调整局部高应力，提高结构抗脆断的能力。钢材的伸长率 δ 可表示为

$$\delta = \frac{l - l_0}{l_0} \times 100\%$$

式中　l_0——试件原始标距长度，mm；

　　　l——试件拉断后的标距长度，mm。

$l_0 = 5d_0$，$l_0 = 10d_0$ 对应的伸长率记为 δ_5 和 δ_{10}，现常用 δ_5 表示塑性指标。

反映钢材塑性（或延性）的另一个指标是截面收缩率 ψ，其值为试件发生颈缩拉断后，断口处横截面积（即颈缩处最小横截面积）A_1 与原横截面积 A_0 的缩减百分比，即

$$\psi = \frac{A_0 - A_1}{A_0} \times 100\%$$

截面收缩率标志着钢材颈缩区在三向拉应力状态下的最大塑性变形能力。ψ 值愈大，钢材塑性愈好。对于抗层状撕裂的 Z 向钢，要求 ψ 值不得过低（见学习情境 2.5）。

建筑中有时也使用强度很高的钢材，例如用于制造高强度螺栓的经过热处理的钢材。这类钢材没有明显的屈服台阶，伸长率 δ 也相对较小。对于这类钢材，取卸荷后残余应变为 ε

＝0.2％时所对应的应力作为屈服点，这种屈服点又称为条件屈服点，它和有明显屈服点的钢材一样均用 f_y 表示（图2.3），并统称为屈服强度。

3. 冲击韧性

拉力试验所表现的钢材性能，如钢材的屈服点 f_y、抗拉强度 f_u、伸长率 δ 是在常温静载下试验得到的，因此只能反映钢材的静力性能。冲击韧性是指钢材抵抗冲击或振动荷载的能力，其衡量指标称为冲击韧性值。前述实际的钢结构常常会承受冲击或振动荷载，如厂房中的吊车冲击韧性值由冲击试验求得。即用带夏比 V 形缺口的标准试件，在冲击试验机上通过动摆施加冲击荷载，使之断裂（图2.4），由此测出试件受冲击荷载发生断裂所吸收的冲击功，即为材料的冲击韧性值，用 A_{KV} 表示，单位为 J。A_{KV} 值越高，表明材料破坏时吸收的能量越多，因而抵抗脆性破坏的能力越强，韧性越好。因此它是衡量钢材强度、塑性及材质的一项综合指标。冲击韧性数值随试件的缺口形式和使用试验机不同而不同，现行国家标准采用 V 形缺口试件在夏比试验机上进行，考虑到钢材的脆性断裂常常发生在裂纹和缺口等应力集中处或三向拉应力场处，试件的 V 形缺口根部比较尖锐，与实际缺陷情况相近，因此能更好地反映钢材的实际性能。由于低温对钢材的脆性破坏有显著影响，在寒冷地区建造的结构不但要求钢材具有常温（20℃）冲击韧性指标，还要求具有 0℃ 或负温（－20℃ 或－40℃）时的冲击韧性指标，以保证结构具有足够的抗脆性破坏能力。

A_{KV} 越大，材料韧性越好。温度对冲击韧性有重大影响，如图2.5所示，存在一个由可能塑性破坏到可能脆性破坏的转变温度区（$T_1 \sim T_2$），T_1 称为临界温度，T_D 称为转为温度。

材料转变温度越低，说明钢的低温冲击韧性越好，为了避免钢结构的低温脆断，结构使用温度需高于钢材的转变温度。各种钢材的转变温度都不同，应由试验确定。

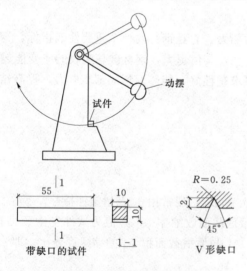

图2.4 冲击韧性试验示意图（单位：mm）

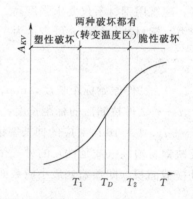

图2.5 温度对钢材冲击韧性的影响

2.3.2 建筑钢材的工艺性能

工艺性能是指钢材在投入生产的过程中，能承受各种加工制造工艺（如铣、刨、制孔、冷热矫正及焊接等）并不产生疵病或废品而应具备的性能。

1. 冷弯性能

冷弯性能是指材料在常温下能承受弯曲而不破裂的能力。钢材的冷弯性能是用试件 180°弯曲试验来判断的一种综合性能。钢材按原有厚度经表面加工成板状，常温下弯曲 180°后（图 2.6），若外表面和侧面不开裂，也不起层，则认为合格；弯曲时，按钢材牌号和板厚允许有不同的弯心直径 d。冷弯试验不仅能直接检验钢材的弯曲变形能力或者塑性性能，还能暴露钢材内部的冶金缺陷，如硫、磷偏析和硫化物的掺杂情况，这些都将降低钢材的冷弯性能。因此，冷弯性能反映钢材经一定角度冷弯后抵抗产生

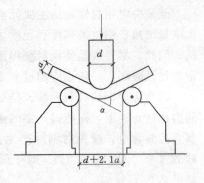

图 2.6　冷弯试验示意图

裂纹的能力，是钢材塑性能力及冶金质量的综合指标，由于冷弯试件在试验过程中受到冲头挤压以及弯曲和剪切的作用，因此冷弯试验也是考查钢材在复杂应力状态下发展塑性变形能力的一项指标。

2. 可焊性

钢材在焊接过程中，焊缝及附近的金属要经历升温、熔化、冷却及凝固的过程。可焊性指钢材对焊接工艺的适应能力，有两方面要求：一是通过一定的焊接工艺能保证焊接接头具有良好的力学性能；二是施工过程中，选择适宜的焊接材料和焊接工艺参数后，有可能避免焊缝金属和钢材热影响区产生热（冷）裂纹的敏感性。钢材的可焊性受碳含量和合金元素含量的影响。钢材的可焊性评定可分为化学成分判别和工艺试验法评定两种方法。化学成分判别即由碳当量的含量来判断钢材的可焊性。建筑钢材的化学成分组成除了占 95% 以上的铁元素以外，就是碳和其他合金元素以及杂质元素，虽然它们所占的比重不大，但它们对钢材性能却有重大影响，尤其是碳元素（C）既是形成钢材强度的主要元素，也是影响可焊性的首要元素，含碳量在 0.1%～0.2% 范围的碳素钢可焊性最好。工艺试验评定可焊性的方法很多，而每一种试验方法都有其特定的约束条件和冷却速度，故与实际施焊状况总会有所差别，试验结果仅具有相对比较意义。

钢结构设计中，除上述各种机械性能需要了解之外，还有下列 4 种数据也会常常用到：

(1) 钢材的质量密度：$\rho = 7850 \text{kg/m}^3 = 76.98 \text{kN/m}^3$。

(2) 钢材的泊松比：$\nu = 0.3$。

(3) 钢材的温度线膨胀系数：$\alpha = 1.2 \times 10^{-5} / ℃$。

(4) 钢材的剪变模量：$G = 7.9 \times 10^4 \text{N/mm}^2$。

学习情境 2.4　影响建筑钢材性能的主要因素

2.4.1　化学成分的影响

钢是由多种化学成分组成的，化学成分及其含量对钢的性能特别是力学性能有着明显的影响。铁（Fe）是钢材的基本元素，纯铁质软，在碳素结构钢中约占 99%，碳和其他元素仅占 1%，但对钢材的力学性能却有着决定性的影响。其他元素包括硅（Si）、锰（Mn）、硫（S）、磷（P）、氮（N）、氧（O）等。低合金钢中还含有少量合金元素（低于 5%），如铜（Cu）、钒（V）、钛（Ti）、铌（Nb）、铬（Cr）等。

碳是决定钢材性能的主要元素，它直接影响钢材的强度、塑性、韧性和可焊性等。随着含碳量增加，钢材的强度和硬度增大，但塑性和韧性降低，同时钢的冷弯性能和焊接性能降低。因此，尽管碳是使钢材获得强度的主要元素，但在钢结构中采用的碳素结构钢，对碳含量要加以限制，一般不应超过 0.22%，在焊接结构中还应低于 0.20%。

　　硅和锰是钢的有利元素。硅是脱氧剂，能提高钢的强度和硬度；锰也是脱氧剂，但脱氧能力比硅元素弱，锰能提高钢的强度和硬度，同时还能消除硫、氧对钢材的影响。但硅、锰都要控制含量，避免对钢材产生其他不利影响。在碳素钢中，锰的含量为 0.3%～0.8%，硅的含量应不大于 0.3%。对于低合金高强度结构钢，锰的含量可达 1.0%～1.6%，硅的含量可达 0.55%。

　　硫和磷（特别是硫）是钢中的有害元素。硫的存在可能导致钢材的热脆现象，同时硫又是钢中偏析最严重的杂质之一，偏析程度越大造成的危害越大。磷的存在可提高钢的强度，但会降低塑性、韧性，特别是在低温时会使钢材产生冷脆性，使承受冲击荷载或在负温下使用的钢结构产生破坏。

　　氧和氮都是钢中的有害杂质。氧的作用和硫类似，使钢热脆；氮的作用和磷类似，使钢冷脆。由于氧、氮容易在熔炼过程中逸出，一般不会超过极限含量，故通常不要求做含量分析。

　　低合金结构钢中的合金元素以锰（Mn）、钒（V）、铌（Nb）、钛（Ti）、铬（cr）、镍（Ni）等为主。钒、铌、钛等元素的添加，都能提高钢材的强度，改善可焊性。镍和铬是不锈钢的主要元素，能提高强度、淬硬性、耐磨性等性能，但对可焊性不利。为改善低合金结构钢的性能，尚允许加入少量钼（Mo）和稀土（Re）元素，以改善其综合性能。

2.4.2　冶炼、轧制过程及热处理的影响

　　建筑结构钢主要由氧气转炉和平炉来冶炼，电炉由于生产成本高，适用于冶炼高质量要求的钢号。从化学成分波动的范围及其平均值结果来看，平炉钢和氧气转炉钢是很接近的，可以认为这两种方法冶炼的钢，在化学成分和各项性能上基本相同。

　　钢在冶炼过程中生成有氧化铁及其固溶体等杂质，均会增加钢的热脆性，使钢的轧制性能变坏。在冶炼快结束时，钢水中含氧量较高（约为 0.02%～0.07%），浇铸前需对钢水进行脱氧，使之与氧化铁反应生成氧化物后随钢渣排出。由于所用脱氧方法、脱氧剂的种类和数量不同，最终脱氧效果也差别很大，可形成镇静钢、半镇静钢和沸腾钢。

　　沸腾钢是以脱氧能力较弱的锰作为脱氧剂脱氧而成，因而脱氧不充分。钢水中氧化铁和碳作用形成一氧化碳和氧、氮等气体从钢中逸出，钢液表面剧烈沸腾故称为沸腾钢。沸腾钢铸锭时冷却快，氧、氮、氢等气体来不及逸出而在钢中形成气泡，使钢材构造和晶粒不匀，偏析严重，常有夹层，增加了钢材的时效敏感性和冷脆性，塑性、韧性及可焊性相对较差，但沸腾钢生产工艺简单，成本较低。

　　镇静钢一般用硅为脱氧剂，对质量要求高的钢，尚可在用硅脱氧后再用铝或钛进行补充脱氧。硅的脱氧能力较强，铝和钛则更强，硅的脱氧能力是锰的 5.2 倍，而铝的脱氧能力是锰的 90 倍。在钢水中投入锰和适量的硅作脱氧剂，钢水中氧化铁绝大部分被还原，很少能再和碳化合析出一氧化碳气体，同时脱氧还原过程放出大量热量，使钢锭冷却缓慢，钢中有害气体容易逸出，浇铸时钢水表面平静，故称之为镇静钢。镇静钢组织致密，杂质气泡少，偏析程度低。镇静钢塑性、韧性及可焊性比沸腾钢好，同时具有较小的时效敏感性和冷脆

性。但镇静钢施工工艺较复杂，成本较高。

脱氧程度介于沸腾钢和镇静钢之间的钢称为半镇静钢。它是用较少的硅进行脱氧，脱氧剂的用量约为镇静钢的1/2～1/3。半镇静钢的性能大大地优于沸腾钢，其强度和塑性完全符合标准要求，纵向轧制钢材的均匀性不次于镇静钢。但影响半镇静钢材质的因素比较复杂，需要有相当纯熟的操作经验。当对钢材的夹杂限制很严时，还可采用如真空处理一类的炉外精炼的方法。真空处理是将钢水处于真空环境中，其所含氧、氢、氮等均能很快逸出，而且还不像脱氧剂那样形成渣。

钢锭的热轧过程不仅会改变钢的外形及尺寸，还会改变钢的内部组织及其性能。热轧过程始于1200～1300℃高温，终止于900～1000℃。在压力作用下，钢锭中的小气泡、裂纹等缺陷会焊合起来，使金属组织更致密。轧制过程可以破坏钢锭的铸造组织、细化晶粒并消除显微组织缺陷，显然，轧制钢材比铸钢具有更高的力学性能。轧制型材规格愈小，一般来说强度愈高，而且塑性及冲击韧性也会较好，这是因为小型材的轧制压缩比大的缘故。如轧制时压缩比过小，成品厚度较大，停轧温度过高，则在随后的冷却过程中会形成降低强度和塑性的金相组织；如停轧温度过低，将增加钢的冷脆倾向，并会因为形成带状组织而破坏钢的各向同性的性质。

为了保证钢材的质量，必要时，在轧制过程中应控制轧制温度、压下量和冷却速度，提供在"控轧"状态下的供货状况；否则，可采用热处理后供货以改善质量。但一般的建筑结构用钢很少需要此工艺。

钢的热处理就是将钢在固态范围内施以不同的加热、保温和冷却等手段，借以改变其性能的一种工艺。根据加热和冷却方法的不同，热处理可分为很多种类，与建筑钢结构（包括其所用钢材）有关的大致有以下几种：

（1）退火处理：退火种类很多，大体上可分为重结晶退火和低温退火两类。重结晶退火是将钢加热到相变临界点以上30～50℃，保温一段时间，然后缓慢冷却（随炉冷却、坑冷、灰冷）到500℃以下后，在空气中冷却。退火是一种时间漫长的热处理工艺，其目的是细化晶粒、降低硬度、提高塑性、消除组织缺陷和改善力学性能等。低温退火是将钢加热到相变临界点以下（500～650℃），保温一段时间后缓冷到300～200℃以下出炉，钢在这个过程中无组织变化，消除内应力的处理即属低温退火。

（2）正火处理：将钢加热到临界点以上30～50℃，保温一段时间，进行完全奥氏体化，然后在空气中冷却。正火与退火的加热条件相同，只是冷却条件不同，正火在空气中冷却速度要快于回火，故正火钢有较高的强度和硬度，甚至有较大的塑性和韧性，正火的目的是细化晶粒、消除缺陷、改善性能，故对于碳素结构钢、低合金结构钢均可以正火处理状态交货。

（3）淬火处理：将钢材加热到相变临界点以上（一般为900℃以上），保温一段时间，然后在水或油等冷却介质中快速冷却，使奥氏体组织转变为马氏体，使其得到高硬度、高强度，但此过程需要随后的回火处理，以获得良好的综合力学性能。

（4）回火处理：将淬火钢重新加热到相变临界点以下的预定温度，保温预定时间，然后冷却，这种操作称为回火处理，其目的是减小淬火生成的内应力，促使金相组织获得充分的转变，减小淬火钢的脆性。淬火钢回火后的力学性能，取决于回火温度和时间，可依据需要分别选择低温回火（150～200℃）、中温回火（300～500℃）和高温回火（500～650℃）。钢材的淬火加高温回火的综合操作称为调质，调质处理可让钢材获得强度、塑性和韧性都较好的综合性能。

对于高强度钢材，如 GB/T 1591—2008《低合金高强度结构钢》中的 Q420、Q460 的 C、D、E 级钢，其交货状态中包括有淬火加回火的状态，GB/T 4171—2008《焊接结构用耐候钢》中（Q460NH）也可有淬火加回火状态交货。其他强度级别一般只是热轧、控轧或正火处理状态交货。

2.4.3 钢材的冷作硬化与时效硬化

图 2.7（a）所示为低碳钢试件单向拉伸的 $\sigma—\varepsilon$ 曲线。如前所述，当拉伸应力从 0 增加，超过弹性阶段 OA，进入弹塑性阶段 AB 内的某一点 1 时，这时如果卸荷，曲线不会沿着原来的曲线返回到 0 点，而是从 1 点开始沿着与 OA 平行的方向直线下降至应力为 0 时的 2 点，产生残余应变 ε_p（02 段）。如果再加荷，曲线将沿从 2 到 1 的方向上升至 1 点。这意味着经历一次加载后，钢材的弹性极限（或比例极限）由原来的 A 点升至 1 点，弹性范围加大了。如果再继续加荷到 3 点又卸荷，曲线将从 3 点沿着与 OA 平行的方向降至应力为 0 时的 4 点。若再加荷，曲线由 4 点升至 3 点，弹性范围更大。若继续加荷至拉断破坏，曲线沿着原来的实线，拉断后直线下降至应力为 0 的 5 点。这就是说，经历几次重复加载后，钢材的塑性变形范围由原来的 05 段缩小至"45"段了。$\sigma—\varepsilon$ 曲线的这种变化说明钢材受荷超过弹性范围以后，若重复地卸载、加载，将使钢材弹性极限提高、塑性降低。这种现象称为应变硬化或冷作硬化。

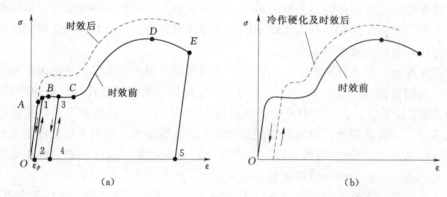

图 2.7 钢材的冷作硬化与时效硬化

轧制钢材放置一段时间后，其机械性能也会发生变化。钢材的 $\sigma—\varepsilon$ 曲线会由图 2.7（a）中的实线变成虚线所示的曲线。比较实线和虚线，可以看出钢材放置一段时间后，强度提高，塑性降低。这种现象称为时效硬化。如果钢材经过冷加工产生过塑性变形，时效过程会加快［图 2.7（b）］。如果冷加工后又将钢材加热（例如加热到 250℃ 左右），其时效过程将更加迅速，这种处理称为人工时效。在钢筋混凝土结构中，常常利用这种性能对钢筋进行冷拉、冷拔等工艺，然后再作人工时效处理，以提高钢筋的承载力。对于冷弯薄壁型钢，考虑到它在经受冷弯加工成型过程中，由于冷作硬化和时效硬化的影响，其屈服点较原来有较大的提高，其抗拉强度也略有提高，延伸率降低。科技人员经过一系列的理论和试验研究，并借鉴国外成功的经验，认为在设计中可以考虑利用冷弯效应引起的强度提高，以充分发挥冷弯薄壁型钢的承载力，因此在 GB 50018—2002《冷弯薄壁型钢结构技术规范》中，列入了考虑冷弯效应引起设计强度提高的条款。

但是，在一般的由热轧型钢和钢板组成的钢结构中，并不利用冷作硬化来提高钢材强度。对于直接承受动荷载的结构，还要求采取措施消除冷加工后钢材硬化的影响，以防止钢材性能变脆。例如，经过剪切机剪断的钢板，为消除剪切边缘冷作硬化的影响，常常用火焰烧烤使之"退火"，或者将剪切边缘部分钢材用刨、削的方法将其除去（刨边）。

2.4.4　复杂应力和应力集中的影响

在单向拉伸试验中，应力 $\sigma \geqslant f_y$ 时，钢材进入塑性状态，钢材在复杂应力（即二向应力或三向应力）（图 2.8）作用下，钢材由弹性状态转入塑性状态的条件是按能力强度理论计算的折算应力 σ_{eq} 与单向应力作用下的屈服点相比较来决定的，即当 $\sigma_{eq} < f_y$ 时，钢材处于弹性工作状态；而 $\sigma_{eq} \geqslant f_y$ 时，钢材处于塑性工作状态。其计算公式如下：

当三向受力用主应力 σ_1、σ_2、σ_3 表示时

$$\sigma_{eq} = \sqrt{\frac{1}{2}\left[(\sigma_1-\sigma_2)^2+(\sigma_2-\sigma_3)^2+(\sigma_1-\sigma_3)^2\right]} \tag{2.1}$$

当三向受力用应力分量 σ_x、σ_y、σ_z、τ_{xy}、τ_{yz}、τ_{zx} 表示时

$$\sigma_{eq} = \sqrt{\sigma_x^2+\sigma_y^2+\sigma_z^2-(\sigma_x\sigma_y+\sigma_y\sigma_z+\sigma_x\sigma_z)+3(\tau_{xy}^2+\tau_{yz}^2+\tau_{zx}^2)} \tag{2.2}$$

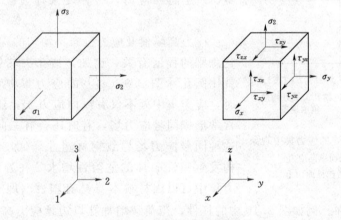

图 2.8　钢材的应力状态

若三向应力中有一项应力较小（如厚度较小）或为 0 时，则属于平面的二向受力（即 $\sigma_3 = 0$ 或 $\sigma_z = \tau_{yz} = \tau_{zx} = 0$）时，$\sigma_{eq}$ 可简化为

$$\sigma_{eq} = \sqrt{\sigma_1^2+\sigma_2^2-\sigma_1\sigma_2} \tag{2.3}$$

或

$$\sigma_{eq} = \sqrt{\sigma_x^2+\sigma_y^2-\sigma_x\sigma_y+3\tau_{xy}^2} \tag{2.4}$$

在单向受弯的梁内，只有 σ 和 τ 作用，即 $\sigma_x = \sigma$、$\tau_{xy} = \tau$、$\sigma_y = 0$ 时，则 σ_{eq} 可简化为

$$\sigma_{eq} = \sqrt{\sigma^2+3\tau^2} \tag{2.5}$$

若受纯剪，应力 $\sigma = 0$，则

$$\sigma_{eq} = \sqrt{3}\tau \tag{2.6}$$

取 $\sigma_{eq} = f_y$，则 $\tau = \dfrac{f_y}{\sqrt{3}} = 0.58 f_y$，表明纯剪时，剪应力达到 $0.58 f_y$，钢材进入塑性状态。

因此，《钢结构设计规范》取钢材抗剪强度设计值 $f_v = 0.58f$ 的整数值（f 为钢材抗拉强度设计值，见附表1.1）。

下面讨论复杂应力对钢材性能的影响。在低碳钢试件拉伸试验中观察到，试件破坏前有显著伸长，中部截面变细呈颈缩现象。试件破坏断口处呈纤维状，颜色发暗，断裂面与作用力方向约呈 45°，即最大剪应力方向。破坏面有显著的滑移痕迹，说明很大的塑性变形是剪应力作用导致滑移的结果，即材料的塑性变形与剪应力的大小有关。由式（2.1）、式（2.2）可以看出，如果三向应力同号，且绝对值又比较接近时，即使三向应力都很大，远远大于屈服点，但由于差值较大，折算应力小，材料不易进入塑性状态，可能直至破坏材料还未进入塑性状态。因此，同号应力状态下，易产生脆性破坏；相反，异号应力，且同号的两个应力相差较大时，就易进入塑性状态，可能最大应力尚未达到 f_y 时，材料就已经进入塑性状态了，说明钢材在异号应力作用下，易发生塑性破坏。

现在讨论应力集中对钢材性能的影响。实际钢结构中的构件常因构造而有孔洞、缺口、凹槽；或采用变厚度、变宽度的截面时，构件中的应力分布不再保持均匀，而是在缺陷及截面突然改变处附近，出现应力曲折、密集、产生高峰应力，这种现象称为应力集中现象（图2.9）。

应力高峰值及应力分布不均匀的程度与杆件截面变化急剧的程度有关。例如，槽孔尖端处 [图2.9（b）] 就比圆孔 [图2.9（a）] 的应力集中程度大得多。同时，应力集中处不仅有纵向应力 σ_x，还有横向应力 σ_y，常常形成同号应力场，有时还会有三向的同号应力场。这种同号应力场导致钢材塑性降低，脆性增加，使结构发生脆性破坏的危险性增大。在静荷载作用下，应力集中可以因材料本身具有塑性（即 $\sigma—\varepsilon$ 曲线上的屈服台阶）得到缓和。例如图2.10中的杆件，当荷载增加孔口边缘应力高峰首先达到屈服点 f_y 时，如荷载继续增加，边缘达到 f_y 处的应变可以继续增加，但应力保持 f_y，截面其他地方应力及应变仍旧继续增加。这样，截面上的应力随荷载增加逐渐趋向均匀，直

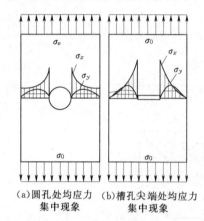

(a)圆孔处均应力 集中现象　(b)槽孔尖端处均应力 集中现象

图2.9　构件孔洞处的应力集中现象
σ_x—沿孔洞截面纵向应力；
σ_y—沿孔洞截面横向应力

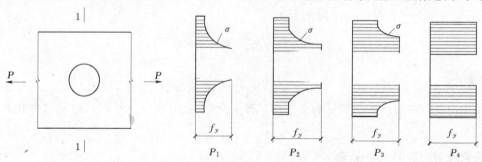

1—1断面纵向应力分布（$P_1 < P_2 < P_3 < P_4$）

图2.10　应力集中缓和的过程

到全截面的应力都达到 f_y，不会影响截面的极限承载能力。因此，塑性良好的钢材可以缓和应力集中。

常温下受静荷载的结构只要符合设计和施工规范要求，计算时可不考虑应力集中的影响。但是对于受动荷载的结构，尤其是低温下受动荷载的结构，应力集中引起钢材变脆的倾向更为显著，常常是导致钢结构脆性破坏的原因。对于这类结构，设计时应注意构件形状的合理性，避免构件截面急剧变化，以减小应力集中程度，从构造措施上来防止钢材脆性破坏。

前面讲述冲击韧性试验的试件带有 V 形缺口，就是为了使试件受荷载时产生应力集中，由此测得的冲击韧性值就能够反映材料对应力集中的敏感性，因而能够更全面地反映材料的综合品质。

2.4.5　残余应力的影响

型钢及钢板热轧成材后，一般放置堆场自然冷却，冷却过程中截面各部分散热速度不同，导致冷却不均匀。例如，钢板截面两端接触空气表面积大，散热快，先冷却，而截面中央部分则因接触空气表面积小，散热慢，后冷却。同样，工字钢翼缘端部及腹板中央部分一般冷却较快，腹板与翼缘相交部分则冷却较慢。先冷却的部分恢复弹性较早，它将阻止后冷却部分自由收缩，从而引起后冷却部分受拉，先冷却部分则受后冷却部分收缩的牵制引起受压。这种作用和反作用最后导致截面内形成自相平衡的内应力，称为热残余应力。除轧制钢材有残余应力外，焊接结构因焊接过程不均匀受热及冷却也会产生残余应力，这将在学习项目 3 和学习项目 4 中讲述。钢材中残余应力的特点是应力自相平衡且与外荷载无关。当外荷载作用于结构时，外荷载产生的应力与残余应力叠加，导致截面某些部分应力增加，可能提前到达屈服点进入塑性区。随着外荷载的增加，塑性区会逐渐扩展，直到全截面进入塑性达到极限状态。因此，残余应力对构件强度极限状态承载力没有影响，计算中不予考虑。但是，由于残余应力使部分截面提前进入塑性区，截面弹性区减小，因而刚度也随之减小，导致构件稳定承载力降低。此外，残余应力与外荷载应力叠加常常产生二向或三向应力，将使钢材抗冲击断裂能力及抗疲劳破坏能力降低。尤其是低温下受冲击荷载的结构，由于残余应力的存在更容易引起低工作应力状态下的脆性断裂。对钢材进行"退火"热处理在一定程度上可以消除一些残余应力。

2.4.6　温度的影响

当温度升高时，钢材的强度（f_u、f_y）及弹性模量（E）降低，应变增大；温度降低时，钢材的强度会略有增加，塑性和韧性却会降低而变脆。

温度升高约在 200℃ 以内时，钢材性能变化不大，因此，钢材的耐热性较好。但当温度超过 200℃ 时，尤其是在 430~540℃，f_u 及 f_y 急剧下降，到 600℃ 时强度很低已不能继续承载。钢材温度在 250℃ 附近，强度有一定的提高，但塑性降低，性能转脆。由于在这个温度下，钢材表面氧化膜呈蓝色，故又称蓝脆。在蓝脆温度区加工钢材，可能引起裂纹，故应尽量避免在这个温度区对钢材进行热加工。当温度在 260~320℃ 时，在应力持续不变的情况下，钢材以很缓慢的速度继续变形，此种现象称为徐变现象。

在负温度范围，随着温度的下降，钢材强度略有提高，但塑性及韧性下降，钢材性能变脆。当温度下降到某一区间时，冲击韧性急剧下降，其破坏特征很明显地转变为脆性破坏。

因此对于在低温下工作的结构，尤其是在受动力荷载和采用焊接连接的情况下，钢结构规范要求不但要有常温冲击韧性的保证，还要有低温（如 0℃、-20℃ 等）冲击韧性的保证。

2.4.7 钢材的疲劳

生活中常有这样的经验，一根细小的铁丝，要拉断它很不容易，但将它弯折几次就容易折断了；又如机械设备中高速运转的轴，由于轴内截面上应力不断交替变化，承载能力就较静荷载时低得多，常常在低于屈服点时就断了。这些实例说明，钢材的疲劳破坏是微观裂纹在连续重复荷载作用下不断扩展至断裂的脆性破坏。钢材的疲劳破坏取决于应力集中和应力循环的次数。截面几何形状突然发生改变处的应力集中，对疲劳很不利，在高峰应力处形成双向或同号三向拉应力场。钢材在连续反复变化的荷载作用下，裂纹端部产生应力集中，其中同号的应力场使钢材性能变脆，交变的应力使裂纹逐渐扩展，这种累积的损伤最后导致其突然的脆性断裂。因此钢材发生疲劳对应力集中也最为敏感。对于受动荷载作用的构件，设计时应注意避免截面突变，让截面变化尽可能平缓过渡，其目的是减缓应力集中的影响。

由此可知，疲劳破坏使得强度降低，材料转为脆性，破坏易突然发生。《规范》规定，对于承受动力荷载作用的构件（如吊车梁、吊车桁架、工作平台等）及其连接，当应力变化的循环次数超过 10^5 次时，就需要进行疲劳计算，以保证不发生疲劳破坏。

一般情况下钢材静力强度不同，其疲劳破坏情况没有显著差别。因此，对于受动荷载的结构不一定要采用强度等级高的钢材，但宜采用质量等级高的钢材，使其有足够的冲击韧性，以防止疲劳破坏。

学习情境 2.5　建筑钢材的种类、规格及选用

2.5.1　建筑钢材的种类

在我国常用的建筑钢材主要为碳素结构钢和低合金高强度结构钢两种。结构钢又分为建筑用钢和机械用钢，优质碳素结构钢在连接用的紧固构件中也有应用。

2.5.1.1　碳素结构钢

对于碳素结构钢，GB/T 700—2006《碳素结构钢》中钢材牌号表示方法由字母 Q、屈服点数值（N/mm^2）、质量等级代号（A、B、C、D）及脱氧方法代号（F、b、Z、TZ）4 个部分组成。Q 是"屈"字汉语拼音的首位字母，质量等级中以 A 级最差、D 级最优，F、b、Z、TZ 则分别是"沸"、"半"、"镇"及"特镇"汉语拼音的首位字母，分别代表沸腾钢、半镇静钢、镇静钢及特殊镇静钢。其中代号 Z、TZ 可以省略。Q235 中 A、B 级有沸腾钢、半镇静钢及镇静钢，C 级全部为镇静钢，D 级全部为特殊镇静钢。这样，按照国家标准，钢号的代表意义举例如下：

Q235A：屈服点为 $235N/mm^2$ 的 A 级镇静碳素结构钢；

Q235BF：屈服点为 $235N/mm^2$ 的 B 级沸腾碳素结构钢；

Q235D：屈服点为 $235N/mm^2$ 的 D 级特殊镇静碳素结构钢。

GB/T 700—2006《碳素结构钢》将碳素结构钢根据钢材的厚度（直径）不大于 16mm 时的屈服点数值分为 5 个牌号：Q195、Q215、Q235、Q255 及 Q275。钢结构一般仅用 Q235。

碳素结构钢的化学成分应符合表 2.1 的规定，机械性能应符合表 2.2 和表 2.3 的规定。

表 2.1　　　　　　　　　　碳素结构钢的化学成分

牌号	统一数字代号[1]	等级	厚度（或直径）(mm)	脱氧方法	化学成分（质量分数）(%) ≤				
					C	Si	Mn	P	S
Q195	U11952	—	—	F、Z	0.12	0.30	0.50	0.035	0.040
Q215	U12152	A		F、Z	0.15	0.35	1.20	0.045	0.050
	U12155	B							0.045
Q235	U12352	A		F、Z	0.22	0.35	1.40	0.045	0.050
	U12355	B			0.20[2]				0.045
	U12358	C		Z	0.17			0.040	0.040
	U12359	D		TZ				0.035	0.035
Q275	U12752	A	—	F、Z	0.24	0.35	1.50	0.045	0.050
	U12755	B	≤40	Z	0.21			0.045	0.045
			>40		0.22				
	U12758	C		Z	0.20			0.040	0.040
	U12759	D		TZ				0.035	0.035

① 表中为镇静钢、特殊镇静钢牌号的统一数字，沸腾钢牌号的统一数字代号如下：

    Q195F—U11950；

    Q215AF—U12150，Q215BF—U12153；

    Q235AF—U12350，Q235BF—U12353；

    Q275AF—U12750。

② 经需方同意，Q235B 的碳含量可不大于 0.22%。

表 2.2　　　　　　　　　　碳素结构的机械性能

牌号	等级	屈服强度[1] R_{eH} (N/mm²)，≥						抗拉强度[2] (N/mm²)	断后伸长率 A (%)，≥					冲击试验（V 形缺口）	
		厚度（或直径）(mm)							厚度（或直径）(mm)					温度 (℃)	冲击吸收功（纵向）(J)，≥
		≤16	>16~40	>40~60	>60~100	>100~150	>150~200		≤40	>40~60	>60~100	>100~150	>150~200		
Q195	—	195	185	—	—	—	—	315~430	33	—	—	—	—	—	—
Q215	A	215	205	195	185	175	165	335~450	31	30	29	27	26	—	—
	B													+20	27
Q235	A	235	225	215	215	195	185	370~500	26	25	24	22	21	—	27[3]
	B													+20	
	C													0	
	D													−20	
Q275	A	275	265	255	245	225	215	410~540	22	21	20	18	17	—	27
	B													+20	
	C													0	
	D													−20	

① Q195 的屈服强度值仅供参考，不作交货条件。

② 厚度大于 100mm 的钢材，抗拉强度下限允许降低 20N/mm²。宽带钢（包括剪切钢板）抗拉强度上限不作交货条件。

③ 厚度小于 25mm 的 Q235B 级钢材，如供方能保证冲击吸收功值合格，经需方同意，可不作检验。

表 2.3   碳素结构钢冷弯试验指标

牌 号	试 样 方 向	冷弯试验180° $B=2a$[①]	
		钢材厚度（或直径）[②]（mm）	
		≤60	>60～100
		弯心直径 d	
Q195	纵	0	
	横	0.5a	
Q215	纵	0.5a	1.5a
	横	a	2a
Q235	纵	a	2a
	横	1.5a	2.5a
Q275	纵	1.5a	2.5a
	横	2a	3a

① B 为试样宽度，a 为试样厚度（或直径）。

②   钢材厚度（或直径）大于100mm时，弯曲试验由双方协商确定。

2.5.1.2 优质碳素结构钢

它与碳素结构钢相比，不仅有严格的化学成分（硫、磷等有害杂质的含量较少），还要保证力学性能的有关指标。这类钢材的牌号用代表平均含碳量的万分之几的两位数表示。其中 35 号、45 号钢（即平均含碳量为 0.35％、0.45％）在钢结构中常用作高强度螺栓的螺母及垫圈等。

2.5.1.3 低合金高强度结构钢

GB/T 1591—2008《低合金高强度结构钢》中钢材全部为镇静钢或特殊镇静钢，因此钢的牌号中不需注明脱氧方法，所以它的牌号就只由 Q、屈服点数值及质量等级三个部分组成，其中质量等级有 A～E 5 个级别。E 等级主要是要求 −40℃ 的冲击韧性。GB/T 1591—2008 将低合金高强度结构钢按屈服点数值分为 5 个牌号：Q295、Q345、Q390、Q420及 Q460。

例如：Q345E 指屈服点为 345N/mm² 的 E 级低合金高强度结构钢。

低合金高强度结构钢的化学成分应符合表 2.4 的规定，机械性能应符合表 2.5～表 2.7的规定。

表 2.4   低合金高强度结构钢的化学成分

牌号	质量等级	化学成分[①,②]（质量分数）（%）													
		C	Si	Mn	P	S	Nb	V	Ti	Cr	Ni	Cu	N	Mo	Aln
					≤										≥
Q345	A	≤0.20	≤0.50	≤1.70	0.035	0.035	0.07	0.15	0.20	0.30	0.50	0.30	0.012	0.10	—
	B				0.035	0.035									
	C				0.030	0.030									
	D	≤0.18			0.030	0.025									0.015
	E				0.025	0.020									

续表

牌号	质量等级	化学成分①,②（质量分数）（%）														
		C	Si	Mn	P	S	Nb	V	Ti	Cr	Ni	Cu	N	Mo	B	Aln
										≤						≥
Q390	A	≤0.20	≤0.50	≤1.70	0.035	0.035	0.07	0.20	0.20	0.30	0.50	0.30	0.015	0.10	—	—
	B				0.035	0.035										
	C				0.030	0.030										0.015
	D				0.030	0.025										
	E				0.025	0.020										
Q420	A	≤0.20	≤0.50	≤1.70	0.035	0.035	0.07	0.20	0.20	0.30	0.80	0.30	0.015	0.20	—	—
	B				0.035	0.035										
	C				0.030	0.030										0.015
	D				0.030	0.025										
	E				0.025	0.020										
Q460	C	≤0.20	≤0.60	≤1.80	0.030	0.030	0.11	0.20	0.20	0.30	0.55		0.015	0.20	0.004	0.015
	D				0.030	0.025										
	E				0.025	0.020										
Q500	C	≤0.18	≤0.60	≤1.80	0.030	0.030	0.11	0.12	0.20	0.60	0.55		0.015	0.20	0.004	0.015
	D				0.030	0.025										
	E				0.025	0.020										
Q550	C	≤0.18	≤0.60	≤2.00	0.030	0.030	0.11	0.12	0.20	0.80	0.80		0.015	0.30	0.004	0.015
	D				0.030	0.025										
	E				0.025	0.020										
Q620	C	≤0.18	≤0.60	≤2.00	0.030	0.030	0.11	0.12	0.20	1.00	0.80		0.015	0.30	0.004	0.015
	D				0.030	0.025										
	E				0.025	0.020										
Q690	C	≤0.18	≤0.60	≤2.00	0.030	0.030	0.11	0.12	0.20	1.00	0.80		0.015	0.30	0.004	0.015
	D				0.030	0.025										
	E				0.025	0.020										

①　型材及棒材 P、S 含量可提高 0.005%，其中 A 级钢上限可为 0.045%。
②　当细化晶粒元素组合加入时，20(Nb+V+Ti)≤0.22%，20(Mo+Cr)≤0.30%。

2.5.1.4　抗层状撕裂的 Z 向钢和耐候钢

1. 抗层状撕裂的 Z 向钢

随着高层建筑和大跨度结构的发展，要求构件的承载力越来越大，所用钢板的厚度也日趋增大。目前国内高层建筑中所用钢板厚度已达 70mm。一般情况下，钢材尤其是厚钢板，局部性的夹渣、分层往往难于避免。另一方面，在实际的钢结构中，尤其是层数较高的建筑和跨度较大的结构，常常会有沿钢板厚度方向受拉的情况，例如梁与柱的连接处。钢板沿厚度方向塑性较差以及夹渣、分层现象，常常造成钢板沿厚度方向受拉时发生层状撕裂。为保证安全，要求采用一种能抗层状撕裂的钢，称为厚度方向性能钢板，或称 Z 向钢（Z 向是指钢材厚度方向）。Z 向钢是在某一级结构钢（称为母级钢）的基础上，经过特殊冶炼、处理的钢材。其含硫量控制更严，为一般钢材含硫量的 1/5 以下，截面收缩率 ψ 在 15% 以上。因

表 2.5　低合金高强度结构钢的拉伸性能

牌号	质量等级	拉伸试验①、②、③																					
		以下公称厚度（直径，边长）下屈服强度 R_{eL}（MPa）									以下公称厚度（直径，边长）抗拉强度 R_m（MPa）							断后伸长率 A(%) 公称厚度（直径，边长）					
		≤16mm	>16~40mm	>40~63mm	>63~80mm	>80~100mm	>100~150mm	>150~200mm	>200~250mm	>250~400mm	≤40mm	>40~63mm	>63~80mm	>80~100mm	>100~150mm	>150~250mm	>250~400mm	≤40mm	>40~63mm	>63~100mm	>100~150mm	>150~250mm	>250~400mm
Q345	A	≥345	≥335	≥325	≥315	≥305	≥285	≥275	≥265	—	470~630	470~630	470~630	470~630	450~600	450~600	—	≥20	≥19	≥19	≥18	≥17	—
	B	≥345	≥335	≥325	≥315	≥305	≥285	≥275	≥265	—	470~630	470~630	470~630	470~630	450~600	450~600	—	≥20	≥19	≥19	≥18	≥17	—
	C	≥345	≥335	≥325	≥315	≥305	≥285	≥275	≥265	—	470~630	470~630	470~630	470~630	450~600	450~600	—	≥21	≥20	≥20	≥19	≥18	≥17
	D	≥345	≥335	≥325	≥315	≥305	≥285	≥275	≥265	—	470~630	470~630	470~630	470~630	450~600	450~600	—	≥21	≥20	≥20	≥19	≥18	≥17
	E	≥345	≥335	≥325	≥315	≥305	≥285	≥275	≥265	≥265	470~630	470~630	470~630	470~630	450~600	450~600	450~600	≥21	≥20	≥20	≥19	≥18	≥17
Q390	A	≥390	≥370	≥350	≥330	≥330	≥310	—	—	—	490~650	490~650	490~650	490~650	470~620	—	—	≥20	≥19	≥19	≥18	—	—
	B	≥390	≥370	≥350	≥330	≥330	≥310	—	—	—	490~650	490~650	490~650	490~650	470~620	—	—	≥20	≥19	≥19	≥18	—	—
	C	≥390	≥370	≥350	≥330	≥330	≥310	—	—	—	490~650	490~650	490~650	490~650	470~620	—	—	≥20	≥19	≥19	≥18	—	—
	D	≥390	≥370	≥350	≥330	≥330	≥310	—	—	—	490~650	490~650	490~650	490~650	470~620	—	—	≥20	≥19	≥19	≥18	—	—
	E	≥390	≥370	≥350	≥330	≥330	≥310	—	—	—	490~650	490~650	490~650	490~650	470~620	—	—	≥20	≥19	≥19	≥18	—	—
Q420	A	≥420	≥400	≥380	≥360	≥360	≥340	—	—	—	520~680	520~680	520~680	520~680	500~650	—	—	≥19	≥18	≥18	≥18	—	—
	B	≥420	≥400	≥380	≥360	≥360	≥340	—	—	—	520~680	520~680	520~680	520~680	500~650	—	—	≥19	≥18	≥18	≥18	—	—
	C	≥420	≥400	≥380	≥360	≥360	≥340	—	—	—	520~680	520~680	520~680	520~680	500~650	—	—	≥19	≥18	≥18	≥18	—	—
	D	≥420	≥400	≥380	≥360	≥360	≥340	—	—	—	520~680	520~680	520~680	520~680	500~650	—	—	≥19	≥18	≥18	≥18	—	—
	E	≥420	≥400	≥380	≥360	≥360	≥340	—	—	—	520~680	520~680	520~680	520~680	500~650	—	—	≥19	≥18	≥18	≥18	—	—
Q460	C	≥460	≥440	≥420	≥400	≥400	≥380	—	—	—	550~720	550~720	550~720	550~720	530~700	—	—	≥17	≥16	≥16	≥16	—	—
	D	≥460	≥440	≥420	≥400	≥400	≥380	—	—	—	550~720	550~720	550~720	550~720	530~700	—	—	≥17	≥16	≥16	≥16	—	—
	E	≥460	≥440	≥420	≥400	≥400	≥380	—	—	—	550~720	550~720	550~720	550~720	530~700	—	—	≥17	≥16	≥16	≥16	—	—

拉伸试验①、②、③

牌号	质量等级	以下公称厚度（直径、边长）下屈服强度 R_{eL}（MPa）									以下公称厚度（直径、边长）抗拉强度 R_m（MPa）							断后伸长率 A（%）公称厚度（直径、边长）					
		≤16mm	>16~40mm	>40~63mm	>63~80mm	>80~100mm	>100~150mm	>150~200mm	>200~250mm	>250~400mm	≤40mm	>40~63mm	>63~80mm	>80~100mm	>100~150mm	>150~250mm	>250~400mm	≤40mm	>40~63mm	>63~100mm	>100~150mm	>150~250mm	>250~400mm
Q500	C																						
	D	≥500	≥480	≥470	≥450	≥440	—	—	—	—	610~770	600~760	590~750	540~730	—	—	—	≥17	≥17	≥17	—	—	—
	E																						
Q550	C																						
	D	≥550	≥530	≥520	≥500	≥490	—	—	—	—	670~830	620~810	600~790	590~780	—	—	—	≥16	≥16	≥16	—	—	—
	E																						
Q620	C																						
	D	≥620	≥600	≥590	≥570	—	—	—	—	—	710~880	690~880	670~860	—	—	—	—	≥15	≥15	≥15	—	—	—
	E																						
Q690	C																						
	D	≥690	≥670	≥660	≥640	—	—	—	—	—	770~940	750~920	730~900	—	—	—	—	≥14	≥14	≥14	—	—	—
	E																						

① 当屈服不明显时，可测量 $R_{P0.2}$ 代替下屈服强度。
② 宽度不小于 600mm 扁平材，拉伸试验取横向试样；宽度小于 600mm 的扁平材、型材及棒材取纵向试样，断后伸长率最小值相应提高 1%（绝对值）。
③ 厚度>250~400mm 的数值适用于扁平材。

此，Z向钢沿厚度方向有较好的延性。我国生产的 Z 向钢板的技术指标符合 GB/T 5313—2010《厚度方向性能钢板》规定，其标记是在母级钢牌号后面加上 Z 向钢板等级标记 Z15、Z25 和 Z35。Z 后面的数字为截面收缩率 ψ 的指标（％），Z 向钢板的附加性能见表 2.8。

表 2.6　　　　　　　　　　　低合金高强度结构钢的冲击性能

牌号	质量等级	试验温度（℃）	冲击吸收能量 KV_2 [①]（J）		
			公称厚度（直径、边长）		
			12～150mm	＞150～250mm	＞250～400mm
Q345	B	20	≥34	≥27	—
	C	0			
	D	−20			27
	E	−40			
Q390	B	20	≥34	—	—
	C	0			
	D	−20			
	E	−40			
Q420	B	20	≥34		
	C	0			
	D	−20			
	E	−40			
Q460	C	0	≥34	—	—
	D	−20			
	E	−40			
Q500、Q550、Q620、Q690	C	0	≥55	—	—
	D	−20	≥47		
	E	−40	≥31	—	—

① 冲击试验取纵向试样。

表 2.7　　　　　　　　　　　低合金高强度结构钢的弯曲性能

牌号	试 样 方 向	180°弯曲试验 $[d=弯心直径，a=试样厚度（直径）]$	
		钢材厚度（直径，边长）	
		≤16mm	＞16～100mm
Q345 Q390 Q420 Q460	宽度不小于 600mm 扁平材，拉伸试验取横向试样。宽度小于 600mm 的扁平材、型材及棒材取纵向试样	2a	3a

32

表 2.8 **Z 向钢板的附加性能（GB/T5313—2010）**

等 级	含硫量（%），≤	板厚方向截面收缩率 ψ（%），≥	
		3 个试件平均值	单个试件值
Z15	0.01	15	10
Z25	0.007	25	15
Z35	0.005	35	25

2. 耐候钢

耐候钢是在低碳钢或低合金钢中加入铜、铬、镍等合金元素制成的一种耐大气腐蚀的钢材。在大气作用下，钢材表面自动生成一种致密的防腐薄膜，起到抗腐蚀作用。因此，对处于外露环境，且对抗大气腐蚀有特殊要求，或在腐蚀性气态和固态介质作用下的承重结构，宜采用耐候钢，其质量要求应符合 GB/T 4171—2008《耐候结构钢》的规定。耐候钢的化学成分应符合表 2.9 的规定，其机械性能应符合表 2.10 和表 2.11 的规定。

表 2.9 **耐候钢的牌号和化学成分**

牌号	化学成分（质量分数）（%）								
	C	Si	Mn	P	S	Cu	Cr	Ni	其他元素
Q265GNH	≤0.12	0.10~0.40	0.20~0.50	0.07~0.12	≤0.020	0.20~0.45	0.30~0.65	0.25~0.50	①、②
Q295GNH	≤0.12	0.10~0.40	0.20~0.50	0.07~0.12	≤0.020	0.25~0.45	0.30~0.65	0.25~0.50	①、②
Q310GNH	≤0.12	0.25~0.75	0.20~0.50	0.07~0.12	≤0.020	0.20~0.50	0.30~1.25	≤0.65	①、②
Q355GNH	≤0.12	0.20~0.75	≤1.00	0.07~0.15	≤0.020	0.25~0.55	0.30~1.25	≤0.65	①、②
Q235NH	≤0.13	0.10~0.40	0.20~0.60	≤0.030	≤0.030	0.25~0.55	0.40~0.80	≤0.65	①、②
Q295NH	≤0.15	0.10~0.50	0.30~1.00	≤0.030	≤0.030	0.25~0.55	0.40~0.80	≤0.65	①、②
Q355NH	≤0.16	≤0.50	0.50~1.50	≤0.030	≤0.030	0.25~0.55	0.40~0.80	≤0.65	①、②
Q415NH	≤0.12	≤0.65	≤1.10	≤0.025	≤0.030	0.20~0.55	0.30~1.25	0.12~0.65	①、②、③
Q460NH	≤0.12	≤0.65	≤1.50	≤0.25	≤0.030	0.20~0.55	0.30~1.25	0.12~0.65	①、②、③
Q500NH	≤0.12	≤0.65	≤2.0	≤0.025	≤0.030	0.20~0.55	0.30~1.25	0.12~0.65	①、②、③
Q550NH	≤0.16	≤0.65	≤2.0	≤0.025	≤0.030	0.20~0.55	0.30~1.25	0.12~0.65	①、②、③

① 为了改善钢的性能，可以添加一种或一种以上的微量合金元素：Nb 0.015%~0.060%，V 0.02%~0.12%，Ti 0.02%~0.10%，Al≥0.020%，若上述元素组合使用时，应至少保证其中一种元素含量达到上述化学成分的下限规定。

② 可以添加下列合金元素：Mo≤0.30%，Zr≤0.15%。

③ Nb、V、Ti 等三种合金元素的添加总量不应超过 0.22%。

④ 供需双方协商，S 含量可以不大于 0.008%。

⑤ 供需双方协商，Ni 含量的下限可不做要求。

⑥ 供需双方协商，C 的含量可以不大于 0.15%。

表 2.10　　　　　　　　　　　　　　　耐候钢的力学性能

牌号	拉伸试验[①]									180°弯曲试验 弯心直径		
	下屈服强度 R_{eL}（N/mm²），≥				抗拉强度 R_m （N/mm²）	断后伸长率 A（%），≥						
	≤16	>16~40	>40~60	>60		≤16	>16~40	>40~60	>60	≤6	>6~16	>16
Q235NH	235	225	215	215	360~510	25	25	24	23	a	a	$2a$
Q295NH	295	285	275	255	430~560	24	24	23	22	a	$2a$	$3a$
Q295GNH	295	285	—	—	430~560	24	24	—	—	a	$2a$	$3a$
Q355NH	355	345	335	325	490~630	22	22	21	20	a	$2a$	$3a$
Q355GNH	355	345	—	—	490~630	22	22	—	—	a	$2a$	$3a$
Q415NH	415	405	395		520~680	22	22	20		a	$2a$	$3a$
Q460NH	460	450	440		570~730	20	20	19		a	$2a$	$3a$
Q500NH	500	490	480		600~760	18	16	15		a	$2a$	$3a$
Q550NH	550	540	530		620~780	16	16	15		a	$2a$	$3a$
Q265GNH	265	—	—	—	≥410	27				a		
Q310GNH	310	—	—	—	≥450	26				a		

注　a 为钢材厚度。

① 当屈服现象不明显时，可以采用 $R_{P0.2}$。

表 2.11　　　　　　　　　　　　　　　耐候钢的冲击性能

质量等级	V 形缺口冲击试验[①]		
	试样方向	温度（℃）	冲击吸收能量 KV_2（J）
A		—	—
B	纵向	+20	≥47
C		0	≥34
D		−20	≥34
E		−40	≥27[②]

① 冲击试样尺寸为 10mm×10mm×55mm。

② 经供需双方协商，平均冲击功值可以不小于 60J。

（1）焊接结构用耐候钢。焊接结构用耐候钢能保持钢材具有良好的焊接性能，适用于桥梁、建筑和其他结构用具有耐候性能的钢材，适用厚度可达 100mm。

焊接结构用耐候钢分 4 个牌号，其表示方法为：

屈服点的字母 Q、屈服强度的下限值、耐候的字母 NH 以及钢材质量等级（A、B、C、D、E）。

牌号分 Q235NH、Q295NH、Q355NH、Q415NH、Q460NH、Q500NH、Q550NH。

（2）高耐候结构钢。高耐候结构钢的耐候性能比焊接结构用耐候钢好，所以称作高耐候性结构钢，适用于建筑、塔架等高耐候性结构，但作为焊接结构用钢，厚度应不大于 16mm。

高耐候结构钢分为 4 个牌号，其表示方法为：

屈服点的字母 Q、屈服强度的下限值、高耐候的字母 GNH（含 Cr、Ni 的加代号 L）。

牌号分 Q265GNH、Q295GNH、Q310GNH、Q355GNH。

高耐候结构钢的机械性能应符合表 2.12 和表 2.13 的规定。

表 2.12　　　　　　　　　　　　高耐候结构钢的机械性能

牌号	交货状态	厚度（mm）	屈服点 σ_s (N/mm²)，≥	抗拉强度 σ_b (N/mm²)，≥	伸长率 σ_s(%)，≥	180° 弯曲试验
Q295GNH	热轧	≤6	295	390	24	$d=a$
		>6				$d=2a$
Q295GNHL		≤6	295	430	24	$d=a$
		>6				$d=2a$
Q345GNH		≤6	345	440	22	$d=a$
		>6				$d=2a$
Q345GNHL		≤6	345	480	22	$d=a$
		>6				$d=2a$
Q390GNH		≤6	390	490	22	$d=a$
		>6				$d=2a$
Q295GNH	冷轧	≤2.5	260	390	27	$d=a$
Q295GNHL						
Q345GNHL			320	450	26	

表 2.13　　　　　　　　　高耐候结构钢的 V 形缺口冲击试验机械性能

牌　　号	V 形缺口冲击试验		
	试　验　方　向	温　　度（℃）	平均冲击功（J）
Q295GNH Q295GNHL Q345GNH Q345GNHL Q390GNH	纵向	0 −20	≥27

注 试验温度在合同中注明。

　　各类钢材的化学成分及机械性能已在表 2.1～表 2.13 中示出。表中伸长率以 δ_s 标记，指该项数据是由标距长为 5 倍直径的试件试验得出。钢材供货时，碳素结构钢中的 A 级钢应保证抗拉强度、屈服点及伸长率按标准满足要求，必要时可附加冷弯试验的要求。碳素结构钢中的 B、C、D 级钢均应保证抗拉强度、屈服点、伸长率、冷弯试验和冲击韧性值按标准满足要求。各个质量等级的低合金高强度结构钢均应保证抗拉强度、屈服点、伸长率、冷弯试验按标准满足要求，其中 B、C、D、E 级还应保证冲击韧性值按标准满足要求。低合金高强度结构钢中的 A 级钢应进行冷弯检验，其他质量级别的钢若供方能保证冷弯试验符合规定要求，可不作检验。标准对表中各项数据取值还有一些详细规定和注释，这些规定和注释此处从略，读者需要时可参阅相关标准。

2.5.2　建筑钢材的品种、规格

　　根据国家标准及冶金部标准，我国钢结构中常用的钢板及型钢有下列几种规格，如图

2.11 所示。

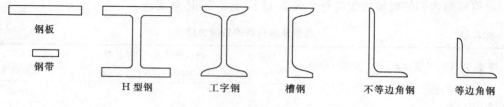

| 钢板 | | | | | |
| 钢带 | H型钢 | 工字钢 | 槽钢 | 不等边角钢 | 等边角钢 |

图 2.11　热轧型钢截面

2.5.2.1　钢板和钢带

钢板是矩形平板状的钢材，可直接轧制或由宽钢带剪切而成。钢板分热轧薄钢板、热轧厚钢板及扁钢。热轧薄钢板厚度为 0.35～4mm，主要用来制作冷弯薄壁型钢；热轧厚钢板厚度为 4.5～60mm，广泛用做钢结构构件及连接板件，实际工作中常将厚度为 4～20mm 的钢板称为中板，厚度为 20～60mm 的钢板称为厚板，厚度大于 60mm 的钢板称为特厚板；扁钢宽度较小，为 12～200mm，在钢结构中用得不多。此外还有高层建筑结构用的钢板，YB 4104—2000 就是国家为这类钢板制定的最新专用标准，它适用于高层建筑钢结构或其他重要钢结构。其厚度为 6～100mm，牌号有 Q235GJ、Q345GJ、Q235GJZ、Q345GJZ，均为C、D、E 质量等级，带 Z 标记牌号的为可保证 Z 向性能的牌号，可按 Z15、Z25、Z35 不同级别要求订货。成张的钢板的规格以厚度×宽度×长度的毫米数表示。

长度很长、成卷供应的钢板称为钢带。钢带的规格以厚度×宽度的毫米数表示。

2.5.2.2　普通型钢

1. 工字钢

工字钢是截面为工字形，腿部内侧有 1∶6 斜度的长条钢材。其规格以 I 截面高度×翼缘宽度×腹板厚度（mm）表示，也可用型号表示，即以代号和截面高度的厘米数表示，型号为截面高度的厘米数，如 I16。同一型号工字钢可能有几种不同的腹板厚度和翼缘宽度，需在型号后加 a、b、c 以示区别。一般按 a、b、c 顺序，腹板厚度和翼缘宽度依次递增2mm。我国生产的热轧普通工字钢规格有 I10～I63 号，工字钢应符合 GB/T 706—2008《热轧工字钢尺寸、外形、重量及允许偏差》的规定。

2. 槽钢

槽钢是截面为凹槽形，腿部内侧有 1∶10 斜度的长条钢材，其规格表示同工字钢。热轧普通槽钢的规格以代号 [截面高度×翼缘宽度×腹板厚度表示，单位为 mm，也可以用型号表示，即以代号和截面高度的厘米数及 a、b、c 表示（a、b、c 意义与工字钢相同），如[16，我国生产的热轧普通槽钢规格有 [5～ [40 号。

槽钢的规格应符合 GB/T 707—2008《热轧槽钢尺寸、外形、重量及允许偏差》的规定。

3. 角钢

角钢由两个互相垂直的肢组成，若两肢长度相等，称为等边角钢，若不等则为不等边角钢。角钢的代号为⌐，其规格用代号和长肢宽度（mm）×短肢宽度（mm）×肢厚度（mm）表示，例如⌐90×90×6、⌐125×80×8 等。角钢的规格有⌐20×20×3～⌐200×200×24，⌐25×16×3～⌐200×125×18。其规格应符合 GB/T 706—2008《热轧等边角钢尺寸、外形、重量及允许偏差》和《热轧不等边角钢尺寸、外形、重量及允许偏差》的规定。

4. 热轧 H 型钢和焊接 H 型钢

H 型钢由工字钢发展而来，与工字钢比，H 型钢具有翼缘宽、翼缘相互平行、内侧没有斜度、自重轻、节约钢材等特点。热轧 H 型钢分三类：宽翼缘 H 型钢 HW，中翼缘 H 型钢 HM，窄翼缘 H 型钢 HN。其规格型号用高度 h×宽度 b×腹板厚度 t_1×翼缘厚度 t_2 表示，规格应符合 GB/T 11263—2010《热轧 H 型钢和剖分 T 型钢》的规定。HW 型钢截面高度为 100～400mm，宽高比 $B/H≈1$；HM 型钢截面高度为 150～600mm，宽高比 $B/H=$ 1/2～2/3；HN 型钢截面高度为 100～700mm，宽高比 $B/H=1/3～1/2$。H 型钢是一种经工字钢发展而来的经济断面型材，与普通工字钢相比，它的翼缘内外表面平行，内表面无斜度，翼缘端部为直角，与其他构件连接方便。同时它的截面材料分布更向翼缘集中，截面力学性能优于普通工字钢，在截面面积相同的条件下，H 型钢的实际承载力比普通工字钢大。

除热轧 H 型钢外，还有普通焊接 H 型钢和轻型焊接 H 型钢。前者是将钢板裁剪、组合后再用自动埋弧焊制成；后者一般采用手工焊、二氧化碳气体保护焊或高频电焊工艺焊接而成。这类型钢由于焊接残余应力较大，力学性能不如热轧 H 型钢。其规格型号用高度×宽度表示，规格应符合 YB 3301—2005《焊接 H 型钢》的规定。

5. 热轧剖分 T 型钢

热轧剖分 T 型钢由热轧 H 型钢剖分后而成，分宽翼缘剖分 **T** 型钢（TW）。中翼缘剖分 **T** 型钢（TM）、窄翼缘剖分 **T** 型钢（TN）三类。其规格型号用高度 h×宽度 b×腹板厚度 t_1 ×翼缘厚度 t_2 表示，规格应符合 GB/T 11263—2010《热轧 H 型钢和剖分 T 型钢》的规定。

6. 冷弯薄壁型钢

冷弯型钢是用可加工变形的冷轧或热轧钢带在连续辊式冷弯机组上生产的冷加工型材，壁厚原先在 1.5～6mm，因此称为冷弯薄壁型钢，如图 2.12 所示。随着生产工艺的发展，现在国内已

图 2.12　冷弯薄壁型钢截面示意图

能生产厚度在 12mm 以上的冷弯型钢。其质量应符合 GB/T 6725—2008《冷弯型钢技术条件》的规定。冷弯薄壁型钢多用于跨度小、荷载轻的轻型钢结构中。

7. 厚度方向性能钢板

厚度方向性能钢板不仅要求沿宽度方向和长度方向有一定的力学性能，而且要求厚度方向有良好的抗层状撕裂性能。钢板的抗层状撕裂性能采用厚度方向拉力试验时的断面收缩率来评定。

GB/T 5313—2010《厚度方向性能钢板》就是对有关标准的钢板要求做厚度方向性能试验时的专用规定。前面已述及，按硫含量和断面收缩率将钢板厚度方向性能级别分为 Z15、Z25、Z35 三级，Z 后面的数字是截面收缩率的指标（%）。

行业标准 YB 4104—2000《高层建筑结构用钢板》中的钢板牌号表示方式为：屈服点的字母 Q、屈服点数值、高层建筑字母 GJ、质量等级符号，对厚度方向性能钢板再加后缀字母 Z。其 4 个牌号为 Q235GJ、Q235GJZ、Q345GJ、Q345GJZ。其中的 Q235GJZ、Q345GJZ 牌号的钢板为厚度方向性能钢板。

8. 结构用钢管

结构用钢管有热轧无缝钢管和焊接钢管。结构用无缝钢管按 GB/T 8162—2008《结构用无缝钢管》规定，分热轧（挤压、扩）和冷拔（轧）两种。热轧钢管外径为 32～630mm；壁厚为 2.5～75mm；冷拔钢管外径为 6～200mm，壁厚为 0.25～14mm。焊接钢管由钢板或钢带经过卷曲成型后焊制而成，分直缝电焊钢管和螺旋焊钢管。

项 目 小 结

（1）建筑钢材要求强度高、塑性韧性好，焊接结构还要求可焊性好。

（2）衡量钢材强度的指标是屈服点 f_y、抗拉强度 f_u，衡量钢材塑性的指标是伸长率 δ_5 和冷弯试验指标，衡量钢材韧性的指标是冲击韧性值 A_{KV}。

（3）碳素结构钢的主要化学成分是铁和碳，其他为杂质成分；低合金高强度钢的主要化学成分除铁和碳外，还有总量不超过 5% 的合金元素，如锰、钒、铜等，这些元素以合金的形式存在于钢中，可以改善钢材性能。此外，低合金高强度钢中也有杂质成分，如硫、磷、氧、氮等是有害成分，应严格控制其含量。对于焊接结构，含碳量不宜过高，要求控制在 0.2% 以下。

（4）影响钢材机械性能的因素除化学成分外，还有冶炼轧制工艺（脱氧程度：沸腾钢、镇静钢等，缺陷：偏析、非金属夹渣、裂纹、分层等）、加工工艺（冷作硬化、残余应力）、受力状态（复杂应力）、构造情况（孔洞、截面突变引起应力集中）、重复荷载（疲劳）和环境温度（低温、高温）等因素。

（5）钢材承受重复变化的荷载作用时，强度降低，破坏提早，且呈脆性破坏，这种现象称为疲劳破坏。《规范》规定，当结构应力变化的循环次数超过 10^5 次时，应进行疲劳验算。同时，结构设计还应注意尽量避免应力集中现象。

（6）《规范》推荐采用碳素结构钢中的 Q235 钢及低合金高强度钢中的 Q345、Q390、Q420 钢，Q235 钢有 A、B、C、D 4 个质量等级，其中 A、B 级有沸腾钢、半镇静钢、镇静钢，C 级只有镇静钢，D 级只有特殊镇静钢；Q345、Q390、Q420 钢有 A、B、C、D、E 共 5 个质量等级，其中 A、B、C、D 级只有镇静钢，E 级只有特殊镇静钢。供货时，除 A 级钢不保证冲击韧性值和 Q235—A 钢不保证冷弯试验合格外，其余各级各类钢材均应保证抗拉强度、屈服点、伸长率、冷弯试验及冲击韧性值达到标准规定要求。

（7）钢材有两种破坏形式：塑性破坏和脆性破坏。脆性破坏时变形小，破坏突然发生，危险性大，因此应注意：① 要根据具体情况合理选用钢材品种；② 采购钢材时严格按规定查验进货钢材的各项指标；③ 充分了解上述各项影响钢材机械性能的因素，注意钢材在各种因素影响下由塑性转向脆性的可能性，并在设计、制造、安装中采取措施严加防止。

（8）选购钢材时应根据现行国家标准及产品规格，以及当时当地具体情况合理选择。

习 题

一、思考题

1. 钢结构对钢材性能有哪些要求？这些要求用哪些指标来衡量？

2. 钢材受力有哪两种破坏形式？它们对结构安全有何影响？

3. 影响钢材机械性能的主要因素有哪些？为何低温及复杂应力作用下的钢结构要求质量较高的钢材？

4. 钢结构中常用的钢材有哪几种？钢材牌号的表示方法是什么？

5. 钢材选用应考虑哪些因素？怎样选择才能保证经济合理？

6. 钢材的 Z 向收缩率试验反应钢材什么性能？什么情况下提出这一要求？

7. 对于重要的受拉或受弯焊接构件，需要抗拉强度、伸长率、屈服强度和硫、磷、碳含量的合格保证、冷弯试验的合格保证，为什么还需要具有常温冲击韧性的合格保证？

8. 叙述钢材牌号 Q235 - B - F 的含义。

二、选择题

1. 在构件发生断裂破坏前，有明显先兆的情况是_____的典型特征。

A. 脆性破坏　　　　B. 塑性破坏　　　　C. 强度破坏　　　　D. 失稳破坏

2. 建筑钢材的伸长率与_____标准拉伸试件标距间长度的伸长值有关。

A. 到达屈服应力时　　　　　　　　B. 到达极限应力时

C. 试件塑性变形后　　　　　　　　D. 试件断裂后

3. 钢材的设计强度是根据_____确定的。

A. 比例极限　　　B. 弹性极限　　　C. 屈服点　　　D. 极限强度

4. 钢材牌号 Q235、Q345、Q390 是根据材料_____命名的。

A. 屈服点　　　B. 设计强度　　　C. 抗拉强度　　　D. 含碳量

5. 钢材经历了应变硬化（应变强化）之后_____。

A. 强度提高　　B. 塑性提高　　C. 冷弯性能提高　　D. 可焊性提高

6. 钢材的三项主要力学性能为_____。

A. 抗拉强度、屈服强度、伸长率　　　B. 抗拉强度、屈服强度、冷弯

C. 抗拉强度、伸长率、冷弯　　　　　D. 屈服强度、伸长率、冷弯

7. 钢材的设计强度是根据_____确定的。

A. 比例极限　　　B. 弹性极限　　　C. 屈服强度　　　D. 极限强度

8. Q235 钢按照质量等级分为 A、B、C、D 4 级，由 A 到 D 表示质量由低到高，其分类依据是_____。

A. 冲击韧性　　　B. 冷弯试验　　　C. 化学成分　　　D. 伸长率

9. 钢材中 S 的含量超过规定标准，_____。

A. 将提高钢材的伸长率　　　　　　B. 将提高钢材的抗拉强度

C. 将使钢材在低温工作时变脆　　　D. 将使钢材在高温工作时变脆

10. 金属 Mn 可提高钢材的强度，对钢材的塑性_____，是一种有益的成分。

A. 提高不多　　　B. 提高较多　　　C. 降低不多　　　D. 降低很多

11. 同类钢种的钢板，厚度越大，_____。

A. 强度越低　　　B. 塑性越好　　　C. 韧性越好　　　D. 内部构造缺陷越少

12. 钢材塑性性能的好坏由_____决定。

A. 材料屈服点 f_y　　　　　　　　B. 钢材的伸长率 δ

C. 材料抗拉强度 f_u　　　　　　　D. A 和 C 共同

13. 钢材的伸长率 δ 用来反映材料的_____。

A. 承载能力   B. 弹性变形能力

C. 塑性变形能力   D. 抗冲击荷载能力

14. 钢材的韧性反映的是钢材的_____指标。

A. 耐腐蚀及可焊性   B. 强度和塑性

C. 塑性和可焊性   D. 塑性和韧性

15. 钢材的冷弯性能是判别钢材的_____指标。

A. 强度和冶金质量   B. 强度和塑性

C. 塑性和冶金质量   D. 塑性和韧性

16. 正常设计的钢结构，不会因偶然超载或局部超载而突然发生断裂破坏，这主要是因为钢材具有_____。

A. 良好的内部组织，非常接近于均值和各向同性

B. 良好的塑性

C. 良好的内部组织和冶金质量

D. 良好的韧性

17. 直接承受重复荷载作用的焊接结构，其影响疲劳强度的最主要因素是_____。

A. 钢材的静力强度   B. 应力循环次数

C. 应力集中   D. 应力循环次数和应力集中

学习项目3 钢结构的连接

学习目标：通过本项目的学习，了解各种焊接方法的施工工艺，了解普通螺栓和高强度螺栓连接的工作原理和传力方式；熟悉常见钢结构的连接形式，熟悉对接焊缝、角焊缝的构造要求；掌握对接焊缝、角焊缝的强度计算方法，掌握普通螺栓连接的强度计算，掌握高强度螺栓连接的强度计算要点。

学习情境3.1　钢结构的连接方法和特点

钢结构是由若干构件组合而成的。连接的作用就是通过一定的手段将板材或型钢组合成构件，或将若干构件组合成整体结构，以保证其共同工作。因此，连接方式及其质量优劣直接影响钢结构的工作性能。钢结构的连接必须符合安全可靠、传力明确、构造简单、制造方便、节约钢材和降低造价的原则。连接接头应有足够的强度，要有适宜于施行连接手段的足够空间。

钢结构的连接方法可分为焊缝连接、螺栓连接和铆钉连接三种，如图3.1所示。

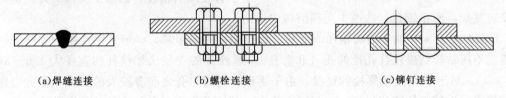

(a)焊缝连接　　　　　　(b)螺栓连接　　　　　　(c)铆钉连接

图3.1　钢结构的连接方法

3.1.1　焊缝连接

焊缝连接是现代钢结构最主要的连接方法。其优点是：构造简单，任何形式的构件都可直接相连；用料经济，不削弱截面；制作加工方便，可实现自动化操作；连接的密闭性好，结构刚度大。其缺点是：在焊缝附近的热影响区内，钢材的金相组织发生改变，导致局部材质变脆；焊接残余应力和残余变形使受压构件承载力降低；焊接结构对裂纹很敏感，局部裂纹一旦发生，就容易扩展到整体，低温冷脆问题较为突出。

焊缝连接自20世纪下半叶以来，由于焊缝连接技术的改进提高，目前它已在钢结构连接中处于主宰地位。它不仅是制造构件的基本连接方法，同时也是构件安装连接的一种重要方法。除了少数直接承受动力荷载结构的某些部位（吊车梁的工地拼接、吊车梁与柱的连接等）因容易产生疲劳破坏而在采用时宜有所限制外，其他部位均可普遍应用。

3.1.2　螺栓连接

螺栓连接的操作方法是通过扳手施拧，使螺栓产生紧固力，从而使被连接件连接成为一体。

螺栓连接的优点是安装方便，可以拆卸，施工需要的技术工人少。其缺点是连接构造复杂；连接件需要开孔，构件有削弱；安装需要拼装对孔，增加制造工作量，同时耗费钢材也较多。

螺栓连接根据螺栓使用的钢材性能等级分为普通螺栓连接和高强度螺栓连接两种。

螺栓和与之配套的螺母和垫圈合称连接副，一个连接副由螺栓、螺母和垫圈组成。

(a)六角头螺栓

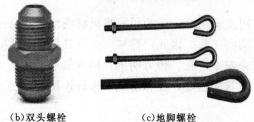

(b)双头螺栓　　　　(c)地脚螺栓

图 3.2　普通螺栓图片

3.1.2.1　普通螺栓连接

普通螺栓可分为六角头螺栓、双头螺栓和地脚螺栓，如图 3.2 所示。本教材主要介绍六角头螺栓。

六角头螺栓按产品质量和制作公差的不同，分为 A、B、C 三个等级，其中，A、B 级为精制螺栓，C 级为粗制螺栓。在钢结构螺栓连接中，除特别注明外，一般均为 C 级粗制螺栓。

普通螺栓通常采用 Q235 钢材制成，安装时由人工用普通扳手拧紧螺栓。

A、B 级精制螺栓是由毛坯在车床上经过切削加工精制而成。表面光滑，尺寸准确，螺杆直径与螺栓孔径相同，对成孔质量要求高。由于有较高的精度，因而受剪性能好。但制作和安装复杂，价格较高，已很少在钢结构中采用。

C 级螺栓由未经加工的圆钢压制而成。由于螺栓表面粗糙，一般采用在单个零件上一次冲成或不用钻模钻成设计孔径的孔（Ⅱ类孔）。螺栓孔的直径比螺栓杆的直径大 1.5～3mm（表 3.1）。对于采用 C 级螺栓的连接，由于螺栓杆与螺栓孔之间有较大的间隙，受剪力作用时，将会产生较大的剪切滑移，连接的变形大。但安装方便，且能有效地传递拉力，故一般可用于沿螺栓杆轴受拉的连接中，以及次要结构的抗剪连接或安装时的临时固定。在一些受拉或拉剪联合作用的临时安装连接中，经常采用 C 级螺栓。

普通螺栓拧紧时，栓杆中的预拉力很小，且数值不加控制，普通螺栓大量用于工地安装连接，以及需要拆装的结构，如施工用的塔架和临时性结构。

表 3.1　　　　　　　　　　　　　　C 级 螺 栓 孔 径

螺杆公称直径（mm）	12	16	20	(22)	24	(27)	30
螺栓孔公称直径（mm）	13.5	17.5	22	(24)	26	(30)	33

3.1.2.2　高强度螺栓连接

高强度螺栓用高强度钢材经热处理制成，安装时用特制的扳手拧紧螺栓。拧紧时螺栓杆被迫伸长，栓杆受拉，其拉力称为预拉力。由此产生的反作用力使连接钢板压紧，导致板件之间产生摩阻力，可阻止板件相对滑移。特制的扳手有相应的预拉力指示计，施工时必须保证螺栓预拉力达到规定的数值。

高强度螺栓连接副分为大六角头高强度螺栓连接副和扭剪型高强度螺栓连接副，如图

3.3 所示。

（a）大六角头高强度螺栓连接副　　　（b）扭剪型高强度螺栓连接副

图 3.3　高强度螺栓副

大六角头高强度螺栓连接副含一个螺栓、一个螺母、两个垫圈（螺头和螺母各一个）；扭剪型高强度螺栓连接副含一个螺栓、一个螺母、一个垫圈。螺栓、螺母、垫圈在组成一个连接副时，其性能等级要相互匹配。

高强度螺栓连接受剪时，按其传力方式可分为摩擦型连接和承压型连接两种。摩擦型连接受剪时，以外剪力达到板件接触面间最大摩擦力为极限状态，即保证在整个使用期间外剪力不超过最大摩擦力为准则。这样，板件之间不会发生相对滑移变形，连接板件始终是整体弹性受力，因而连接刚性好，变形小，受力可靠，耐疲劳。承压型连接则允许接触面间摩擦力被克服，从而板件之间产生滑移，直至栓杆与孔壁接触，由栓杆受剪或孔壁受挤压传力直至破坏，此时受力性能与普通螺栓相同。

高强度螺栓孔应采用钻成孔。摩擦型高强度螺栓因受力时不产生滑移，故其孔径比螺栓公称直径可稍大，一般大 1.5mm（M16）或 2.0mm（≥M20）；承压型高强度螺栓则应比上列数值分别减小 0.5mm，一般大 1.0mm（M16）或 1.5mm（≥M20）。

高强度螺栓可广泛应用于厂房、高层建筑和桥梁等钢结构重要部位的安装连接，但根据摩擦型连接和承压型连接的不同特点，其应用还应有所区别。摩擦型连接以外剪力不超过最大摩擦力为设计准则，板件之间不会发生相对滑移变形，整体性和连接刚度好，剪切变形小，耐疲劳，特别适用于承受动力荷载的结构，如吊车梁的工地拼接、重级工作制吊车梁与柱的连接等。受剪的高强度螺栓连接中，承压型连接设计承载力显然高于摩擦型连接，但其整体性和刚度相对较差，实际强度储备相对较小，一般多用于承受静力或间接动力荷载的连接。

3.1.3　铆钉连接

铆钉连接的操作方法是将一端带有半圆形预制钉头的铆钉，经加热烧红后将钉杆迅速插入被连接件的钉孔中，然后用铆钉枪连续锤击或用压铆机挤压铆，使之成另一端的钉头，以使连接达到紧固。铆钉连接构造复杂，制造费工费料，且劳动强度高，故目前已基本被焊缝连接和高强度螺栓连接所取代。但是，铆钉连接传力可靠，塑性、韧性均较好，在 20 世纪上半叶以前曾经是钢结构的主要连接方法，由于其质量易于检查，在一些重型和直接承受动力荷载的结构中，有时仍然采用。

本项目主要介绍焊缝连接、螺栓连接的构造和计算方法。铆钉连接因其特性类似普通螺栓连接，故其构造、计算可参照螺栓连接内容，不另论述。

学习情境 3.2 焊缝连接方法和焊接形式

3.2.1 焊接方法、焊缝形式和质量等级

3.2.1.1 焊接方法

钢结构的焊接方法有电弧焊、电阻焊和气焊。其中常用的是电弧焊，包括手工电弧焊、自动（或半自动）电弧焊、气体保护焊等。

1. 手工电弧焊

手工电弧焊是钢结构中最常用的焊接方法，其原理示意图如图3.4所示。它是由焊条、焊钳、焊件、电焊机和导线等组成电路，通电打火引弧后，在涂有焊药的焊条端和焊件之间的间隙中产生电弧并由此提供热源，使焊条熔化后滴入被电弧加热熔化并吹成的焊口熔池中，同时燃烧焊药，在熔池周围形成保护气体，稍冷后在焊缝熔化金属的表面再形成熔渣，可隔绝熔池中的液体金属和空气中的氧、氮等气体接触，避免形成脆性化合物。焊缝金属冷却后即与焊件母材熔成一体。

手工电弧焊设备简单、操作方便、适应性强，对一些短焊缝、曲折焊缝以及现场高空施焊尤为方便，应用十分广泛。但其焊缝质量波动性大，生产效率低。

手工电弧焊的焊缝质量还与焊条有直接的关系，我国建筑钢结构常用的焊条有碳钢焊条和低合金钢焊条，其牌号为 E43 型、E50 型和 E55 型。其中 E 表示焊条，两位数字表示焊条熔敷金属抗拉强度的最小值。选用焊条应符合国家标准的规定，与主体金属强度相适应。一般情况下，Q235 钢采用 E43 型焊条，Q345（16Mn）钢采用 E50 型焊条，Q390（15MnV）钢采用 E55 型焊条。当不同强度的两种钢材进行连接时，应采用与低强度钢材相适应的焊条。

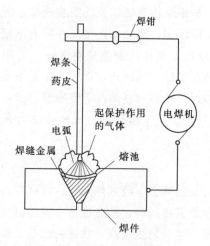

图 3.4 手工电弧焊原理

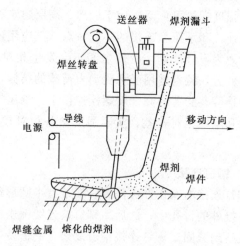

图 3.5 自动埋弧焊原理

2. 自动（或半自动）电弧焊

自动电弧焊是利用电焊小车来完成全部施焊过程的焊接方法，其原理如图3.5所示。自动电弧焊的全部设备装在一辆小车上，小车能沿轨道按规定速度移动。通电引弧后，电弧使埋在焊剂下的焊丝及附近焊件熔化，而焊渣即浮在熔化了的金属表面，将焊剂埋盖，它可有

效地保护熔化金属。这种焊接方法称为自动电弧焊。当焊机的移动是由人工操作时，称为半自动电弧焊。

由于自动埋弧焊有焊剂和熔渣覆盖保护，电弧热量集中，熔深大，可以焊接较厚的钢板，同时由于采用了自动化操作，焊接工艺条件好，焊缝质量稳定，焊缝内部缺陷少，塑性和韧性好，因此其质量比手工电弧焊好，但它只适合于焊接较长的直线焊缝。半自动埋弧焊质量介于两者之间，因由人工操作，故适合于焊接曲线或任意形状的焊缝。另外，自动或半自动埋弧焊的焊接速度快，生产效率高，成本低，劳动条件好。

自动或半自动埋弧焊应采用与焊件金属强度匹配的焊丝。焊丝和焊剂均应符合国家标准的规定，焊剂种类应根据焊接工艺要求确定。

3. 气体保护焊

气体保护焊是用喷枪喷出 CO_2 气体或其他惰性气体，作为电弧的保护介质，把电弧、熔池与大气隔离。用这种方法焊接，电弧加热集中，熔化深度大，焊缝强度高，塑性和抗腐蚀性能好。在操作时也可采用自动或半自动焊方法。

气体保护焊电弧加热集中，焊接速度较快，焊件熔深大，热影响区较窄，焊接变形较小，焊缝强度比手工焊高，且具有较高的抗锈能力。但这种焊接方法的设备复杂，电弧光较强，金属飞溅多，焊缝表面成型不如前面所述的电弧焊平滑，一般用于厚钢板或特厚钢板的焊接。

3.2.1.2 焊缝形式

焊缝连接的形式，可按不同的归类方式进行分类。

1. 按被连接构件之间的相对位置分

可分为对接、搭接、T 形连接和角接四种形式，如图 3.6 所示。

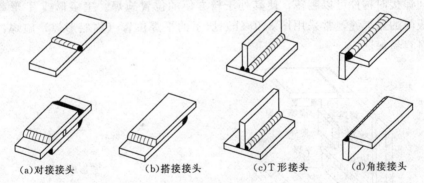

(a)对接接头　　(b)搭接接头　　(c)T 形接头　　(d)角接接头

图 3.6　焊缝连接的形式

（上行各图为对接焊缝，下行各图为角焊缝）

2. 按焊缝的构造不同分

可分为对接焊缝和角焊缝两种形式。按作用力与焊缝方向之间的关系，对接焊缝可分为对接正焊缝和对接斜焊缝；角焊缝可分为正面角焊缝（端缝）、侧面角焊缝（侧缝），如图 3.7 所示。

角焊缝按沿其长度方向的布置，还可分为连续角焊缝和间断角焊缝两种，如图 3.8 所示。连续角焊缝受力情况较好，应用广泛；间断角焊缝易在分段的两端引起严重的应力集中，重要结构应避免使用。受力间断角焊缝的间断距离不宜过大，对受压翼缘净间距不大于

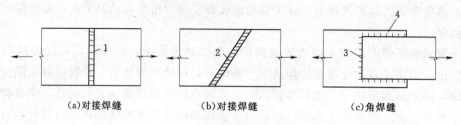

(a)对接焊缝　　　　　　(b)对接焊缝　　　　　　(c)角焊缝

图 3.7　对接焊缝与角焊缝

1—对接正焊缝；2—对接斜焊缝；3—正面角焊缝；4—侧面角焊缝

$15t$，对受拉翼缘净间距不大于 $30t$（t 为较薄焊件厚度）。

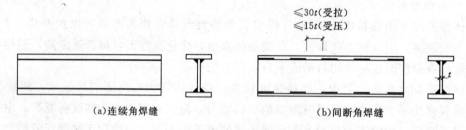

(a)连续角焊缝　　　　　　　　　　　　(b)间断角焊缝

图 3.8　连续角焊缝和间断角焊缝

3. 按施焊时焊缝在焊件之间的空间相对位置分

焊缝连接可分为平焊、竖焊、横焊和仰焊 4 种，如图 3.9（a）所示。平焊也称为俯焊，施焊条件最好，质量易保证，因此质量最好；仰焊的施焊条件最差，质量不易保证，在设计和制造时应尽量避免。

在车间焊接时构件可以翻转，使其处于较方便的位置施焊。工字形或 T 形截面构件的翼缘与腹板间的角焊缝，常采用图 3.9（b）所示的平焊位置（称船形焊）施焊，这样施焊方便，质量容易保证。

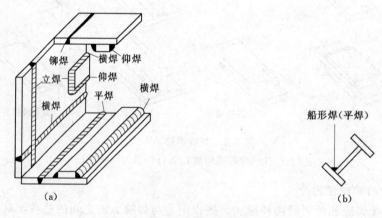

(a)　　　　　　　　　　　　　　(b)

图 3.9　焊缝的施焊位置

3.2.1.3　焊缝的符号与标注方法

在钢结构施工图中，焊缝应用焊缝符号注明其焊缝形式、尺寸和辅助要求。焊缝符号应符合 GB/T 324—2008《焊缝符号表示法》和 GB/T 50105—2010《建筑结构制图标准》的规定。焊缝符号由引出线和基本符号组成，必要时可加上辅助符号、补充符号和焊缝尺寸符号。

（1）引出线由带箭头的箭头线和两条基准线（其中一条为实线、另一条为虚线）两部分组成，虚线可以画在实线的下侧或上侧。

表 3.2　　　　　　　　　　　　　　焊　缝　符　号

类别	名　　称		示意图	符号	示　　例
基本符号	对接焊缝	I形		‖	
		V形		∨	
		单边V形		∨	
		K形		⊁	
	角焊缝			◹	
	塞焊缝			⊓	
辅助符号	平面符号			—	
	凹面符号			⌣	

类别	名　　称	示意图	符号	示　　例
补充符号	三面围焊符号		⊐	
	周边焊缝符号		○	
	工地现场焊符号		▶	或
	焊缝底部有垫板的符号		▭	
	尾部符号		＜	
栅线符号	正面焊缝			
	背面焊缝			
	安装焊缝	xxxxxxxxxxxxxxxx		

　　(2) 基本符号表示焊缝的基本截面形式，如△表示角焊缝(其垂线一律在左边，斜线在右边)；‖表示 I 形坡口的对接焊缝，∨表示 V 形坡口的对接焊缝；⊭表示单边 V 形坡口的对接焊缝(其垂线一律在左边，斜线在右边)。

　　基本符号相对于基准线的位置，若焊缝在接头的箭头侧，则应将基本符号标注在基准线的实线侧；若焊缝在接头的非箭头侧，则应将基本符号标注在基准线的虚线侧；若为双面对称焊缝，基准线可不加虚线。箭头线相对于焊缝位置一般无特别要求，对有坡口的焊缝，箭头线应指向带有坡口的一侧。

　　(3) 辅助符号是表示焊缝表面形状特征的符号，如▽表示对接 V 形焊缝表面的余高部分应加工成平面使之与焊件表面齐平，此处∨上所加的一短画为辅助符号；又如△表示角焊缝表面应加工成凹面，此处⌣形符号也是辅助符号。

　　(4) 补充符号是补充说明焊缝某些特征的符号。如⊏表示三面围焊；○表示周边焊缝；▶表示在工地现场施焊的焊缝(其旗尖指向基准线的尾部)；▭表示焊缝底部有垫板的符号；＜是尾部符号，它标注在基准线的尾端，是用来标注需要说明的焊接工艺方法和相同焊缝数量。

　　焊缝尺寸标注在基准线上。这里应注意的是，不论箭头线方向如何，有关焊缝横截面的尺寸(如角焊缝的焊角尺寸 h_f)一律标在焊缝基本符号的左边，有关焊缝长度方向的尺寸(如焊缝长度)则一律标在焊缝基本符号的右边。此外，对接焊缝中有关坡口的尺寸应标在焊缝基本符号的上侧或下侧。

　　当焊缝分布不规则时，在标注焊缝符号的同时，应在焊缝处加栅线(见表 3.2 栅线符号）表示可见、不可见或安装焊缝。在标注时，焊缝的基本符号、辅助符号、补充符号均用粗实线表示，并与基准线相交或相切。尾部符号用细实线表示，并且在基准线的尾端。

3.2.1.4　焊缝质量等级

焊缝质量的好坏直接影响连接的强度，如质量优良的对接焊缝，试验证明其强度高于母材，受拉试件的破坏部位多位于焊缝附近热影响区的母材上。但是，当焊缝中存在气孔、夹渣、咬边等缺陷时，它们不但使焊缝的受力面积削弱，而且还在缺陷处引起应力集中更易形成裂纹。在受拉连接中，裂纹更易扩展延伸，从而使焊缝在低于母材强度的情况下破坏。同样，缺陷也降低连接的疲劳强度。因此，应对焊缝质量严格检验。

1. 焊缝缺陷

焊缝缺陷一般位于焊缝或其附近热影响区钢材的表面及内部，通常表现为裂纹、焊瘤、烧穿、弧坑、气孔、夹渣、咬边、未熔合、未焊透、电弧擦伤、根部收缩等，如图 3.10 所示。焊缝表面缺陷可通过外观检查，内部缺陷则用无损探伤（超声波或 X 射线、γ 射线）确定。它们将直接影响焊缝质量和连接强度，使焊缝受力面积削弱，且引起应力集中，特别是裂纹受力后易扩展导致焊缝断裂。

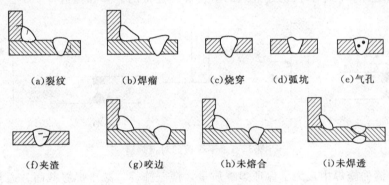

(a)裂纹　　(b)焊瘤　　(c)烧穿　　(d)弧坑　　(e)气孔

(f)夹渣　　(g)咬边　　(h)未熔合　　(i)未焊透

图 3.10　焊缝缺陷

2. 焊缝质量等级

根据 GB 50205—2001《钢结构工程施工质量验收规范》的规定，焊缝的质量分为三个等级：三级焊缝只要求对全部焊缝进行外观缺陷及几何尺寸检查；二级焊缝除要求对全部焊缝作外观检查外，还需对部分焊缝作超声波等无损探伤检查；一级焊缝要求对全部焊缝作外观检查及无损探伤检查。这些检查必须全部符合各自的质量检验标准。

在钢结构施工中，常用手工电弧焊，其质量可定为三级，即能满足一般的强度要求。但手工焊对接焊缝的抗拉强度变异性较大，所以，对有较大拉应力的对接焊缝以及直接承受动力荷载构件的重要焊缝，部分应采用二级焊缝，对抗动力和疲劳性能有较高要求者可采用一级焊缝。

3. 焊缝质量等级的选用

在 GB 50017—2003《钢结构设计规范》中，对焊缝质量等级的选用有如下规定：

（1）需要进行疲劳计算的构件中，垂直于作用力方向的横向对接焊缝受拉时应为一级，受压时应为二级，平行于作用力方向的纵向对接焊缝为二级。

（2）在不需要进行疲劳计算的构件中，凡要求与母材等强的受拉对接焊缝应不低于二级；受压时宜为二级。

（3）重级工作制和起重量 $Q \geqslant 50t$ 的中级工作制吊车梁的腹板与上翼缘板之间以及吊车桁架上弦杆与节点板之间的 T 形接头焊透的对接与角接组合焊缝，不应低于二级。

（4）由于角焊缝的内部质量不易探测，故规定其质量等级一般为三级；只对直接承受动力荷载且需要验算疲劳和起重量 $Q \geqslant 50t$ 的中级工作制吊车梁才规定角焊缝的外观质量应符合二级。

学习情境3.3　对 接 焊 缝 连 接

3.3.1　对接焊缝连接

3.3.1.1　对接焊缝的构造要求

对接焊缝可分为焊透的和未焊透的两种焊缝。焊透的对接焊缝强度高，传力性能好，一般的对接焊缝多采用焊透的，只有在构件较厚，内力较小，且受静载作用时，方可采用未焊透的对接焊缝。未焊透的对接焊缝如图 3.11 所示，其受力情况与角焊缝相似，可按学习情境 3.4 的角焊缝计算。本节仅讲述焊透的对接焊缝连接的计算和构造。

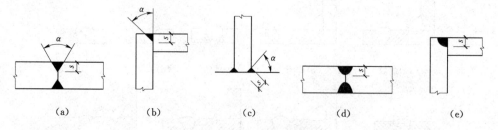

| (a) | (b) | (c) | (d) | (e) |

图 3.11　不焊透的对接焊缝

在对接焊缝的施焊中，为了保证焊缝质量，便于施焊，减小焊缝截面，通常按焊件厚度及施焊条件的不同，将焊口边缘加工成不同形式的坡口，坡口的形式如图 3.12 所示，通常有 I 形（即不开坡口）、单边 V 形、V 形、J 形、U 形、K 形和 X 形等。通常情况下，若采用手工焊，当焊件较薄（$t \leqslant 6mm$）时，可采用 I 形坡口；板件稍厚（$t = 6 \sim 20mm$）时，可用 V 形坡口，正面焊好后在背面要清底补焊；当板件较厚（$t > 20mm$）时，可采用 U 形或 X 形坡口。

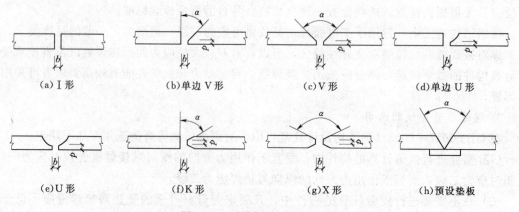

（a）I 形　　（b）单边 V 形　　（c）V 形　　（d）单边 U 形

（e）U 形　　（f）K 形　　（g）X 形　　（h）预设垫板

图 3.12　对接焊缝的坡口形式

当对接焊缝处的焊件宽度不同或厚度相差超过规定值时，应将较宽或较厚的板件加工成坡度不大于 1：2.5 的斜坡（动力荷载作用时，坡度不大于 1：4），形成平缓的过渡，使构件传力平顺，减少应力集中，如图 3.13（a）、（b）所示。当厚度相差不大于规定值 Δt 时，可以不做斜坡，直接使焊缝表面形成斜坡即可，如图 3.11（c）所示。Δt 规定为：当较薄焊件厚度 $t = 5 \sim 9\text{mm}$ 时，$\Delta t = 2\text{mm}$；$t = 10 \sim 12\text{mm}$ 时，$\Delta t = 3\text{mm}$；$t > 12\text{mm}$ 时，$\Delta t = 4\text{mm}$。

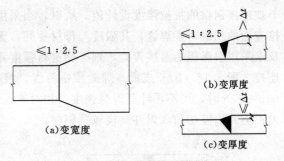

图 3.13 变截面钢板对接

当钢板在纵横两个方向都进行了对接焊时，可采用十字交叉焊缝或 T 形交叉焊缝。若为后者，两交叉点的间距 a 应不小于 200mm，如图 3.14 所示。

在对接焊缝施焊时的起弧和灭弧点，常会出现未焊透或未焊满的凹陷焊口，此处极易产生应力集中和裂纹，对承受动力荷载的结构尤为不利。为避免这种缺陷，施焊时可在焊缝两端设置引弧板，如图 3.15 所示。焊完后切除引弧板即可。当未采用引弧板时，每条对接焊缝的引弧和灭弧端各减去 t 作为计算长度（t 为较薄焊件厚度）。

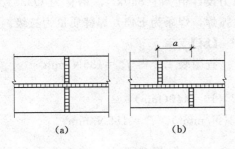

图 3.14 交叉焊缝

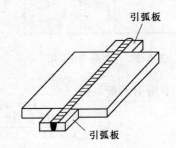

图 3.15 对接焊缝施焊用引弧板

3.3.1.2 对接焊缝的计算

焊透的对接焊缝，其截面与被连接件连为一体，故焊缝中应力与被连接件截面的应力分布情况一致，设计时采用的强度计算公式与被连接件基本相同。

1. 轴心受力的对接焊缝计算

如图 3.16（a）所示，当对接焊缝受垂直于焊缝长度方向的轴心力作用时，焊缝强度可按下式计算

$$\sigma = \frac{N}{l_w t} \leqslant f_t^w \text{ 或 } f_c^w \tag{3.1}$$

式中　N——轴心拉力或压力设计值；

　　　l_w——焊缝的计算长度，当采用引弧板时，取焊缝的实际长度；当未采用引弧板和引出板时，每条焊缝取实际长度减去 $2t$，t 为较薄厚件厚度；

　　　t——在对接接头中为连接件的较小厚度，在 T 形接头中为腹板厚度；

　　f_t^w、f_c^w——对接焊缝的抗拉、抗压强度设计值，按附表 1.2 选用。

由钢材的强度设计值（附表 1.1）和焊缝的强度设计值比较可知，对接焊缝的抗压强度和抗剪强度设计值均与连接件钢材相同；而质量为三级的对接焊缝，其抗拉强度设计值则低

于被连接钢材的抗拉强度设计值。所以，当采用引弧板施焊时，质量为一级、二级及不受有拉应力的三级对接焊缝，其强度与母材相同，无须计算；而质量为三级的受有拉应力作用以及未采用引弧板的对接焊缝，则必须进行强度计算。若计算不满足要求，可改用对接斜焊缝连接［图 3.16（b）］或提高焊缝质量等级。根据规范规定，当斜缝与作用力的夹角 θ 满足 $\tan\theta \leqslant 1.5$ 时，可不再计算焊缝强度。相对来说，斜缝能使焊缝的计算长度加长，提高承载力；但此法需切角，焊件斜接较费钢材。

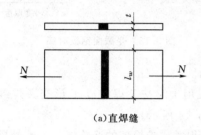

(a)直焊缝

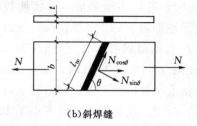

(b)斜焊缝

图 3.16　轴心力作用时的对接焊缝

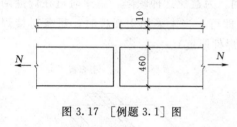

图 3.17　［例题 3.1］图

【例题 3.1】　计算图 3.17 所示的两块钢板的对接焊缝。已知板截面为 $460\text{mm} \times 10\text{mm}$，承受轴心拉力设计值 $N = 850\text{kN}$，钢材为 Q235，采用手工电弧焊，焊条为 E43，焊缝质量为三级。

【解】

查附表 1.2 得 $f_t^w = 185\text{N/mm}^2$

（1）不用引弧板，则

$$l_w = 460 - 2 \times 10 = 440\,(\text{mm})$$

$$\sigma = \frac{N}{l_w t} = \frac{850 \times 10^3}{440 \times 10} = 193\,(\text{N/mm}^2) > f_t^w = 185\text{N/mm}^2$$

（2）考虑到直缝未采用引弧板时，$\sigma > f_t^w$，但相差不大，故改为采用引弧板，则 $l_w = 460\text{mm}$。

$$\sigma = \frac{N}{l_w t} = \frac{850 \times 10^3}{460 \times 10} = 185\,(\text{N/mm}^2) = f_t^w$$

可满足要求。

2. 弯矩、剪力共同作用时对接焊缝计算

（1）矩形截面。如图 3.18（a）所示，矩形截面对接焊缝受弯矩 M、剪力 V 共同作用。考虑到焊缝截面内的最大正应力 σ 和最大剪应力 τ 不位于同一点，故应对其分别验算。

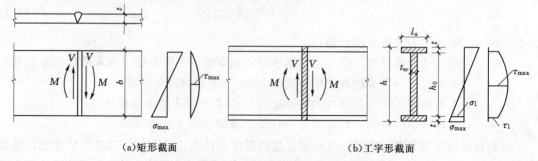

(a)矩形截面　　　　　　　　　　　(b)工字形截面

图 3.18　弯矩和剪力共同作用时的对接焊缝

$$\sigma_{\max} = \frac{M}{W_w} \leqslant f_t^w \tag{3.2}$$

$$\tau_{\max} = \frac{VS_w}{I_w t_w} \leqslant f_v^w \tag{3.3a}$$

或

$$\tau_{\max} = 1.5 \frac{V}{l_w t} \leqslant f_v^w \tag{3.3b}$$

式中　M——计算截面的弯矩设计值；

　　　W_w——焊缝计算截面的截面模量，矩形截面 $W_w = \dfrac{l_w^2 t}{6}$；

　　　V——与焊缝方向平行的剪力设计值；

　　　S_w——焊缝计算截面在计算剪应力处以上或以下部分截面对中性轴的面积矩；

　　　I_w——焊缝计算截面对中性轴的惯性矩；

　　　f_v^w——对接焊缝的抗剪强度设计值，按附表 1.2 选用。

　（2）工字形截面。如图 3.18（b）所示，工字形截面对接焊缝受弯矩 M、剪力 V 共同作用，同样截面内的最大正应力 σ 和最大剪应力 τ 不位于同一点上，故式（3.2）和式（3.3）也能适用于工字形截面。另外，在翼缘和腹板的交接"1"点处同时受较大的正应力 σ_1 和较大的剪应力 τ_1 作用，因此应对该点验算其折算应力，即：

$$\sqrt{\sigma_1^2 + 3\tau_1^2} \leqslant 1.1 f_t^w \tag{3.4}$$

式中　σ_1——腹板对接焊缝"1"点处的正应力，$\sigma_1 = \dfrac{h_0}{h}\sigma_{\max}$；

　　　τ_1——腹板对接焊缝"1"点处的剪应力，$\tau_1 = \dfrac{VS_{w1}}{l_w t_w}$；

　　　S_{w1}——工字形截面受拉（或受压）翼缘对截面中性轴的面积矩；

　　　t_w——工字形截面腹板厚度；

　　　1.1——考虑到最大折算应力只发生在局部而将焊缝强度设计值 f_t^w 提高 10% 后的系数。

　【例题 3.2】　某 6m 跨度简支梁的截面和荷载（含梁自重在内的设计值）如图 3.19 所示。在距支座 2.4m 处有翼缘和腹板的拼接连接，试验算其拼接的对接焊缝。已知钢材为 Q235，采用 E43 型焊条，手工焊，三级质量标准，施焊时采用引弧板。

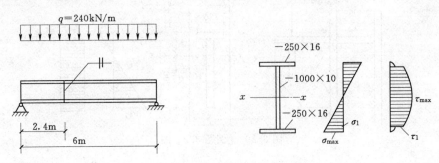

图 3.19　[例题 3.2] 图

【解】

（1）计算焊缝截面处的内力。

$$M=\frac{1}{2}qab=\frac{1}{2}\times240\times2.4\times(6-2.4)=1036.8(\text{kN}\cdot\text{m})$$

$$V=q\left(\frac{1}{2}l-a\right)=240\times(3-2.4)=144(\text{kN})$$

（2）计算焊缝截面的几何特征值。

$$I_w=\frac{1}{12}\times(250\times1032^3-240\times1000^3)=2898\times10^6(\text{mm}^4)$$

$$W_w=2898\times10^6\div516=5.616\times10^6(\text{mm}^3)$$

$$S_{w1}=250\times16\times508=2.032\times10^6(\text{mm}^3)$$

$$S_w=S_{w1}+500\times10\times250=3.282\times10^6(\text{mm}^3)$$

（3）计算焊缝强度。

查附表 1.2 得 $f_t^w=185\text{N/mm}^2$，$f_v^w=125\text{N/mm}^2$，则

$$\sigma_{\max}=\frac{M}{W_w}=\frac{1036.8\times10^6}{5.616\times10^6}=184.6(\text{N/mm}^2)<f_t^w=185\text{N/mm}^2$$

$$\tau_{\max}=\frac{VS_w}{I_wt_w}=\frac{144\times10^3\times3.282\times10^6}{2898\times10^6\times10}=16.3(\text{N/mm}^2)<f_v^w=125\text{N/mm}^2$$

$$\sigma_1=\frac{h_0}{h}\sigma_{\max}=\frac{1000}{1032}\times184.6=178.9(\text{N/mm}^2)$$

$$\tau_1=\frac{VS_{w1}}{I_wt_w}\sigma_{\max}=\frac{144\times10^3\times2.032\times10^6}{2898\times10^6\times10}=10.1(\text{N/mm}^2)$$

折算应力

$$\sqrt{\sigma_1^2+3\tau_1^2}=\sqrt{178.9^2+3\times10.1^2}=179.8(\text{N/mm}^2)$$

$$<1.1f_t^w=1.1\times185\text{N/mm}^2$$

经验算，焊缝强度满足要求。

【例题 3.3】 如图 3.20 所示，T 形截面牛腿与柱翼缘用对接焊缝相连接。已知作用力 $F=150\text{kN}$（设计值），力作用点到焊缝截面距离 $e=160\text{mm}$，牛腿翼缘与腹板尺寸如图，钢材为 Q345 钢，采用 E50 焊条，手工焊，焊缝质量三级，施焊时不用引弧板。试对焊缝强度进行验算。

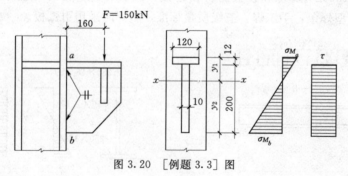

图 3.20 ［例题 3.3］图

【解】

（1）计算焊缝截面处的内力。

$$M=Fe=150\times10^3\times160=2.4\times10^7\ (\text{N}\cdot\text{mm})$$

$$V=F=150\text{kN}=1.5\times10^5\text{N}$$

*3753435286

（2）分析焊缝截面的应力分布。

由于 T 形截面牛腿的翼缘部分较薄，在竖向剪力 V 作用下，其竖向刚度较低，因此可假设剪力 V 由腹板部分的竖直焊缝承受，而弯矩则仍由整个焊缝截面承受。

（3）计算焊缝截面的几何特征值。

$$y_1 = \frac{(120-2\times12)\times12\times6+(200-10)\times10\times(12+95)}{(120-2\times12)\times12+(200-10)\times10}=68.9(\text{mm})$$

$$y_2 = 12+190-68.9=133.1(\text{mm})$$

$$A_w = (200-10)\times10=1900(\text{mm}^2)$$

$$I_w = \frac{1}{12}\times10\times190^3+190\times10\times(107-68.9)^2+\frac{1}{12}\times(120-24)\times12^3$$
$$+(120-24)\times12\times(68.9-6)^2=1.305\times10^7(\text{mm}^4)$$

（4）验算焊缝强度。

查附表 1.1 得 $f_t^w=265\text{N/mm}^2$，$f_c^w=310\text{N/mm}^2$，$f_v^w=180\text{N/mm}^2$，则

$$\sigma_{M_a}=\frac{My_1}{I_w}=\frac{2.40\times10^7\times68.9}{1.304\times10^7}=126.8\ (\text{N/mm}^2)\ <f_t^w=265\text{N/mm}^2$$

$$\sigma_{M_b}=\frac{My_2}{I_w}=\frac{2.40\times10^7\times133.1}{1.304\times10^7}=245\ (\text{N/mm}^2)\ <f_c^w=310\text{N/mm}^2$$

$$\tau=\frac{V}{A_w}=\frac{1.5\times10^5}{1900}=78.9\ (\text{N/mm}^2)\ <f_v^w=180\text{N/mm}^2$$

$$（取\ l_w=200\text{mm}-10\text{mm}=190\text{mm}）$$

b 点折算应力为：

$$\sqrt{\sigma_{M_b}^2+3\tau^2}=\sqrt{245^2+3\times78.9^2}=281(\text{N/mm}^2)<1.1f_t^w=1.1\times265\text{N/mm}^2$$

经验算，焊缝强度满足要求。

3. 弯矩、剪力和轴心力共同作用时对接焊缝计算

图 3.21（a）所示的矩形截面构件用对接焊缝连接，因受弯矩、剪力和轴力共同作用，焊缝的最大正应力为轴心力和弯矩产生的应力之和，位于焊缝端部，最大剪应力在截面的中和轴上。故应按下式分别验算：

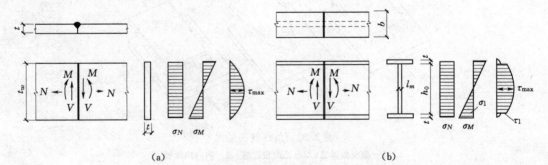

图 3.21 对接焊缝受弯矩、剪力和轴力共同作用

$$\sigma_{\max}=\sigma_N+\sigma_M=\frac{N}{l_wt}+\frac{M}{W_w}\leqslant f_t^w\ 或\ f_c^w \tag{3.5}$$

$$\tau_{\max}=\frac{VS_w}{I_wt}\leqslant f_v^w \tag{3.6}$$

当作用的轴力较大而弯矩相对较小时，在 τ_{max} 处（中和轴），虽 $\sigma_M=0$，但尚有 σ_N 作用，因而还须验算该处的折算应力：

$$\sqrt{\sigma_N+3\tau_{max}^2}\leqslant 1.1f_t^w \tag{3.7}$$

图 3.21（b）所示的工字形截面构件用对接焊缝连接，同理应分别按下式验算工字形截面的最大正应力、最大剪应力和折算应力。

$$\sigma_{max}=\frac{M}{W_w}\pm\frac{N}{A_w}\leqslant f_t^w \text{ 或 } f_c^w \tag{3.8}$$

$$\tau_{max}=\frac{VS_w}{I_wt_w}\leqslant f_v^w \tag{3.9}$$

$$\sqrt{(\sigma_N+\sigma_1)^2+3\tau_1^2}\leqslant 1.1f_t^w \tag{3.10}$$

$$\sqrt{\sigma_N+3\tau_{max}^2}\leqslant 1.1f_t^w \tag{3.11}$$

式中　A_w——焊缝计算截面面积；

σ_1、τ_1——由弯矩和剪力引起的腹板边缘对接焊缝处的正应力和剪应力。

式（3.10）用于验算翼缘与腹板交接处，即腹板边缘的折算应力，式（3.11）则用于验算焊缝截面中和轴处的折算应力。

学习情境 3.4　角 焊 缝 连 接

3.4.1　角焊缝连接形式与构造

3.4.1.1　角焊缝的形式

角焊缝按其与外力作用方向的不同，可分为垂直于外力作用方向的正面角焊缝（即端焊缝）、平行于外力作用方向的侧面角焊缝（即侧焊缝）和与外力作用方向斜交的斜向角焊缝三种，如图 3.22 所示。

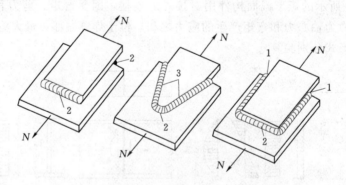

图 3.22　角焊缝的形式
1—侧面角焊缝；2—正面角焊缝；3—斜向角焊缝

按两焊脚边的夹角不同，角焊缝可分为直角角焊缝（$\alpha=90°$）和斜角角焊缝（$\alpha<90°$，$\alpha>90°$）两种。直角角焊缝的受力性能较好，应用广泛；而斜角角焊缝当两焊脚边夹角 $\alpha<60°$ 或 $\alpha>120°$ 时，除钢管结构外，不宜用作受力结构。

直角角焊缝按截面形式可分为普通型、凹面型和平坦型三种，如图 3.23 所示。一般情况下采用普通型角焊缝，但其力线曲折较大，传力性能较差，应力集中严重。为改善传力性能，对于正面角焊缝可采用平坦型或凹面型角焊缝；对直接承受动力荷载的结构，为使传力平缓，正面角焊缝宜采用平坦型（长边顺内力方向），侧缝则宜采用凹面型角焊缝。

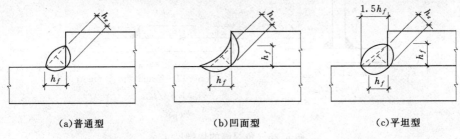

图 3.23　直角角焊缝的截面形式

普通型角焊缝截面的两个直角边长 h_f 称为焊脚尺寸。计算焊缝承载力时，按最小截面即 $\alpha/2$ 角处截面（直角角焊缝在 45°角处截面）计算，该截面称为有效截面或计算截面。其截面厚度称为计算厚度 h_e，如图 3.23（a）所示。

直角角焊缝的计算厚度 $h_e=0.7h_f$，不计凸出部分的余高。凹面型及平坦型直角焊缝的焊脚尺寸 h_f 及有效厚度 h_e 按图 3.23（b）、（c）采用。

斜角角焊缝如图 3.24 所示，其焊脚尺寸 h_f 及有效厚度 h_e 分别按图 3.24 采用，即 $\alpha \leqslant$ 90°时，$h_e=0.7h_f$；$\alpha > 90$°时，$h_e=h_f\cos\dfrac{\alpha}{2}$。

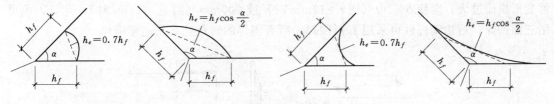

图 3.24　斜角角焊缝

3.4.1.2　角焊缝的构造要求

1. 最小焊脚尺寸

$h_{f\min} \geqslant 1.5\sqrt{t_{\max}}$，式中 $t_{\max}$ 为较厚焊件的厚度（mm），这是考虑到板件厚度较大而焊缝焊脚尺寸过小，会使焊接过程焊缝冷却过快，产生淬硬组织，从而引起焊缝附近主体金属产生裂缝，如图 3.25（a）所示。但是自动焊热量集中，熔深较大，因此其最小焊脚尺寸较上式可减小 1mm；T 形连接的单面角焊缝，可靠性较差，其最小焊脚尺寸较上式应增加 1mm；当焊件厚度不大于 4mm 时，则最小焊脚尺寸应与焊件厚度相同。

2. 最大焊脚尺寸

$h_{f\max} \leqslant 1.2t_{\min}$，式中 $t_{\min}$ 为较薄焊件厚度（mm），如图 3.25（b）所示。这是考虑到若角焊缝的 h_f 过大，焊接时热量输入很大，焊缝冷却收缩将产生较大的焊接残余应力和残余变形，且热影响区扩大易引起脆裂，易使较薄焊件烧穿。另外，板件边缘的角焊缝若与板件边缘等厚，施焊时易产生咬边现象。因此，板件（厚度为 t_1）边缘的角焊缝的焊脚尺寸尚应符合下列要求：

（1）当 $t_1 \leqslant 6mm$ 时 $h_{f\max} \leqslant t_1$。

（2）当 $t_1 > 6mm$ 时，$h_{f\max} \leqslant t_1-(1\sim2)mm$。

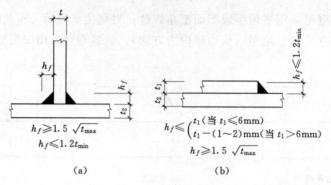

图 3.25　角焊缝的焊脚尺寸

（3）最小计算长度：$l_w \geqslant 8h_f$ 且 $l_w \geqslant 40mm$。这是因为角焊缝的长度过短，会使焊件局部受热集中，且施焊过程起落弧坑相距过近。另外还容易产生缺陷。

（4）侧面角焊缝的最大计算长度：$l_w \leqslant 60h_f$。这是因为侧面角焊缝沿长度方向的剪应力很不均匀，当焊缝过长时，其两端应力可能达到极限，而中间焊缝却未充分发挥其承载力。

（5）在搭接连接中，搭接长度不得小于焊件较小厚度的 5 倍，并不得小于 25mm，如图3.26（a）所示。

（6）杆件与节点板的连接焊缝一般宜采用两面侧焊，如图 3.26（b）所示，为避免应力传递过于弯折而使板件应力过于不均匀，应使焊缝长度 $l_w \geqslant b$；同时为避免焊缝收缩引起板件变形拱曲过大，应使 $b \leqslant 16t$（当 $t > 12mm$ 时）或 200mm（当 $t \leqslant 12mm$ 时）。此处，也可用三面围焊，对角钢杆件可采用 L 形围焊，所有围焊的转角处必须连续施焊。

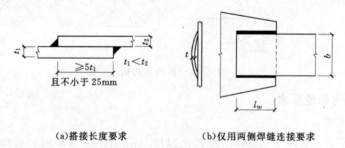

（a）搭接长度要求　　　（b）仅用两侧焊缝连接要求

图 3.26　钢板搭接和侧焊缝构造

（7）当角焊缝的端部在构件转角处做长度为 $2h_f$ 的绕角焊时，转角处必须连续施焊，如图 3.27 所示。

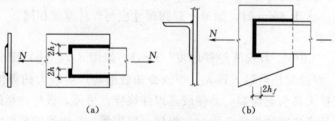

（a）　　　　　　　　（b）

图 3.27　角焊缝的绕角焊

（8）在次要构件或次要焊接连接中，可采用断续角焊缝。断续角焊缝之间的净距不应大于 $15t$（对受压构件）或 $30t$（对受拉构件）。t 为较薄焊件的厚度。

3.4.2　角焊缝连接的计算

3.4.2.1　角焊缝的强度

图 3.28 所示的侧面角焊缝在轴心力 N 作用下，主要承受由剪力 $V(=N)$ 产生的平行于焊缝长度方向的剪应力 $\tau_{\parallel}$，则 N 引起的偏心弯矩产生的垂直于焊缝轴线方向的正应力很小，可忽略不计。所以，侧缝主要是受剪，由于剪应力 $\tau_{\parallel}$ 沿侧缝长度方向的分布不均匀，两端大中间小，故在弹性阶段，其弹性模量和承载力均较低。但侧缝的塑性变形性能较好，当焊缝的长度不大时，两端出现塑性变形后将产生应力重分布，剪应力可逐渐趋于均匀。故计算时可按均匀分布考虑。通常破坏发生在最小截面，破坏的起点在焊缝两端，当该处出现裂纹后即迅速扩展，最终导致焊缝断裂。

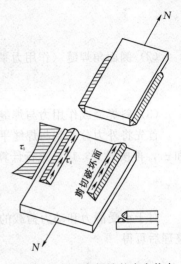

图 3.28　侧面角焊缝的应力状态

图 3.29（a）所示为端缝承受轴心力 N 作用下的应力情况。应力沿焊缝长度方向分布比较均匀，中间部分比两端略高，但应力状态比侧缝复杂。在焊缝的根角处（B 点）有正应力和剪应力，且分布很不均匀，应力集中严重。故通常裂纹首先在根角处产生，破坏形式可能是沿焊缝的焊脚 AB 面的剪坏，或 BC 面的拉坏，或计算厚度 BD 面的断裂破坏［图 3.29（b）］。正面角焊缝刚度大，破坏时变形小，强度比侧缝高，但塑性变形能力比侧缝差，常呈脆性破坏。

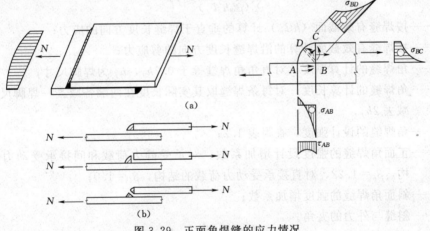

图 3.29　正面角焊缝的应力情况

从上述分析可以看出，要对角焊缝进行精确的计算是十分困难的，实际计算采用简化的方法，即假定角焊缝的破坏均发生在最小截面，其面积为角焊缝的计算厚度 h_e 与焊缝计算长度 l_w 的乘积，此截面称为角焊缝的计算截面。又假定截面上的应力沿焊缝计算长度均匀分布，同时不论是正面焊缝还是侧面焊缝，均按破坏时计算截面上的平均应力来确定其强度。对于侧面焊缝，其强度设计值为 f_f^w，对于正面焊缝，其强度设计值为 $\beta_f f_f^w$，f_f^w 值见附表 1.2，β_f 是正面焊缝强度设计值提高系数。

3.4.2.2　角焊缝连接的计算

1. 角焊缝受轴心力作用时的计算

（1）正面角焊缝（作用力垂直于焊缝长度方向）

$$\sigma_f = \frac{N}{h_e l_w} \leqslant \beta_f f_f^w \qquad (3.12)$$

（2）侧面角焊缝（作用力平行于焊缝长度方向）

$$\tau_f = \frac{N}{h_e l_w} \leqslant f_f^w \qquad (3.13)$$

（3）斜焊缝或作用力与焊缝长度方向斜交成 θ 的角焊缝。

首先将外力分解到与焊缝平行和垂直的方向，分别算出各方向力作用下焊缝的应力 σ_f 和 τ_f，再按式（3.14）进行计算

$$\sqrt{\left(\frac{N\sin\theta}{\beta_f l_e l_w}\right)^2 + \left(\frac{N\cos\theta}{h_e l_w}\right)^2} \leqslant f_f^w \qquad (3.14)$$

对于承受静力和动力荷载的情况，若将 $\beta_f = 1.22$ 和 $\cos^2\theta = 1 - \sin^2\theta$ 代入式（3.14）中，整理后可得

$$\frac{N}{h_e \sum l_w} \leqslant \beta_{f\theta} f_f^w \qquad (3.15)$$

其中

$$\beta_f = \beta_{f\theta} = \frac{1}{\sqrt{1 - \sin^2(\theta/3)}} \qquad (3.16)$$

（4）周围焊缝。

由侧面、正面和斜向各种角焊缝组成的周围焊缝，假设破坏时各部分角焊缝都同时达到各自的极限强度，则可按下式计算

$$\frac{N}{\sum(\beta_{f\theta} h_e l_w)} \leqslant f_f^w \qquad (3.17)$$

式中　σ_f——按焊缝有效截面（$h_e l_w$）计算的垂直于焊缝长度方向的应力；

　　　　τ_f——按焊缝有效截面计算的沿焊缝长度方向的剪应力；

　　　　h_e——角焊缝的计算厚度，对直角角焊缝等于 $0.7h_f$，h_f 为焊脚尺寸；

　　　　l_w——角焊缝的计算长度，对每条焊缝取其实际长度在两端各减去一焊脚尺寸，即共减去 $2h_f$；

　　　　f_f^w——角焊缝的设计强度，查附表 1.2；

　　　　β_f——正面角焊缝的强度设计增加系数，对承受静力荷载和间接承受动力荷载的结构，$\beta_f = 1.22$，对直接承受动力荷载的结构，$\beta_f = 1.0$；

　　　　$\beta_{f\theta}$——斜面角焊缝的强度增加系数；

　　　　θ——斜缝与外力的夹角。

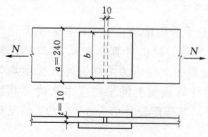

图 3.30　[例题 3.4] 图

【例题 3.4】 设计图 3.30 所示双盖板对接连接。已知钢板宽 $a = 240\text{mm}$，厚度 $t = 10\text{mm}$，钢材为 Q235，焊条为 E43，手工焊，轴力设计值 $N = 600\text{kN}$。

【解】

（1）确定盖板尺寸。

为保证施焊，盖板宽 b 取为

$$b = a - 2 \times 20 = 240 - 40 = 200(\text{mm})$$

按盖板与构件板等强度原则计算盖板厚度

$$t_1 \geqslant \frac{240 \times 10}{2 \times 200} = 6 \text{ (mm)}$$

取 $t_1 = 6$mm。

(2) 计算焊缝。

查附表 1.2 得 $f_t^w = 160$N/mm^2，按构造要求确定焊脚高度 h_f。

$$h_{f\min} \geqslant 1.5 \sqrt{t_{\max}} = 4.7 \text{ (mm)}$$
$$t_1 = 6\text{mm}, \quad h_{f\max} \leqslant t_1 = 6 \text{ (mm)}$$

因此，取 $h_f = 6$mm。

若只设侧面角焊缝，则每侧共有 4 条侧缝，每条角焊缝长度为

$$l_w = \frac{N}{4 \times 0.7 h_f f_t^w} + 12 = \frac{600 \times 10^3}{4 \times 0.7 \times 6 \times 160} + 12 = 235(\text{mm})$$

取 $l_w = 240$mm > 200mm，所需盖板全长 $l = 2l_w + 10 = 490$ （mm）。

若采用三面围焊，则端缝承载力为

$$N_1 = 2bh_e\beta_f f_f^w = 2 \times 200 \times 0.7 \times 6 \times 1.22 \times 160 = 327936(\text{N}) = 328\text{kN}$$

每条侧缝的长度为

$$l_w = \frac{N - N_1}{4 \times 0.7 h_f f_t^w} + 6 = \frac{(600 - 328) \times 10^3}{4 \times 0.7 \times 6 \times 160} + 6 = 107(\text{mm})$$

取 $l_w = 110$mm，所需盖板全长 $l = 2l_w + 10 = 230$mm。

2. 角钢连接的角焊缝计算

图 3.31 (a) 所示为一钢屋架（桁架）的结构简图，这类桁架的杆件常采用双角钢组成的 T 形截面，桁架节点处设一块钢板作为节点板，各个双角钢杆件的端部用贴角焊缝焊在节点板上，使各杆所受轴力通过焊缝传到节点板上，形成一个平衡的汇交力系，如图 3.31 (b) 所示。由于双角钢 T 形截面的重心布置成与桁架的轴线重合，因此保证了各杆成为轴心受力杆件。角钢与节点板用角焊缝连接可采用三种形式：两个侧面焊缝、三面围焊和 L 形围焊，如图 3.32 所示。为避免偏心受力，布置在角钢肢背和角钢肢尖的焊缝的重心，应与角钢杆件的重心也就是桁架的轴线重合。

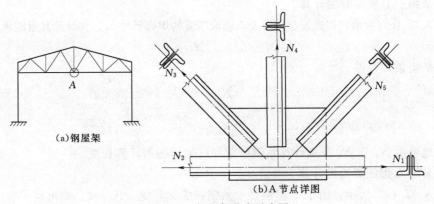

(a)钢屋架 (b)A节点详图

图 3.31 钢屋架节点示意图

(1) 用两侧缝连接时的计算。

如图 3.32 (a) 所示，由于角钢重心轴线到肢背和肢尖的距离不等，使靠近重心轴线的肢背焊缝比远离重心轴线的肢尖焊缝承受的内力大。设 N_1 和 N_2 分别为角钢肢背和肢尖焊

缝分别承担的内力，根据平衡条件 $\sum M=0$ 可得

$$N_1=\frac{e_2}{e_1+e_2}N=\frac{e_2}{b}N=K_1N \tag{3.18}$$

$$N_2=\frac{e_1}{e_1+e_2}N=\frac{e_1}{b}N=K_2N \tag{3.19}$$

式中　K_1、K_2——角钢肢背和肢尖焊缝的内力分配系数，可按表 3.3 的近似值查用。

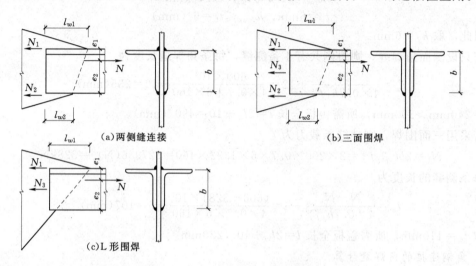

(a)两侧缝连接　　(b)三面围焊

(c)L形围焊

图 3.32　角钢与钢板的角焊缝连接

求出 N_1 和 N_2 后，可根据构造要求确定肢背与肢尖的焊脚尺寸 h_{f1} 和 h_{f2}，然后分别计算角钢肢背与肢尖焊缝所需的计算长度。

$$\sum l_{w1}=\frac{N_1}{0.7h_{f1}f_f^w} \tag{3.20}$$

$$\sum l_{w2}=\frac{N_2}{0.7h_{f2}f_f^w} \tag{3.21}$$

(2) 采用三面围焊时的计算。

如图 3.32 (b) 所示，首先根据构造要求选取端缝的焊脚尺寸 h_f，并计算其所能承受的内力。

$$N_3=0.7h_f\sum l_{w3}\beta_f f_f^w \tag{3.22}$$

再由平衡条件可得

$$N_1=K_1N-\frac{N_3}{2} \tag{3.23}$$

$$N_2=K_2N-\frac{N_3}{2} \tag{3.24}$$

同样地可由 N_1 和 N_2 分别计算角钢肢背和肢尖焊缝的计算长度。

(3) 采用 L 形围焊时的计算。

如图 3.32 (c) 所示，由于 L 形围焊中角钢肢尖无焊缝，$N_2=0$，则可得

$$N_3=2K_2N \tag{3.25}$$

$$N_1=N-N_3=(1-2K_2)N \tag{3.26}$$

求出 N_3、N_1 后，可分别计算角钢的正面角焊缝和肢背侧面角焊缝。

表 3.3 角钢角焊缝内力分配系数

角钢类型	连接情况	分 配 系 数	
		角钢肢背 K_1	角钢肢尖 K_2
等边		0.70	0.30
不等边（短肢相连）		0.75	0.25
不等边（长肢相连）		0.65	0.35

【例题 3.5】 计算图 3.33 所示双角钢与连接板的连接焊缝。

已知角钢为 2∟110×70×10（长肢相连），连接板厚为 12mm，钢材为 Q235，焊条为 E43，手工焊。轴力设计值 $N=800\text{kN}$（静力荷载）。

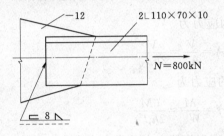
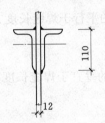

图 3.33 ［例题 3.5］图

【解】

(1) 设采用三面围焊的连接方式，并设定角钢肢背、肢尖及端部焊缝采用相同的焊脚尺寸，并取 $h_f=8\text{mm}$（符合最大、最小要求）。

(2) 查附表 1.2，得 $f_w^f=160\text{N/mm}^2$，查表 3.3 得 $K_1=0.65$，$K_2=0.35$。

端部焊缝承受的轴力为

$$N_3=0.7h_f\sum l_{w3}\beta_f f_f^w=0.7\times8\times2\times110\times1.22\times160=240(\text{kN})$$

肢背焊缝承受的内力为

$$N_1=K_1N-\frac{N_3}{2}=0.65\times800-\frac{240}{2}=400(\text{kN})$$

肢尖焊缝承受的内力为

$$N_2=K_2N-\frac{N_3}{2}=0.35\times800-\frac{240}{2}=160(\text{kN})$$

肢背焊缝需要的实际长度为

$$l_{w1}=\frac{N_1/2}{0.7h_f f_f^w}+8=\frac{400\times10^3\div2}{0.7\times8\times160}+8=231(\text{mm})$$

取 $l_{w1}=235\text{mm}$。

肢尖焊缝需要的实际长度为

$$l_{w2}=\frac{N_2/2}{0.7h_ff_f^w}+8=\frac{160\times10^3\div2}{0.7\times8\times160}+8=97\ (\text{mm})，取\ l_{w2}=100\text{mm}。$$

3. 在轴力、弯矩和剪力共同作用下 T 形连接的计算

图 3.34 所示为一同时承受轴向力 N、弯矩 M 和剪力 V 的 T 形连接。焊缝的 A 点为最危险点，由轴力 N 产生的垂直于焊缝长度方向的应力为

$$\sigma_f^N=\frac{N}{A_w}=\frac{N}{2h_el_w} \tag{3.27}$$

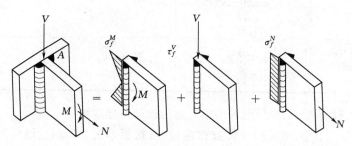

图 3.34　弯矩、剪力和轴力共同作用时 T 形接头角焊缝

由剪力 V 产生的平行于焊缝长度方向的应力为

$$\tau_f^V=\frac{V}{A_w}=\frac{V}{2h_el_w} \tag{3.28}$$

由弯矩 M 引起的垂直于焊缝长度方向的应力为

$$\sigma_f^M=\frac{M}{W_w}=\frac{6M}{2h_el_w^2} \tag{3.29}$$

将垂直于焊缝方向的应力相加，得到垂直于焊缝方向的最大应力为

$$\sigma_f^N+\sigma_f^M=\frac{N}{A_w}+\frac{M}{W_w} \tag{3.30}$$

根据《规范》规定，危险应力点 A 的强度条件为

$$\sqrt{\left(\frac{\sigma_f^N+\sigma_f^M}{\beta_f}\right)^2+(\tau_f^v)^2}\leqslant f_f^w \tag{3.31}$$

式中　A_w——角焊缝计算截面面积；

W_w——角焊缝的计算截面模量。

【例题 3.6】　图 3.35 所示 T 形牛腿，用角焊缝与柱翼缘连接，牛腿承受集中荷载（静载）设计值 $F=230\text{kN}$，钢材为 Q235，焊条为 E43，手工焊，试设计该连接角焊缝。

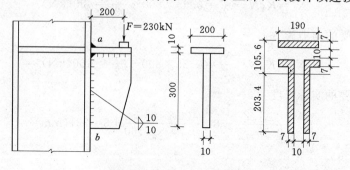

图 3.35　［例题 3.6］图

【解】

(1) 查附表 1.2 得 $f_f^w = 160 \text{N/mm}^2$，作用于牛腿焊缝处的计算内力分别为

$$M = F \times 200 = 230 \times 200 = 4.6 \times 10^4 (\text{kN} \cdot \text{mm})，V = F = 230 \text{kN}$$

取角焊缝焊脚尺寸 $h_f = 10 \text{mm} < 1.2t = 1.2 \times 10 \text{mm} = 12 \text{mm}$。

(2) 计算焊缝的截面几何特征值。

腹板部分焊缝的计算面积为

$$A_1 = 0.7h_f \sum l_w = 0.7 \times 10 \times 2 \times (290 - 10) = 3920 (\text{mm}^2)$$

翼缘部分焊缝的计算面积为

$$A_2 = 0.7h_f \sum l_w = 0.7 \times 10 \times [(200 - 2 \times 10) + 2 \times (95 - 10)] = 2450 (\text{mm}^2)$$

焊缝群的重心位置为

$$y_2 = \frac{190 \times 7 \times 3.5 + 2 \times (90 \times 7 \times 20.5 + 285 \times 7 \times 166.5)}{190 \times 7 + 2 \times (90 \times 7 + 285 \times 7)}$$

焊缝计算截面惯性矩为

$$I_x \approx 2 \times \left[\frac{1}{12} \times 7 \times 285^3 + 7 \times 285 \times \left(203.4 - \frac{285}{2} \right)^2 \right]$$
$$+ 190 \times 7 \times (105.6 - 3.5)^2 + 2 \times 90 \times 7 \times (105.6 - 20.5)^2$$
$$= 6.48 \times 10^7 (\text{mm}^4)$$

焊缝计算截面对形心轴的最小截面模量为

$$W_{x1} = \frac{6.48 \times 10^7}{203.4} = 3.19 \times 10^5 (\text{mm}^3)$$

(3) 计算焊缝强度。

考虑翼缘部分焊缝较薄，抗剪承载力不高，故认为剪力全部由腹板部分焊缝承受，且假定剪应力为均匀分布，而弯矩由整个焊缝截面共同承担，则有

$$\tau_f^V = \frac{V}{A_1} = \frac{230 \times 10^3}{3920} = 56.63 (\text{N/mm}^2)$$

$$\sigma_f^M = \frac{M}{W_{x1}} \left(\frac{4.6 \times 10^4 \times 10^3}{3.19 \times 10^5} \right) = 144.2 (\text{N/mm}^2)$$

$\sigma_{\max}$ 位于焊缝截面的下边缘点，该点应力合成为

$$\sqrt{\left(\frac{\sigma_f^M}{1.22} \right)^2 + (\tau_f^V)^2} = \sqrt{\left(\frac{144.2}{1.22} \right)^2 + (56.63)^2} = 131.5(\text{N/mm}^2) < f_f^w = 160 \text{N/mm}^2$$

焊缝满足设计要求。

4. 在扭矩、轴心力和剪力共同作用下的搭接连接角焊缝的计算

角焊缝承受扭矩 T 作用如图 3.36 所示，扭矩作用于角焊缝所在平面内，使角焊缝产生扭转，其计算公式和计算方法可查阅相关书籍，在此不再详述。

角焊缝承受扭矩、轴心力和剪力共同作用如图 3.37 所示，图 3.37 (a) 的角焊缝承受斜向力 F 的作用，将 F 分解并向角焊缝计算截面形心 O 简化后，与图 3.37 (b)、

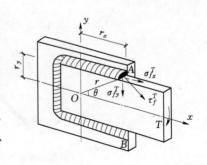

图 3.36　角焊缝承受扭矩作用

（c）所示的 $T=Ve$、V 和 N 同时作用等效。T、N、V 均在角焊缝同一平面内。其计算公式和计算方法可查阅相关书籍，在此不再详述。

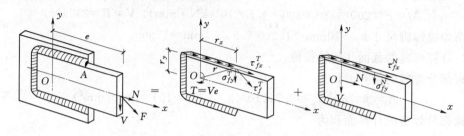

图3.37　扭矩、轴心力和剪力共同作用下的搭接连接角焊缝

学习情境3.5　焊接残余应力和焊接残余变形

3.5.1　焊接残余变形与焊接残余应力的概念

　　钢结构在施焊过程中，会在焊缝及附近区域局部范围内加热至熔化，焊缝及附近的温度最高可达 1500℃ 以上，并由焊缝中心向周围区域急剧递降。这样，施焊完毕冷却过程中，焊件各部分之间热胀冷缩的不同步及不均匀，将使结构在受外力作用之前就在局部形成了变形和应力，称为焊接残余变形和焊接残余应力。

　　如图 3.38（a）是两块钢板用 V 形坡口焊缝连接，在焊接过程中，焊缝金属被加热到熔融状态时，完全处于塑性状态，两块钢板处于一个平面。此后，熔融金属逐渐冷却、收缩，由于 V 形坡口焊缝靠外圈［图 3.38（a）中示意圈1］金属较长，收缩量大，而靠内圈［图 3.38（a）中示意圈2］金属相对较短，其收缩量小，因此，冷却凝固后，钢板两端就会因外圈收缩较大而翘起，钢板不再保持原有的平面。

　　又如图 3.38（b）中两块钢板用角焊缝组成 T 形连接，由于同样原因，角焊缝截面内外圈不均匀收缩，可能会导致焊接后翼缘弯曲。其他还有如图 3.38（c）所示的 T 形梁弯曲变形图，3.38（d）所示钢板连接的波浪式变形，图 3.38（e）所示工字形梁的扭曲变形等，都是由于焊接引起的变形，故称为焊接残余变形。

(a) V 形坡口焊缝连接变形　(b) 角焊缝 T 形连接变形　　(c) T 形梁弯曲变形

(d) 钢板连接的波浪式变形　　　　　(e) 工字形梁的扭曲变形

图3.38　焊接残余变形

图 3.39 是焊接残余应力的示例。图 3.39（a）是两块钢板对接连接。焊接时钢板焊缝一边受热，将沿焊缝方向纵向伸长。但伸长量会因钢板的整体性受到钢板两侧未加热区域的限制，由于这时焊缝金属是熔融塑性状态，伸长虽受限，却不产生应力（相当于塑性受压）。随后焊缝金属冷却恢复弹性，收缩受限将导致焊缝金属纵向受拉，两侧钢板则因焊缝收缩倾向牵制而受压，形成图 3.39（b）所示的纵向焊接残余应力分布。它是一组在外荷载作用之前就已产生的自相平衡的内应力。

两块钢板对接连接除产生上述纵向残余应力外，还可能产生垂直于焊缝长度方向的残余应力。由图中可以看到，焊缝纵向收缩将使两块钢板有相向弯曲变形的趋势［图 3.39（a）中虚线所示］。但钢板焊成一体后，弯曲变形将受到一定的约束，因此在焊缝中段将产生横向拉应力，在焊缝两端则产生横向压应力，如图 3.39（c）所示。此外，焊缝冷却时除了纵向收缩外，焊缝横向也将产生收缩。由于施焊是按一定顺序进行的，先焊好的部分冷却凝固恢复弹性较早，将阻碍后焊部分自由收缩，因此，先焊部分就会横向受压，而后焊部分则横向受拉，形成如图 3.39（d）所示的应力分布。图 3.39（e）是上述两项横向残余应力的叠加，它也是一组自相平衡的内应力。

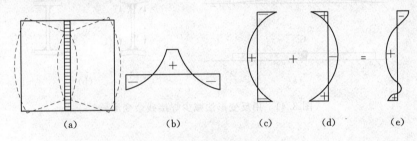

图 3.39　焊接残余应力

3.5.2　焊接残余变形和残余应力的危害

焊接残余变形和残余应力是焊接结构的主要缺点。焊接残余变形会使钢结构不能保持原来的设计尺寸及位置，影响结构正常工作，严重时还可造成各个构件无法正常安装就位；而焊接残余应力将会造成结构的刚度及稳定性下降，引起低温冷脆和抗疲劳强度降低。

3.5.3　焊接残余变形和残余应力的预防措施

3.5.3.1　设计方面

选择适当的焊脚尺寸，以避免因焊脚尺寸过大而引起过大的焊接残余应力；尽可能将焊缝对称布置，尽量避免焊缝过于集中和三向交叉焊缝；连接过渡要平缓；焊缝布置要考虑施焊方便（如避免仰焊）。

3.5.3.2　施工方面

采用合理的施焊次序。例如，对于长焊缝实行分段倒方向施焊［图 3.40（a）］；对于厚的焊缝进行分层施焊［图 3.40（b）］；钢板分块拼焊［图 3.40（d）］；工字形顶接焊接时采用对称跳焊［图 3.40（c）］等。这些做法的目的是避免焊接时热量过于集中，从而减少焊接残余变形和残余应力。对于某些构件，还可以采用预先反变形（图 3.41），即在施焊前使构件有一个和焊接残余变形相反的变形，使焊接后产生的焊接残余变形与预变形相互抵消，以减小最终的总变形。对已经产生焊接残余变形的结构，可局部加热后用机械的方法进行矫正。对于焊接残余应力，可采用退火法、锤击法等措施来消除或减小。

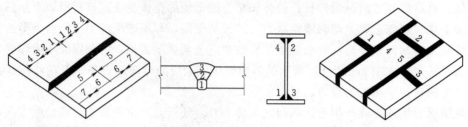

(a)长焊缝分段侧方向施焊　(b)厚焊缝分层施焊　(c)工字形顶接对称跳焊　(d)钢板分块拼焊

图 3.40　合理的施焊次序

条件允许时，可在施焊前将构件预热再行焊接，这样可减少焊缝不均匀收缩和冷却速度不均的问题，它是减小和消除焊接残余变形及残余应力的有效方法。

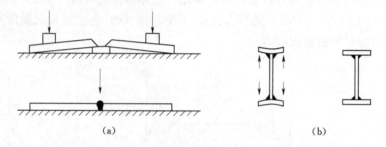

(a)　　　　　　　　　　　　(b)

图 3.41　用反变形法减少焊接残余变形

学习情境 3.6　螺栓连接的排列与构造

螺栓连接可分为普通螺栓连接和高强度螺栓连接两种。普通螺栓通常采用 Q235 钢材制成，安装时用普通扳手拧紧；高强度螺栓则用高强度钢材经热处理制成，用能控制扭矩或螺栓拉力的特制扳手拧紧到规定的预拉力值，把被连接件高度夹紧。高强度螺栓的构造和排列要求，除栓杆与孔径的差值较小外，与普通螺栓相同。

3.6.1　螺栓及孔的图例

钢结构施工图采用的螺栓及孔的图例应按 GB/T 50105—2001《建筑结构制图标准》的规定，见表 3.4。

表 3.4　　　　　　　　　　　　　　螺栓及孔图例

名称	永久螺栓	安装螺栓	高强度螺栓	圆形螺栓孔	长圆形螺栓孔
图例					

注　1. 细"+"线表示定位线，M 表示螺栓型号，ϕ 表示螺栓孔直径。
　　2. 采用引出线标注螺栓时，横线上标注螺栓规格，横线下标注螺栓孔直径。

3.6.2　螺栓连接的排列

螺栓的排列有并列和错列两种基本形式，如图 3.42 所示。并列较简单，但栓孔对截面削弱较多；错列较紧凑，可减少截面削弱，但排列较繁杂。螺栓在构件上的排列，应保证螺栓间距及螺栓至构件边缘的距离不应太小，否则螺栓之间的钢板以及边缘处螺栓孔前的钢板可能沿作用力方向被剪断；同时，螺栓间距及边距太小也不利扳手操作。另一方面，螺栓的间距及边距也不应太大，否则连接钢板不易夹紧，潮气容易侵入缝隙，引起钢板锈蚀。对于受压构件，螺栓间距过大还容易引起钢板鼓曲。为此，GB 50017—2003《钢结构设计规范》根据螺栓孔直径、钢材边缘加工情况（轧制边、切割边）及受力方向，规定了螺栓中心间距及边距的最大、最小限值，见表 3.5。

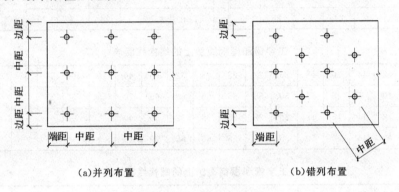

(a)并列布置　　　　　　　　　　　　　(b)错列布置

图 3.42　螺栓的排列

表 3.5　　　　　　　　　　　　　　螺栓的最大、最小容许距离

名称	位　置　和　方　向			最大容许距离 （取两者的较小值）	最小容许距离
中心间距	外排 （垂直内力方向或顺内力方向）			$8d_0$ 或 $12t$	$3d_0$
	中间排	垂直内力方向		$16d_0$ 或 $24t$	
		顺内力方向	构件受压力	$12d_0$ 或 $18t$	
			构件受拉力	$12d_0$ 或 $24t$	
	沿对角线方向			—	
中心至构件边缘距离	顺内力方向			$4d_0$ 或 $8t$	$2d_0$
	垂直内力方向	剪切边或手工气割边			$1.5d_0$
		轧制边、自动气割边或锯割边	高强度螺栓		
			其他螺栓或铆钉		$1.2d_0$

注　1. d_0 为螺栓或铆钉的孔径，t 为外层较薄板件的厚度。
　　2. 钢板边缘与刚性构件（如角钢、槽钢等）相连的螺栓或铆钉的最大间距，可按中间排的数值选取。

角钢、工字钢和槽钢上的螺栓排列，除应满足表 3.5 的要求外，还应注意不要在靠近截面倒角和圆角处打孔，为此还应分别符合表 3.6、表 3.7 和表 3.8 的要求。

为了使螺栓的传力性能保持良好，每一个构件在节点上以及拼接接头的一端，永久性的螺栓数不宜少于两个。但对组合构件的缀条，其端部连接可用一个螺栓。

为了使连接紧凑，节省材料，上述间距一般宜按最小间距采用，且应取 5mm 的倍数，并按等距离布置。

表 3.6　　　　　　　　　　　　　　角钢上螺栓或铆钉线距表　　　　　　　　　　　　单位：mm

单行排列	角钢肢宽	40	45	50	56	63	70	75	80	90	100	110	125
	线距 e	25	25	30	30	35	40	40	45	50	55	60	70
	钉孔最大直径	11.5	13.5	13.5	15.5	17.5	20	22	22	24	24	26	26

双行错排	角钢肢宽	125	140	160	180	200	双行并排	角钢肢宽		160	180	200
	e_1	55	60	70	70	80		e_1		60	70	80
	e_2	90	100	120	140	160		e_3		130	140	160
	钉孔最大直径	24	24	26	26	26		钉孔最大直径		24	24	26

表 3.7　　　　　　　　　工字钢和槽钢腹板上的螺栓线距表　　　　　　　　　单位：mm

工字钢型号	12	14	16	18	20	22	25	28	32	36	40	45	50	56	63
线距 e_{min}	40	45	45	50	50	55	55	60	60	65	70	75	75	75	75
槽钢型号	12	14	16	18	20	22	25	28	32	36	40	—	—	—	—
线距 e_{min}	40	45	50	50	55	55	55	60	65	70	75	—	—	—	—

表 3.8　　　　　　　　　工字钢和槽钢翼缘上的螺栓线距表　　　　　　　　　单位：mm

工字钢型号	12	14	16	18	20	22	25	28	32	36	40	45	50	56	63
线距 a_{min}	40	40	50	55	60	65	65	70	75	80	80	85	90	95	95
槽钢型号	12	14	16	18	20	22	25	28	32	36	40	—	—	—	—
线距 a_{min}	30	35	35	40	40	45	45	45	50	56	60	—	—	—	—

学习情境 3.7　普通螺栓连接

3.7.1　普通螺栓的规格和性能等级

普通螺栓一般都用 Q235 钢制成，其代号用字母 M 和公称直径的毫米数表示。螺栓直径 d 应根据整个结构及其主要连接的尺寸和受力情况选定，受力螺栓一般用 $d \geqslant$ M16，建筑工程中常用 M16、M20、M24 等。

A 级和 B 级螺栓材料性能等级为 5.6 级或 8.8 级，小数点前的数字表示螺栓成品抗拉强度不小于 500N/mm² 或 800N/mm²，小数点及小数点以后数字表示其屈强比（屈强点与抗拉强度之比）为 0.6 或 0.8。C 级螺栓材料性能等级则为 4.6 级或 4.8 级，其抗拉强度不小于 400N/mm²，其屈强比（屈强点与抗拉强度之比）为 0.6 或 0.8。

3.7.2　普通螺栓连接的受力性能和计算

普通螺栓连接按螺栓传力方式可分为受剪螺栓连接、受拉螺栓连接和拉剪螺栓连接三种，如图 3.43 所示。受剪螺栓连接是靠栓杆受剪和孔壁承压传力，受拉螺栓连接是靠螺栓沿杆轴方向受拉传力，拉剪螺栓连接则是同时兼有上述两种传力方式。

3.7.2.1　受剪螺栓连接计算

1. 受力性能

图 3.44 所示为一单个受剪螺栓连接。钢板受拉力 N 作用，钢板间的相对位移为 δ，则

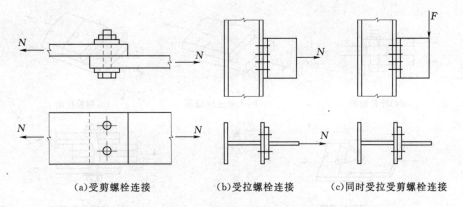

（a）受剪螺栓连接　　（b）受拉螺栓连接　　（c）同时受拉受剪螺栓连接

图 3.43　普通螺栓按传力方式分类

曲线 1 可表示 C 级普通螺栓连接受力性能的三个阶段。第一阶段为起始的上升斜直线段，表示连接处在弹性工作状态，靠钢板间的摩擦力传力，无相对位移。由于普通螺栓紧固的预拉力很小，故此阶段不久即出现水平直线段，它表示摩擦力被克服，连接进入钢板相对滑移状态的第二阶段。当滑移至栓杆和螺栓孔壁靠紧，此时栓杆受剪，而孔壁承受挤压，连接的承载力也随之增加，曲线上升，这表示连接进入弹塑性工作状态的第三阶段。随着外拉力的增加，连接变形迅速增大，曲线亦趋于平坦，直至连接承载能力的极限状态——破坏。曲线的最高点即连接的极限承载力。

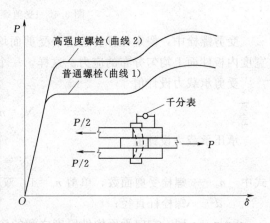

图 3.44　单个受剪螺栓连接的受力性能曲线

针对上述荷载位移曲线，《钢结构设计规范》规定摩擦型高强度螺栓以摩擦力被克服、板件之间产生相对滑移（即曲线的水平段）时的应力为极限承载力。但是，普通螺栓及承压型高强度螺栓则以螺栓最后被剪断或孔壁被挤压破坏时的应力为极限承载力。

2. 破坏形式

受剪螺栓连接在达极限承载力时可能出现 5 种破坏形式：栓杆剪断——当螺栓直径较小而钢板相对较厚时可能发生，如图 3.45（a）所示；孔壁挤压坏——当螺栓直径较大而钢板相对较薄时可能发生，如图 3.45（b）所示；钢板拉断——当钢板因螺孔削弱过多时可能发生，如图 3.45（c）所示；端部钢板剪断——当顺受力方向的端距过小时可能发生，如图 3.45（d）所示；栓杆受弯破坏——当螺栓过长时可能发生，如图 3.45（e）所示。

为保证螺栓连接能安全承载，对于螺栓杆剪断、孔壁挤压坏类型的破坏，通过计算单个螺栓承载力来控制；对于钢板拉断类型的破坏，则由验算构件净截面强度来控制；对于端部钢板剪断类型的破坏，通过保证螺栓间距及边距不小于规定值（表 3.5）来控制；对于栓杆受弯破坏类型的破坏，通过使螺栓的夹紧长度不超过 4～6 倍螺栓直径来控制。

3. 连接计算

（1）受剪螺栓的承载力。

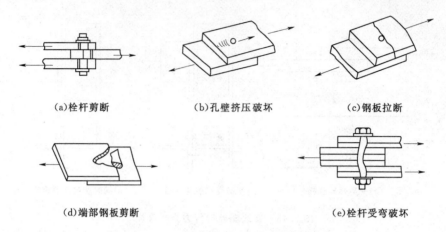

(a)栓杆剪断 (b)孔壁挤压破坏 (c)钢板拉断

(d)端部钢板剪断 (e)栓杆受弯破坏

图 3.45 受剪螺栓连接的破坏形式

受剪螺栓中，假定栓杆剪应力沿受剪面均匀分布，孔壁承压应力换算为沿栓杆直径投影宽度内板件面上均匀分布的应力。这样，一个受剪螺栓的承载力设计值计算如下。

受剪承载力设计值

$$N_v^b = n_v \frac{\pi d^2}{4} f_v^b \tag{3.32}$$

承压承载力设计值

$$N_c^b = d \sum t f_c^b \tag{3.33}$$

式中　n_v——螺栓受剪面数，单剪 $n_v = 1$，双剪 $n_v = 2$，四剪 $n_v = 4$（图 3.46）；

d——螺栓杆直径；

$\sum t$——同一方向承压构件厚度之和的较小值；

f_v^b、f_c^b——螺栓的抗剪和承压强度设计值，按附表 1.2 采用。

单个受剪螺栓的承载力设计值应取 N_v^b 和 N_c^b 中的较小值，即 $N_{min}^b = \min | N_v^b, N_c^b |$。

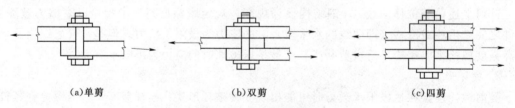

(a)单剪 (b)双剪 (c)四剪

图 3.46 受剪螺栓连接

按轴心受力计算的单角钢构件单面连接时，考虑不对称截面单面连接的不利影响，螺栓承载力设计值应降低，应乘以 0.85 折减；钢板搭接或用拼接板的单面拼接，以及一个构件借助填板或其他中间板件与另一构件连接的螺栓，应乘以 0.9 折减（高强度螺栓摩擦型连接除外）。

为保证连接能正常工作，每个螺栓在外力作用下所受实际剪力不得超过其承载力设计值，即 $N_v \leqslant N_{min}^b$。

（2）受剪螺栓连接受轴心力作用的计算。

1）连接所需螺栓数目。

图 3.47 所示为两块钢板通过双盖板用螺栓连接。在轴心拉力作用下，螺栓群同时承压

和受剪。由于拉力 N 通过螺栓中心,为计算方便,假定每个螺栓的受力完全相同。则连接一侧所需的螺栓数,由式(3.34)确定:

$$n = \frac{N}{N_{\min}^b} \tag{3.34}$$

式中　N——连接所受轴心力;

　　　$N_{\min}^b$——单个受剪螺栓承载力设计值。

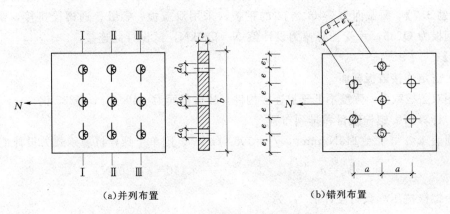

(a)并列布置　　　　　　　　(b)错列布置

图 3.47　受剪螺栓连接受轴心力作用

如图 3.48 所示,当拼接一侧所排一列螺栓的数目过多,致使首尾两螺栓之间距离 l_1 过大时,各螺栓实际受力会严重不均匀,两端的螺栓受力将大于中间的螺栓,可能首先达到极限承载力而破坏,然后依次向内逐个破坏。因此,《钢结构设计规范》规定,当 $l_1 \geqslant 15d_0$ 时,各螺栓受力仍可按均匀分布计算,但螺栓承载力设计值 N_v^b 和 N_c^b 应乘以折减系数 β 予以降低(高强度螺栓连接同样如此),并有

$$\beta = 1.1 - \frac{l_1}{150d_0} \geqslant 0.7 \tag{3.35}$$

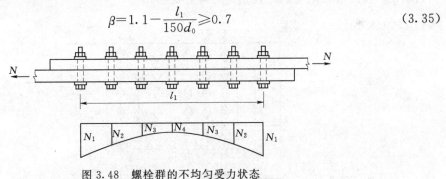

图 3.48　螺栓群的不均匀受力状态

2)构件净截面强度计算。

螺栓连接中,由于螺栓孔削弱了构件截面,因此需要验算构件开孔处的净截面强度,即验算构件最薄弱截面的净截面强度

$$\sigma = \frac{N}{A_n} \leqslant f \tag{3.36}$$

式中　N——连接所受轴心力;

　　　f——钢材的抗拉(或抗压)强度设计值;

　　　A_n——构件或连接板最薄弱截面净截面面积;在图 3.47 中,若为并列布置,A_n 应为

Ⅰ—Ⅰ或Ⅲ—Ⅲ截面处构件或连接板的净截面面积；若为错列布置，则应为沿孔折线如图 3.47（b）中 3—1—4—2—5 所示所截得的最小净截面面积。注意连接盖板各截面的内力恰好与被连接构件相反，如图 3.47（a）中的被连接构件截面最不利截面为截面Ⅰ—Ⅰ，其内力最大为 N，连接盖板最不利截面为Ⅲ—Ⅲ，受力最大亦为 N，因此还须比较连接盖板截面Ⅲ—Ⅲ和被连接构件截面Ⅰ—Ⅰ的净截面面积，以确定最不利截面，然后按式（3.36）进行验算。

【例题 3.7】 两截面为—400×14 的钢板，采用双盖板、C 级普通螺栓拼接，螺栓采用 M20，钢板为 Q235，承受轴心拉力设计值 $N=920\text{kN}$，试设计此连接。

【解】

（1）选定连接盖板截面。

采用双盖板截面，强度不低于被连接构件，故选截面为—400×7，Q235 钢。

（2）计算所需螺栓数目和排列布置。

查附表 1.3 得 $f_v^b=140\text{N/mm}^2$，$f_c^b=305\text{N/mm}^2$，则单个螺栓抗剪承载力设计值 N_v^b 为

$$N_v^b=n_v\frac{\pi d^2}{4}f_v^b=2\times\frac{\pi\times20^2}{4}\times140=87920(\text{N})$$

单个螺栓抗压承载力设计值 N_c^b 为

$$N_c^b=d\sum tf_c^b=20\times14\times305=85400(\text{N})$$

则 $N_{\min}^b=85400\text{N}$ 连接一侧所需螺栓数目为

$$n=\frac{N}{N_{\min}^b}=\frac{920\times10^3}{85400}=10.77$$

取 $n=12$（个）。

采用图 3.49 所示的并列布置，连接盖板尺寸采用 2 块—400×7×490 的钢板，其中螺栓的端距、边距和中距均满足表 3.8 的构造要求。

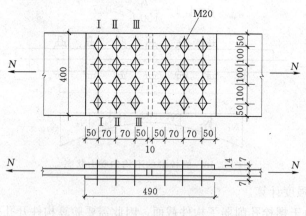

图 3.49 ［例题 3.7］图

（3）验算连接板件的净截面强度。

查钢材的强度设计值（附表 1.2）得 $f=215\text{N/mm}^2$。

连接钢板与盖板受最大内力相同，均为 N，且两者在最大内力处的材料、净截面均相同。按螺栓孔直径 $d_0=21.5\text{mm}$ 计算。

$$A_n=(b-nd_0)t=(400-4\times21.5)\times14=4396(\text{mm}^2)$$

$$\sigma = \frac{N}{A_n} = \frac{920 \times 10^3}{4396} = 209.3 (\text{N/mm}^2) < f = 215\text{N/mm}^2 (\text{满足要求})$$

【例题 3.8】 试设计用普通 C 级螺栓连接的角钢拼接。已知角钢截面为 ∟ 80×5，承受轴力拉力设计值 $N = 135\text{kN}$，拼接角钢采用与构件相同的型号。钢材为 Q235，螺栓为 M20。

【解】

(1) 计算所需螺栓数并进行排列布置。

查附表 1.3 得，$f_v^b = 140\text{N/mm}^2$，$f_c^b = 305\text{N/mm}^2$。

单个螺栓受剪承载力设计值为

$$N_v^b = n_v \frac{\pi d^2}{4} f_v^b = 1 \times \frac{\pi \times 20^2}{4} \times 140 = 43960 (\text{N})$$

单个螺栓承压承载力设计值为

$$N_c^b = d\sum t f_c^b = 20 \times 5 \times 305 = 30500 (\text{N})$$

构件连接一侧所需螺栓数目为

$$n = \frac{N}{N_{\min}^b} = \frac{135 \times 10^3}{30500} = 4.43$$

取 $n = 5$（个）。

如图 3.50 所示，在角钢的两肢上采用错列布置，螺栓排列的端距、边距和中距均符合表 3.5 和表 3.6 的要求。

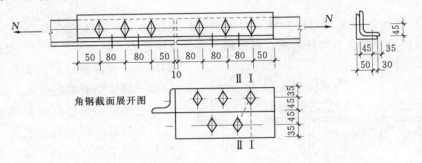

图 3.50 ［例题 3.8］图

(2) 验算构件净截面强度。

查钢材的强度设计值（附表 1.2）得 $f = 215\text{N/mm}^2$。将角钢展开如图 3.46 所示，查型钢表可得该角钢毛截面面积 $A = 7.91\text{cm}^2$。

通过一个螺栓孔的直线截面 Ⅰ—Ⅰ 净面积为

$$A_{n\text{I}} = A - n_1 d_0 t = 7.91 \times 10^2 - 1 \times 21.5 \times 5 = 683.5 (\text{mm}^2)$$

通过两个螺栓孔的折线截面 Ⅰ—Ⅱ 的净面积为

$$A_{n\text{II}} = (2 \times 35 + \sqrt{40^2 + 90^2} - 2 \times 21.5) \times 5 = 627.4 (\text{mm}^2)$$

故 $A_{\min} = 627.4\text{mm}^2$，则

$$\sigma = \frac{N}{A_{n\min}} = \frac{135 \times 10^3}{627.4} = 215 \ (\text{N/mm}^2)$$

满足要求。

（3）受剪螺栓连接受扭矩及轴心力共同作用的计算。

图 3.51 所示螺栓连接，受外荷载 F 及 N 作用，将 F 移至螺栓群中心 O，产生扭矩 $T=Fe$ 及竖向轴心力 $V=F$。扭矩 T、竖向轴心力 F 及水平轴心力 N 均使各螺栓受剪。其计算公式和计算方法可查看相关资料，在此不再详述。

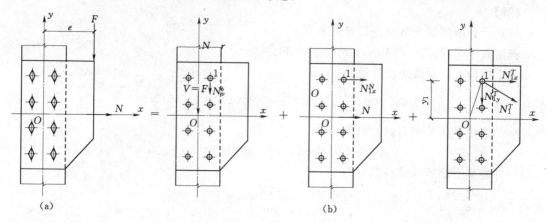

图 3.51　受剪螺栓连接受扭矩及轴心力共同作用

3.7.2.2　受拉螺栓连接计算

1. 受力性能

如图 3.52 所示的 T 形连接为借助角钢用螺栓连接。图中构件受外力 N 作用，N 通过受剪螺栓 1 传给中间受力构件角钢，而角钢又通过受拉螺栓 2 将力传给翼缘。受拉螺栓破坏的特点是栓杆被拉断，而拉断的部位通常位于螺纹削弱的截面处。

与受拉螺栓相连的角钢如果刚度不大，总会有一定的弯曲变形，因此外力 N 使螺栓受拉的同时，也使角钢肢尖处由杠杆作用产生撬力 Q（压力），如图 3.52 (b) 所示。这样，图中螺栓实际所受拉力不是 $N/2$，而是 $N/2+Q$。由于精确计算 Q 十分困难，设计时一般不计算 Q，而是将螺栓抗拉强度设计值 f_t^b 的取值降低，f_t^b 取螺栓钢材抗拉强度设

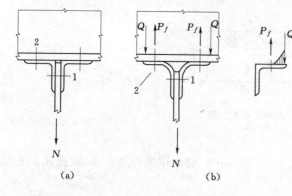

图 3.52　受拉螺栓连接

计值的 0.8 倍（即 $f_t^b=0.8f$），以此来考虑 Q 的不利影响（附表 1.3）。

2. 受拉螺栓连接的计算

（1）受拉螺栓的承载力。

前已述及，受拉螺栓的最不利截面在螺纹削弱处。所以，计算时应根据螺纹削弱处的有效直径 d_e 或有效面积 A_e 来确定其承载力。故一个受拉螺栓的承载力设计值为

$$N_t^b=A_e f_t^b=\frac{1}{4}\pi d_e^2 f_t^b \tag{3.37}$$

式中　d_e、A_e——螺栓螺纹处的有效直径和有效面积，按附表 11 选用；

f_t^b——螺栓抗拉强度设计值，查附表 1.3。

（2）受拉螺栓连接受轴心力作用时的计算。

当外力 N 通过螺栓群中心使螺栓受拉时，假定每个螺栓承受的拉力相等，则所需螺栓的个数为

$$n=\frac{N}{N_t^b} \tag{3.38}$$

（3）受拉螺栓群受弯矩作用时的计算。

如图 3.53 所示，T 形牛腿用普通螺栓与工字形截面柱相连接。当牛腿受弯矩 M 作用时，上部螺栓受拉，有使牛腿与柱分离的趋势。计算时，通常假定牛腿绕最底排螺栓旋转，从而使螺栓受拉。各排螺栓受拉力的大小与该排螺栓至转动轴的距离 y 成正比。最顶排螺栓（1 号）所受拉力为最大。设各排螺栓中心到转动轴 O' 的距离分别为 y_1，y_2，…，y_n，所受拉力为 N_1^M，N_2^M，…，N_n^M，则由力的平衡条件可得

$$M=m(N_1^M y_1 + N_2^M y_2 + \cdots + N_n^M y_n) \tag{3.39}$$

由于 $N_i^M = N_1^M \dfrac{y_i}{y_1}$，故

$$N_1^M=\frac{My_1}{m\sum y_i^2} \tag{3.40}$$

在设计时，应使最外排螺栓所受到的拉力即最大 N_1^M 不超过一个螺栓的受拉承载力，即有

$$N_1^M=\frac{My_1}{m\sum y_i^2}\leqslant N_t^b \tag{3.41}$$

式中　M——弯矩设计值；

　　　　m——螺栓的纵向排列数，对图 3.49，$m=2$；

　　y_1、y_i——最外排（1 号）和第 i 排螺栓到转动轴 O' 的距离。

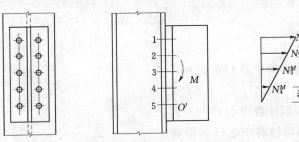

图 3.53　受拉螺栓连接受弯矩作用

（4）受拉螺栓连接受偏心拉力作用时的计算。

图 3.54 所示牛腿（或梁端）用普通螺栓与工字形截面柱相连接，螺栓群受偏心拉力 F 以及剪力 V 的作用。一般地，剪力 V 在设计计算时认为全部由焊接于柱上的支托承担，螺栓群受偏心拉力 F（与图 3.54 所示的 $M=Fe$ 和 $N=F$ 联合作用等效）的作用。这种情况应根据偏心距的大小分为下列两种情况计算：

1）小偏心受拉情况［图 3.54（a）］——$N_{\min}\geqslant 0$。

当偏心距 e 较小时，弯矩 $M=Fe$ 不大，连接以承受轴心拉力 N 为主。这时螺栓群中所有螺栓均受拉，计算 M 作用下螺栓的内力时，取螺栓群的转动轴在螺栓群中心位置 O 处。

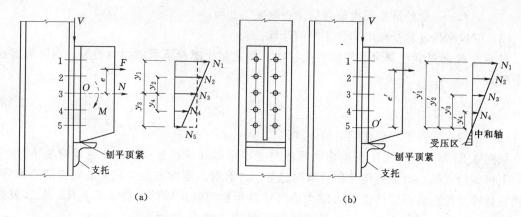

图 3.54　受拉螺栓连接受偏心作用

根据式（3.40）可得最顶排螺栓所受拉力为

$$N_1^M = \frac{My_1}{m\sum y_i^2} = \frac{Fey_1}{m\sum y_i^2} \tag{3.42}$$

在轴心拉力 $N=F$ 作用下，各螺栓均匀受拉，其拉力值为

$$N_{max} = \frac{F}{n} \tag{3.43}$$

假设螺栓群中心位置为受弯矩 M 作用时的中性轴，则螺栓群所受的最大拉力 N_{max} 发生在弯矩背向一侧最外排螺栓处，其值及其应符合的条件为

$$N_{max} = \frac{F}{n} + \frac{Fey_1}{m\sum y_i^2} \leqslant N_t^b \tag{3.44}$$

式（3.44）表示最大受力螺栓的拉力不得超过一个受拉螺栓的承载力设计值。

最小拉力 N_{min} 发生在弯矩指向一侧最外排螺栓处，其值及其应符合的条件为

$$N_{min} = \frac{F}{n} - \frac{Fey_1}{m\sum y_i^2} \geqslant 0 \tag{3.45}$$

式中　　F——偏心拉力设计值；

　　　　e——偏心拉力至螺栓群中心 O 的距离；

　　　　n——螺栓数目；

　　　　y_1——最外排螺栓到螺栓群中心 O 的距离；

　　　　y_i——第 i 排螺栓到螺栓群中心 O 的距离；

　　　　m——螺栓的纵向列数。

因属小偏心受拉，$N_{min} \geqslant 0$，螺栓群全部螺栓均受拉，如图 3.50（a）所示。

2）大偏心受拉情况〔图 3.54（b）〕——$N_{min} < 0$。

当偏心距 e 较大，$N_{min} < 0$ 时，属大偏心受拉，此时在连接底部会出现受压区，螺栓群的转动轴从螺栓群中心位置下移，如图 3.54（b）所示。为了简化计算，近似地取弯矩指向一侧最外排螺栓 O' 为转动轴，此时最大拉力 N_{max} 发生在背向弯矩一侧最外排，其值应满足

$$N'_{max} = \frac{Fe'y'}{m\sum y_i'^2} \leqslant N_t^b \tag{3.46}$$

式中　　F——偏心拉力设计值；

　　　　m——螺栓的纵向列数；

e'——偏心拉力 F 到转动轴 O'（弯矩指向一侧的最外排螺栓处）的距离；

y_1'——最外（上）排螺栓到转动轴 O' 的距离；

y_i'——第 i 排螺栓到转动轴 O' 的距离。

3.7.2.3 同时受剪和受拉的螺栓连接

如图 3.54（a）所示，若不设支托，则剪力也由螺栓群承担，此时螺栓将同时承受剪力 V 和拉力 F 作用。在剪力 V 作用下，可假设全部螺栓均匀承担 V，则每个螺栓承受剪力为

$$N_v = \frac{V}{n} \tag{3.47}$$

在拉力 F 作用下，受拉螺栓连接可按前述受拉螺栓连接求出受拉力最大的螺栓的拉力 N_t。

当螺栓同时受 V 和 N_t 作用时，其强度应满足式（3.48）要求

$$\sqrt{\left(\frac{N_v}{N_v^b}\right)^2 + \left(\frac{N_t}{N_t^b}\right)^2} \leqslant 1 \tag{3.48}$$

同时，为防止板件较薄引起承压破坏，还应满足式（3.49）

$$N_v \leqslant N_c^b \tag{3.49}$$

式中　N_v^b、N_t^b、N_c^b——单个螺栓的抗剪、抗拉和承压承载力设计值。

【例题 3.9】　如图 3.55（a）所示，屋架下弦支座节点 A 的连接如图 3.55（b）所示，其中下弦杆与斜腹杆和节点板等在工厂焊接，然后在工地吊装就位于柱上的支托处，最后用螺栓与柱连接为整体。已知钢材为 Q235，C 级普通螺栓为 M22，试验算该连接的螺栓是否安全。

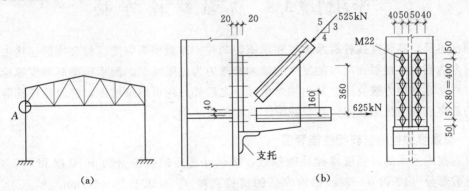

图 3.55　［例题 3.9］图

【解】

（1）查附表 1.3 得 $f_t^b = 170\text{N/mm}^2$，$f_v^b = 140\text{N/mm}^2$，$f_c^b = 305\text{N/mm}^2$；查附表 11 得 M22 的有效面积 $A_e = 303.4\text{mm}^2$，则单个螺栓

$$N_t^b = A_e f_t^b = 303.4 \times 170 = 51578 \text{ (N)}$$

$$N_v^b = n_v \frac{\pi d^2}{4} f_v^b = 1 \times \frac{\pi \times 22^2}{4} \times 140 = 53192 \text{ (N)}$$

$$N_c^b = d \sum t f_c^b = 22 \times 20 \times 305 = 134200 \text{ (N)}$$

（2）换算作用外力。

竖向剪力　　　　　　　　$V = \frac{3}{5} \times 525 = 315 \text{(kN)}$

水平偏心拉力 $N=625-\dfrac{4}{5}\times 525=205(\mathrm{kN})$

偏心拉力位于螺栓群中心下侧 $e=160\mathrm{mm}$ 处。

（3）首先按全部竖向剪力由支托承受、偏心拉力由螺栓承受考虑，计算是否安全。此时，由于

$$N_{\min}=\frac{N}{n}-\frac{205\times 10^3}{12}-\frac{(205\times 10^3\times 160)\times 200}{2\times(40^2+120^2+200^2)\times 2}=17083-29286=-12203(\mathrm{N})<0$$

因此，属大偏心受拉情况。按式（3.46）得

$$N_{\max}=\frac{Ne'y_1'}{m\sum y_i'^2}=\frac{205\times 10^3\times 360\times 400}{2\times(80^2+160^2+320^2+400^2)}=41932(\mathrm{N})<N_t^b=51578\mathrm{N}$$

满足安全要求。

（4）若不考虑支托承剪，则螺栓群将同时承受剪力和偏心拉力，此时每个螺栓承受剪力为

$$N_v=\frac{V}{n}=\frac{315}{12}=26.25(\mathrm{kN})=26250\mathrm{N}$$

根据式（3.48）得

$$\sqrt{\left(\frac{N_v}{N_v^b}\right)^2+\left(\frac{N_t}{N_t^b}\right)^2}=\sqrt{\left(\frac{26250}{53192}\right)^2+\left(\frac{41932}{51578}\right)^2}=0.95<1$$

且 $N_v=26250\mathrm{N}<N_c^b=134200\mathrm{N}$

满足安全要求。

学习情境 3.8　高强螺栓连接

前已述及，高强度螺栓有摩擦型和承压型两种。摩擦型高强度螺栓在抗剪连接中，设计时以剪力达到板件接触面间可能发生的最大摩擦力为极限状态。而承压型高强度螺栓连接在受剪时则允许摩擦力被克服并发生相对滑移，之后外力还可继续增加，并以栓杆抗剪或孔壁承压的最终破坏为极限状态。在受拉时，两者没有区别。

3.8.1　高强度螺栓的材料和性能等级

目前我国采用的高强度螺栓性能等级，按热处理后的强度分为 10.9 级和 8.8 级两种。其中整数部分（10 和 8）表示螺栓成品的抗拉强度 f_u 不低于 $1000\mathrm{N/mm^2}$ 和 $800\mathrm{N/mm^2}$，小数部分（0.9 和 0.8）则表示其屈强比 f_y/f_u 为 0.9 和 0.8。

10.9 级的高强度螺栓材料可用 20MnTiB（20 锰钛硼）钢、40B（40 硼）钢和 35VB（35 钒硼）钢；8.8 级的高强度螺栓材料则常用 45 号钢和 35 号钢。螺母常用 45 号钢、35 号钢和 15MnVB（15 锰钒硼）钢。垫圈常用 45 号钢和 35 号钢。螺栓、螺母、垫圈制成品均应经过热处理，以达到规定的指标要求。

螺栓、螺母、垫圈在组成一个连接副时，其性能等级要互相匹配。大六角头高强度螺栓连接副和扭剪型高强度螺栓连接副性能等级分别见表 3.9 和表 3.10。

表 3.9　　　　　　　　　　**大六角头高强度螺栓连接副组合**

螺　栓	螺　母	垫　圈
8.8 级	8H	HRC35～45
10.9 级	10H	HRC35～45

表 3.10	扭剪型高强度螺栓连接副组合	
类　　别	性　能　等　级	推　荐　材　料
螺栓	10.9 级	20MnTiB
螺母	10H	45 号钢、35 号钢
		15MnVB
垫圈	HRC35～45	45 号钢、35 号钢

3.8.2 高强度螺栓的预拉力和紧固方法

3.8.2.1 高强度螺栓的预拉力计算

摩擦型高强度螺栓不论是用于受剪螺栓连接、受拉螺栓连接还是拉剪螺栓连接，其受力都是依靠螺栓对板叠强大的法向压力，即紧固预拉力。承压型高强度螺栓，也要部分地利用这一特性。因此，高强度螺栓的预拉力值应尽可能高些，但必须保证螺栓在拧紧过程中不会屈服或断裂。为保证连接质量，必须控制预拉力。预拉力值的大小与螺栓材料的强度和有效截面有关，《钢结构设计规范》规定按式（3.50）计算

$$P = 0.675 f_y A_e \tag{3.50}$$

式中 　f_y——高强度螺栓的屈服强度；

A_e——高强度螺栓螺纹处的有效截面积。

表 3.11 列出了不同规格螺栓的预拉力设计值。

表 3.11	高强度螺栓的预拉力 P				单位：kN	
螺栓的性能等级	螺栓公称直径（mm）					
	M16	M20	M22	M24	M27	M30
8.8 级	80	125	150	175	230	280
10.9 级	100	155	190	225	290	355

3.8.2.2 高强度螺栓的紧固方法

高强度螺栓的预拉力通过紧固螺母建立。为保证其数值准确，施工时应严格控制螺母的紧固程度，不得漏拧、欠拧或超拧。

高强度螺栓的紧固方法有三种：大六角头型采用转角法和扭矩法，扭剪型采用扭掉螺栓尾部的梅花卡头法。下面分别叙述这些方法。

1. 扭矩法

为了减少先拧与后拧的高强度螺栓预拉力的区别，一般要先用普通扳手对其初拧（不小于终拧扭矩值的 50%），使板叠靠拢，然后用一种可显示扭矩值的定扭矩扳手终拧。终拧扭矩值根据预先测定的扭矩和预拉力（增加 5%～10%以补偿紧固后的松弛影响）之间的关系确定，施拧时偏差不得大于±10%。此法在我国应用广泛。

2. 转角法

此法是用控制螺栓应变即控制螺母的转角来获得规定的预拉力，因不需专用扳手，故简单有效。转角是从初拧作出的标记线［图 3.56（a）］开始，再用长扳手（或电动、风动扳手）终拧 1/2～1/3 圈。终拧角度与板叠厚度和螺栓直径等有关，可预先测定。

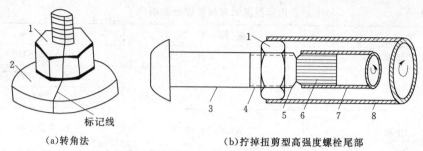

(a)转角法 (b)拧掉扭剪型高强度螺栓尾部

图 3.56 高强度螺栓的紧固方法

1—螺母；2—垫圈；3—栓杆；4—螺纹；5—槽口；6—螺栓尾部梅花卡头；7、8—电动扳手小套筒和大套筒

3. 扭掉螺栓尾部梅花卡头法

此法适用于扭剪型高强度螺栓。先对螺栓初拧，然后用特制电动扳手的两个套筒分别套住螺母和螺栓尾部梅花卡头，如图 3.56 （b）所示。操作时，大套筒正转施加紧固扭矩，小套筒则施加紧固反扭矩，将螺栓紧固后，再进而沿尾部槽口将梅花卡头拧掉后。由于螺栓尾部槽口深度是按终拧扭矩和预拉力之间的关系确定的，故当梅花卡头拧掉后，螺栓即达到规定的预拉力值。扭剪型高强度螺栓由于具有上述施工简便且便于检查漏拧的优点，故近年来在我国也得到广泛应用。

3.8.3 高强度螺栓连接摩擦面抗滑移系数

提高连接摩擦面抗滑移系数 μ 是提高高强度螺栓连接承载力的有效措施。μ 值与钢材品种及钢材表面处理方法有关。一般干净的钢材轧制表面，若不经处理或只用钢丝刷除浮锈，其值很低。若对轧制表面进行处理，提高其表面的平整度、清洁度及粗糙度，则 μ 值可以提高。为了增加摩擦面的清洁度及粗糙度，一般采用的方法有：喷砂或喷丸；喷砂（丸）后涂无机富锌漆；喷砂（丸）后生赤锈。《钢结构设计规范》对摩擦面抗滑移系数 μ 的规定见表 3.12。

表 3.12　　　　　　　　摩擦面抗滑移系数 μ

在连接处构件接触面的处理方法	构件的钢号		
	Q235 钢	Q345 钢、Q390 钢	Q420 钢
喷砂（丸）	0.45	0.50	0.50
喷砂（丸）后涂无机富锌漆	0.35	0.40	0.40
喷砂（丸）后生赤锈	0.45	0.50	0.50
钢丝刷清除浮锈或未经处理的干净轧制表面	0.30	0.35	0.40

3.8.4 高强度螺栓连接的受力性能和计算

和普通螺栓连接一样，高强度螺栓连接按传力方式亦可分为受剪螺栓连接、受拉螺栓连接和拉剪螺栓连接三种。现分别对其受力性能和计算按摩擦型连接、承压型连接两种类型加以叙述。

3.8.4.1 摩擦型高强度螺栓连接

1. 摩擦型连接受剪高强度螺栓的受力性能和计算

（1）受力性能。

高强度螺栓由于预拉力高,对被连接板件的法向压力大,因而其间的摩擦阻力也大。由图 3.44 中的曲线 2 可见,其上升斜直线段比普通螺栓的高得多,它表明连接弹性性能好,在相对滑移前承载能力高,且剪切变形小,耐疲劳。摩擦型连接受剪高强度螺栓以摩擦阻力刚被克服、连接即将产生相对滑移作为承载能力极限状态。

(2) 连接计算。

1) 单个螺栓的承载力设计值。

摩擦型连接高强度螺栓在被连接板件间的摩擦阻力与板叠间的法向压力——螺栓的预拉力 P、摩擦面的抗滑移系数 μ 和传力摩擦面数 n_f 成正比。因此,摩擦型连接高强度单个螺栓的极限抗剪承载力为 $n_f\mu P$,除以抗力分项系数 1.111,可得抗剪承载力设计值为

$$N_v^b = 0.9 n_f \mu P \tag{3.51}$$

式中　n_f——传力摩擦面数;

　　　P——每个高强度螺栓的预拉力,按表 3.11 采用;

　　　μ——摩擦面的抗滑移系数,按表 3.12 采用。

2) 承载力设计。

螺栓群受轴心力作用时的摩擦型连接受剪高强度螺栓的受力分析方法和普通螺栓的一样,故前述普通螺栓的计算公式均可应用。连接一侧所需的螺栓数目为

$$n = \frac{N}{N_v^b} \tag{3.52}$$

式中　n——连接承受的外力(轴心拉力);

　　　N_v^b——摩擦型连接单个受剪高强度螺栓的承载力设计值。

对受轴心力作用的构件净截面强度验算,和普通螺栓的稍有不同。由于摩擦型连接高强度螺栓传力所依靠的摩擦力一般可认为均匀分布于螺孔四周,故孔前接触面即已经传递每个螺栓所传内力的一半,如图 3.57 所示最外列螺栓截面 Ⅰ—Ⅰ 处。这种通过螺栓孔中心线之前构件接触面之间的摩擦力来传递截面内力的现象称为"孔前传力"。此时一般只须验算最外排螺栓所在的截面,因为此处内力最大,该截面螺栓的孔前传力为 $0.5n_1 N/n$。

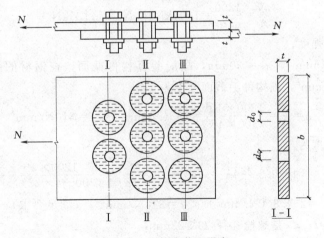

图 3.57　钢板净截面强度

连接开孔截面的净截面强度按式 (3.53) 计算

$$\sigma = \frac{N'}{A_n} = \left(1 - 0.5\,\frac{n_1}{n}\right)\frac{N}{A_n} \leqslant f \qquad (3.53)$$

式中 n_1——截面Ⅰ—Ⅰ处的高强度螺栓数目；

　　　n——连接一侧高强度螺栓数目；

　　　A_n——截面Ⅰ—Ⅰ处的净截面面积；

　　　f——构件的强度设计值。

和普通螺栓一样，对其他各列螺栓处，若螺孔数未增多，亦可不予验算。但在毛截面处，却承受全部 N 力，故可能比开孔处截面还危险，因此还应按式（3.36）对其强度进行计算：

$$\sigma = \frac{N}{A} \leqslant f \qquad (3.54)$$

式中 A——构件或连接板的毛截面面积。

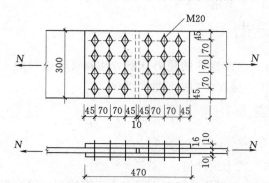

图 3.58　[例题 3.10] 图

【例题 3.10】 如图 3.58 所示，截面为—300×16的轴心受拉钢板，用双盖板和摩擦型高强度螺栓连接。已知钢材为Q345，螺栓为 10.9 级 M20，接触面喷砂后涂无机富锌漆，承受轴力 $N = 1200\text{kN}$，试验算连接的强度。

【解】

（1）验算螺栓连接强度。

查表 3.11 得一个高强度螺栓的预拉力 $P = 155\text{kN}$，查表 3.12 得摩擦面的抗滑移系数 $\mu = 0.40$，则单个高强度螺栓的承载力为

$$N_v^b = 0.9 n_f \mu P = 0.9 \times 2 \times 0.4 \times 155 = 111.6\,(\text{kN})$$

实际单个高强度螺栓承受的内力为

$$\frac{N}{n} = \frac{1200}{12} = 100\,(\text{kN}) < N_v^b = 111.6\text{kN}$$

（2）验算钢板强度。

构件厚度 $t = 16\text{mm} < 2t_1 = 20\text{mm}$，故应验算构件截面。查钢材的强度设计值（附表 1.2）得 $f = 310\text{N/mm}^2$，则构件毛截面强度为

$$\sigma = \frac{N}{A} = \frac{1200 \times 10^3}{300 \times 16} = 250\,(\text{N/mm}^2) < f = 310\text{N/mm}^2$$

构件净截面强度为

$$\sigma = \left(1 - 0.5\,\frac{n_1}{n}\right)\frac{N}{A_n} = \left(1 - 0.5 \times \frac{4}{12}\right) \times \frac{1200 \times 10^3}{(300 - 4 \times 22) \times 16}$$

$$= 294.8\,(\text{N/mm}^2) < f = 310\text{N/mm}^2 \qquad (\text{满足要求})$$

$A_n = (b - n_1 d_0)t$，d_0 是螺栓孔径（取 22mm）。

2. 摩擦型连接受拉高强度螺栓的受力性能和计算

（1）受力性能。

高强度螺栓摩擦型连接的受力特点是依靠预拉力使被连接件压紧传力，当连接在沿杆轴

方向再承受外拉力时，经试验和计算分析，只要螺栓分担的外拉力设计值 N_t 不超过其预拉力 P 时，螺栓的拉力增加很少。但当 $N_t > P$ 时，螺栓则可能达到材料屈服强度，在卸荷后使连接产生松弛现象，预拉力降低。

（2）连接计算。

1）单个螺栓的承载力设计值。

《钢结构设计规范》偏安全地规定摩擦型连接单个受拉高强度螺栓的受拉承载力设计值为

$$N_t^b = 0.8P \tag{3.55}$$

式中 P——预拉力。

2）承载力设计。

摩擦型受拉高强度螺栓群受轴心力作用时，其受力的分析方法和普通螺栓的一样。故也可用式（3.38）计算所需螺栓的个数为

$$n = \frac{N}{N_t^b} \tag{3.38}$$

式中 N_t^b——高强度螺栓的承载力设计值，$N_t^b = 0.8P$。

摩擦型受拉高强度螺栓摩擦型连接受弯矩 M 作用时，只要确保螺栓所受最大外拉力不超过 $N_t^b = 0.8P$，被连接件接触面将始终保持密切贴合。因此，可以认为螺栓群在弯矩 M 作用下将绕螺栓群中心轴转动。最外排螺栓所受拉力最大，其值 N_t^M 可按式（3.56）计算：

$$N_t^M = \frac{My_1}{m\sum y_i^2} \leqslant N_t^b = 0.8P \tag{3.56}$$

式中 y_1——最外排螺栓到螺栓群中心 O 的距离；

y_i——第 i 排螺栓到螺栓群中心 O 的距离；

m——螺栓的纵向列数。

摩擦型受拉高强度螺栓连接受偏心拉力作用时的计算在此不再详述。

3. 摩擦型连接同时受拉和受剪高强度螺栓的受力性能和计算

（1）受力性能。

当高强度螺栓承受沿杆轴方向的外拉力 N_t 作用时，不但构件摩擦面间的压紧力将由 P 减至 $(P - N_t)$，且根据试验，此时摩擦面抗滑移系数卢值也随之降低，故螺栓在承受拉力时其抗剪承载力也将减小。

（2）连接计算。

1）单个拉剪螺栓的抗剪承载力设计值

$$N_v^b = 0.9n_f\mu(P - 1.25N_t) \tag{3.57}$$

式中，N_t 应满足 $N_t \leqslant 0.8P$。

2）承载力设计。

图 3.59 所示为一受偏心力 F 作用的高强度螺栓摩擦型连接的 T 形接头（端板下不设支托）。将 F 力向螺栓群的形心简化后，可与 $M = Fe$ 和 $y = F$ 共同作用等效。因此，在形心轴以上螺栓为同时承受外拉力 $N_{ti} = My_i/m\sum y_i^2$ 和剪力 $N_{vi} = V/n$ 的拉剪螺栓。计算时可采用下列两个公式

$$N_{v(ti)} \leqslant N_{v(ti)}^b = 0.9n_f\mu(P - 1.25N_{ti}) \tag{3.58}$$

$$V \leqslant \sum_{i=1}^{n} N_{vti}^b = 0.9n_f\mu\left(nP - 1.25\sum_{i=1}^{n} N_{ti}\right) \tag{3.59}$$

以上两式中 N_{ti} 应满足 $N_{ti} \leqslant 0.8P$。

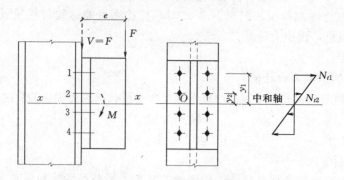

图 3.59　拉剪高强度螺栓连接

　　式（3.58）是计算单个螺栓的承载力。一般情况下，仅计算最不利拉剪螺栓"1"在承受拉力 N_{t1} 后降低的抗剪承载力设计值 N_{v1}^b 是否大于或等于其所承受的剪力 N_{v1}，故很保守，但较简单。式（3.59）是考虑连接中其他各排螺栓承受的拉力递减甚至为零（对受压区和中和轴处均按 $N_{ti}=0$），因此，计算连接全部螺栓抗剪承载力设计值的总和是否大于或等于连接承受的剪力 V，故经济合理，但计算量稍大。

　　【例题 3.11】　试设计一梁和柱的高强度螺栓摩擦型连接如图 3.60 所示，承受的弯矩和剪力设计值为 $M=105 \text{kN} \cdot \text{m}$，$V=720 \text{kN}$。构件材料 Q235 钢。

　　【解】

　　试选 12 个 20 MnTiB 钢 M22 螺栓（10.9 级），并采用图中的尺寸排列。构件接触面的处理采用喷丸后生赤锈方法。按式（3.58）对最不利螺栓"1"进行计算。

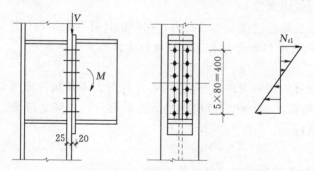

图 3.60　[例题 3.11] 图

$$N_{t1} = \frac{My_1}{m\sum y_i^2} = \frac{105 \times 20 \times 10^2}{4 \times (4^2 + 12^2 + 20^2)} = 93.75(\text{kN}) < 0.8P = 0.8 \times 190 = 152(\text{kN})$$

$$N_{v1} = \frac{V}{n} = \frac{720}{12} = 60(\text{kN}) > N_{v1}^b = 0.9 n_f \mu (P - 1.25 N_{t1})$$

$$= 0.9 \times 1 \times 0.45 \times (190 - 1.25 \times 93.75) = 29.5(\text{kN}) \quad （不满足）$$

　　现改按式（3.59）计算。由比例关系可得：$N_{t2}=56.25 \text{kN}$，$N_{t3}=18.75 \text{kN}$。

　　端板沿受力方向的连接长度 $l_1=400 \text{mm} > 15 d_0 = 15 \times 22 = 330 \text{mm}$，故螺栓的承载力设计值应按下列折减系数 β 进行折减：

$$\beta = 1.1 - \frac{l_1}{150 d_0} = 1.1 - \frac{400}{150 \times 22} = 0.98$$

$$V = 720\text{kN} < \sum_{i=1}^{n} N_{vi}^b = 0.9 n_f \mu (nP - 1.25 \sum_{i=1}^{n} N_{ti})\beta$$
$$= 0.9 \times 1 \times 0.45 \times [12 \times 190 - 1.25 \times 2(93.75 + 56.25 + 18.75)] \times 0.98$$
$$= 738(\text{kN})(满足)$$

结果表明，按最不利螺栓"1"计算，承载力相差悬殊，按全部螺栓计算则可满足，故后者经济效果显著。

3.8.4.2 承压型高强度螺栓连接

承压型连接的高强度螺栓的预拉力和摩擦型连接的相同，但对连接处构件接触面的处理只需清除油污及浮锈即可，不必做进一步处理。

1. 承压型连接的受剪高强度螺栓

承压型连接受剪在后期的受力特性，即产生滑移后由栓杆受剪和孔壁承压直至破坏达到承载能力极限状态，均和普通螺栓连接的相同，故单个承压型连接高强度螺栓的抗剪和承压承载力设计值也可用式（3.32）和式（3.33）计算，但式中的 f_v^b 和 f_c^b 应按附表 1.3 中承压型连接高强度螺栓的取用。当剪切面在螺纹处时，式（3.32）中螺栓直径 d 应取螺纹处有效直径 d_e，即应按螺纹处的有效截面面积计算（普通螺栓的抗剪强度设计值是根据试验数据，且不分剪切面是否在螺纹处均按栓杆面积确定的，故无此规定）。

2. 承压型连接的受拉高强度螺栓

承压型连接受拉的受力特性和普通螺栓连接的相同，故单个承压型连接高强度螺栓的抗拉承载力设计值也用式（3.27）计算，但式中 f_t^b 应按附表 1.3 中承压型高强度螺栓的取用。

3. 承压型连接的拉剪高强度螺栓

承压型连接高强度螺栓同时承受剪力和沿杆轴方向拉力作用时，在后期的受力特性和普通螺栓的相同，故也应满足式（3.48）和式（3.49）的强度条件。但是，连接的孔壁承压强度还随板件之间的压紧力变化，当外拉力增加，压紧力降低，孔壁的承压强度也随之减小。为方便计算，《钢结构设计规范》规定将承压型连接高强度螺栓的承压承载力设计值应除以系数 1.2 予以降低。因此，公式为

$$N_v \leqslant \frac{N_c^b}{1.2} \tag{3.60}$$

各种承压型高强度螺栓连接承载力设计公式列于表 3.13 中。

表 3.13 承压型高强度螺栓连接承载力设计公式

连接种类	单个螺栓的承载力设计值	承受轴心力时所需螺栓数目	附 注
受剪螺栓	抗剪 $N_v^b = n_v \dfrac{\pi d^2}{4} f_v^b$ 承压 $N_c^b = d \sum t f_c^b$	$n \geqslant \dfrac{N}{N_{\min}^b}$	f_v^b、f_c^b 按附表 1.3 中承压型高强度螺栓取用；$N_{\min}^b$ 为 N_v^b、N_c^b 中的较小值
受拉螺栓	$N_t^b = 0.8P$	$n \geqslant \dfrac{N}{N_t^b}$	
同时受剪和受拉的螺栓	$\sqrt{\left(\dfrac{N_v}{N_v^b}\right) + \left(\dfrac{N_t}{N_t^b}\right)^2} \leqslant 1$ $N_v \leqslant N_c^b / 1.2$		N_v、N_t 分别为每个承压型高强度螺栓所受的剪力和拉力

注 在抗剪连接中，当剪切面在螺纹处时，采用螺杆的有效直径 d_e，即按螺纹处的有效面积计算 N_v^b 值。

【例题 3.12】 将［例题 3.11］的连接改用高强度螺栓承压型连接设计，其他条件不变。

【解】

仍选 12 个 20MnTiB 钢螺栓，但改用 M20 规格。排列尺寸不变构件接触面的处理方法改为只清除钢材表面油污及浮锈。

承载力计算（设剪切面不在螺纹处），查附表 1.2、附表 11，按式（3.37）、式（3.32）、式（3.33）计算。

$$N_t^b = A_e f_t^b = 244.8 \times 500 = 122400(\text{N}) = 122.4\text{kN}$$

$$N_v^b = n_v \frac{\pi d^2}{4} f_v^b = 1 \times \frac{\pi \times 20^2}{4} \times 310 = 97400(\text{N}) = 97.4\text{kN}$$

$$N_c^b = d \sum t f_c^b = 20 \times 20 \times 470 = 188000(\text{N}) = 188\text{kN}$$

按式（3.60）

$$N_{v1} = \frac{N}{n} = \frac{720}{12} = 60(\text{kN}) < \frac{N_c^b}{1.2} = \frac{188}{1.2} = 157(\text{kN}) \quad （满足）$$

按式（3.48）

$$N_{t1} = 93.75\text{kN} \quad （由例题［3.11］）$$

$$\sqrt{\left(\frac{N_{v1}}{N_v^b}\right)^2 + \left(\frac{N_{t1}}{N_t^b}\right)^2} = \sqrt{\left(\frac{60}{97.4}\right)^2 + \left(\frac{93.75}{122.4}\right)^2} = 0.98 < 1 \quad （满足）$$

比较上例计算结果可见，按高强度螺栓承压型连接设计有明显的经济效益。若连接承受静力荷载，可予以优先采用。

项 目 小 结

（1）钢结构的连接方法有焊接、螺栓连接和铆接。不论是钢结构的制造或是安装，焊接均是主要连接方法；普通螺栓和高强度螺栓连接只在安装连接中应用较多。普通螺栓宜用于沿其杆轴方向受拉的连接和次要的受剪连接；高强度螺栓适宜于钢结构重要部位的安装连接，其摩擦型连接宜用于高层建筑和厂房钢结构主要部位以及直接承受动力荷载的连接，承压型连接则宜用于承受静力荷载或间接承接动力荷载的连接，并发挥其高承载力的优点。铆接已较少采用。

（2）焊接连接的焊缝可分为对接焊缝和角焊缝。角焊缝便于加工但受力性能较差，对接焊缝反之。除制造时接料和重要部位的连接常采用对接焊缝外，一般多采用角焊缝。它们的工作原理和强度计算方法不同。

（3）焊接残余应力和残余变形会影响钢结构的工作，使构件安装困难，严重者甚至无法使用。为保证焊接结构的质量，在设计和施工中应注意避免和克服。

（4）螺栓连接分普通螺栓连接和高强度螺栓连接。常用的普通螺栓为 C 级螺栓，应注意其排列布置必须满足构造要求，其受力形式主要是螺栓抗剪和承压，设计承载力取受剪承载力设计值和承压承载力设计值中的较小值，并验算构件净截面强度。高强度螺栓分为摩擦型和承压型，其各自的受力和破坏形式不同，计算时应加以区分。

习 题

一、思考题

1. 钢结构常用的连接方法有哪几种？各自的优缺点及适用范围如何？

2. 对接焊缝与角焊缝各有什么优缺点？计算上有何不同？

3. 角焊缝的尺寸需满足哪些构造要求？

4. 什么是焊接残余变形和焊接残余应力？有什么特点？会产生哪些不利影响？如何加以避免和克服？

5. 螺栓在钢板和型钢上的允许距离都有哪些规定？它们是根据哪些要求制定的？

6. 普通螺栓的受剪螺栓连接有哪几种破坏形式？用什么方法可以防止？

7. 高强度螺栓摩擦型连接和普通螺栓连接的受力特点有何不同？它们在传递剪力和拉力时的单个螺栓承载力设计值的计算公式有何区别？

8. 拉剪普通螺栓连接和拉剪高强度螺栓摩擦型连接的计算方法有何不同？拉剪高强度螺栓承压型连接的又有何不同？

二、选择题

1. 在弹性阶段，侧面角焊缝应力沿长度方向分别为_____。

A. 均分分布
B. 一端大、一端小
C. 两端大、中间小
D. 两端小、中间大

2. 关于重级工作制吊车焊接吊车梁的腹板与上翼缘间的焊缝，_____。

A. 必须采用一级焊透对接焊缝
B. 可采用三级焊透对接焊缝
C. 可采用角焊缝
D. 可采用二级焊透对接焊缝

3. 承受静力荷载的构件，当所用钢材具有良好的塑性时，焊接残余应力并不影响构件的_____。

A. 静力强度　　　B. 刚度　　　　C. 稳定承载力　　　D. 疲劳强度

4. 焊接结构的疲劳强度的大小与_____关系不大。

A. 钢材的种类
B. 应力循环次数
C. 连接的构造细节
D. 残余应力的大小

5. 钢结构在搭接连接中，搭接的长度不得小于焊件较小厚度的_____。

A. 4 倍，并不得小于 20mm
B. 5 倍，并不得小于 25mm
C. 6 倍，并不得小于 30mm
D. 7 倍，并不得小于 35mm

6. 采用螺栓连接时，构件发生冲剪破坏是因为_____。

A. 螺栓较细
B. 钢板较薄
C. 截面削弱过多
D. 边距或栓间距太小

7. 一个普通剪力螺栓在抗剪连接中的承载力是_____。

A. 栓杆的抗剪承载力
B. 被连接构件（板）的承压承载力
C. A、B 中的较大值
D. A、B 中的较小值

8. 高强度螺栓承压型连接可用于_____。

A. 直接承受动力荷载
B. 承受反复荷载作用的结构的连接
C. 冷弯薄壁钢结构的连接
D. 承受静力荷载或间接承受动力荷载结构的连接

9. 每个受剪力作用的高强度螺栓摩擦型连接所受的拉力应低于其预拉力的_____倍。

A. 1.0　　　　　B. 0.5　　　　　C. 0.8　　　　　D. 0.7

10. 摩擦型连接的高强度螺栓在杆轴方向受拉时，承载力_____。

A. 与摩擦面的处理方法有关   B. 与摩擦面的数量有关

C. 与螺栓直径有关   D. 与螺栓的性能等级无关

三、计算题

1. 设计 500×14 钢板的对接焊缝拼接。钢板承受轴心拉力，其中恒荷载和活荷载标准值引起的轴心拉力值分别为 $700kN$ 和 $400kN$，相应的荷载分项系数为 1.2 和 1.4。已知钢材为 Q235，采用 E43 型焊条，手工电弧焊，三级质量标准，施焊时未用引弧板。

2. 验算图 3.61 所示由三块钢板焊成的工字形截面梁的对接焊缝强度。已知工字形截面尺寸为：翼缘宽度 $b=100mm$，厚度 $t=12mm$；腹板高度 $h_0=200mm$，厚度 $t_w=8mm$。截面上作用的轴心拉力设计值 $N=240kN$，弯矩设计值 $M=50kN \cdot m$，剪力设计值 $V=240kN$。钢材为 Q345，采用手工焊，焊条为 E50 型，施焊时采用引弧板，三级质量标准。

3. 验算图 3.62 所示柱与牛腿连接的对接焊缝。已知 T 形牛腿的截面尺寸为：翼缘宽度 $b=120mm$、厚度 $t=12mm$；腹板高度 $h_0=200mm$、厚度 $t_w=10mm$。距焊缝 $e=150mm$ 处作用有一竖向力 $F=180kN$（设计值），钢材为 Q390，采用 E55 型焊条，手工焊，三级质量标准，施焊时不用引弧板。

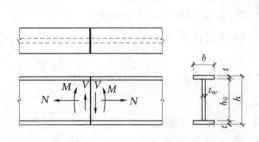

图 3.61 计算题 2 图

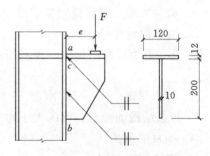

图 3.62 计算题 3 图（单位：mm）

4. 设计一双盖板的钢板对接接头（图 3.63）。已知钢板截面为 -300×14，承受轴心拉力设计值 $N=800kN$（静力荷载）。钢材为 Q235，焊条用 E43 型，手工焊。

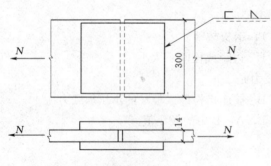

图 3.63 计算题 4 图（单位：mm）

5. 试设计图 3.64 所示连接中的角钢与节点板间的角焊缝 "A"。轴心拉力设计值 $N=420kN$（静力荷载）。钢材 Q235，手工焊，焊条 E43 型。

6. 试验算计算题 5 连接中节点板与端板间的角焊缝 "B" 的强度。

7. 截面为 340×12 的钢板构件的拼接采用双盖板普通螺栓连接，盖板厚度为 8mm，钢材为 Q235。螺栓为 C 级 M20，构件承受轴心拉力设计值 $N=600kN$。试设计该拼接接头的普通螺栓连接。

8. 如图 3.65 所示一用 C 级 M20 螺栓的钢板拼接，钢材 Q235，$d_0=22mm$。试计算此拼接能承受的最大轴心力设计值 N。

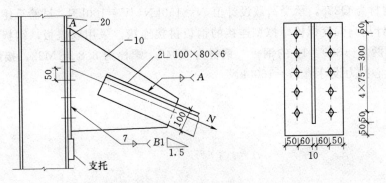

图 3.64　计算题 5 图（单位：mm）

9. 试计算图 3.64 的连接中端板和柱连接的 C 级螺栓的强度。螺栓 M22，钢材 Q235。

10. 试验算图 3.66 所示钢板拼接接头的 C 级普通螺栓强度。钢材为 Q235，承受弯矩设计值 $M=30\text{kN}\cdot\text{m}$，剪力设计值 $V=250\text{kN}$，螺栓为 M20。

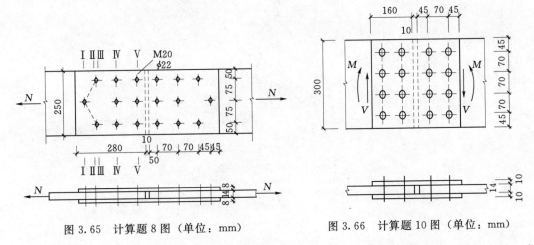

图 3.65　计算题 8 图（单位：mm）　　　　图 3.66　计算题 10 图（单位：mm）

11. 图 3.67 所示牛腿，用 C 级普通螺栓连接于钢柱上，牛腿下设有支托以承受剪力。螺

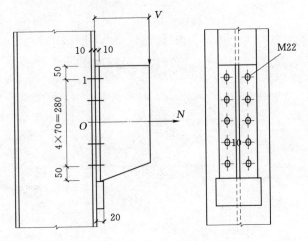

图 3.67　计算题 11 图（单位：mm）

学习项目3 钢结构的连接

栓为 M22，钢材为 Q235，承受荷载设计值 $N=150kN$，$V=100kN$。试验算螺栓的强度。

12. 试设计用高强度螺栓摩擦型连接的钢板拼接连接。采用双盖板，钢板截面为 340×20，盖板采用两块 -300×10 的钢板。钢材为 Q345，螺栓为 8.8 级 M22，接触面采用喷砂处理，承受轴心拉力设计值 $N=1600kN$。

学习项目4 轴心受力构件

学习目标： 通过本项目的学习，了解等稳定的概念，了解实腹式轴心受压构件局部稳定的概念；熟悉规范中关于局部稳定的规定，熟悉柱头和柱脚的构造和设计；掌握轴心受压构件的设计方法和规范的有关规定。

学习情境4.1 轴心受力构件的类型和应用

轴心受力构件是指只受通过构件截面形心的轴向力作用的构件，按受力方式分为轴心受拉构件 [图 4.1 (a)] 和轴心受压构件 [图 4.1 (b)]。桁架、网架、塔架等铰接杆件体系结构多由轴心受力构件组成。钢屋架的下弦杆和一部分腹杆，屋架的支撑以及柱间支撑多按轴心受拉构件设计。钢屋架的上弦杆和一部分腹杆，工作平台、栈桥及管道支架柱，以及支承梁或桁架的轴心受压杆，一般都按轴心受压构件设计。

根据截面形式，轴心受力构件可以分为型钢截面和组合截面。型钢截面适合于受力较小的构件，常用的型钢截面有如图 4.2 (a) 所示的圆钢、圆管、方管、角钢、槽钢、工字钢、H 型钢及 T 型钢等。组合截面由型钢或钢板连接而成，按其构造形式可分为实腹式组合截面 [图 4.2 (b)] 和格构式组合截面 [图 4.2 (c)] 两类。组合截面适合于受力较大的构件。由于型钢只需要少量加工就可以用作构件，制造工作量小，省时省工，故成本较低。组合截面的形状和尺寸几乎不受限制，可以根据构件受力性质和力的大小选用合适的截面，可以节约用钢，但制造比较费工费时。

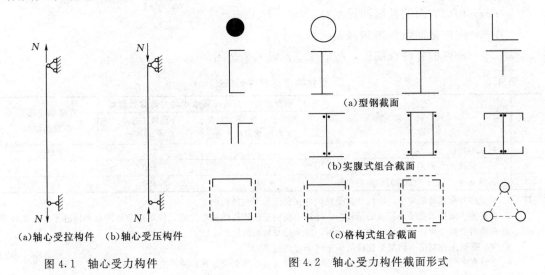

(a)轴心受拉构件　(b)轴心受压构件

图 4.1　轴心受力构件

(a)型钢截面

(b)实腹式组合截面

(c)格构式组合截面

图 4.2　轴心受力构件截面形式

本项目的主要内容是轴心受拉构件的计算、轴心受压构件的工作性能（包括整体稳定、局部稳定）和计算，以及轴心受压构件柱头、柱脚的设计与构造。

轴心受力构件应用广泛。设计时应满足强度、刚度、整体稳定和局部稳定性的要求；构件应力求构造简单、施工方便；结构应节省钢材，造价低廉。

学习情境4.2 轴心受力构件的强度和刚度

4.2.1 强度

轴心受力构件在正常工作时材料处于单向应力状态。截面平均正应力 σ 是衡量强度条件的主要指标，当 σ 值达到钢材的屈服强度 f_y 时，构件达到强度承载能力极限。GB50017—2003《钢结构设计规范》规定净截面的平均应力不应超过钢材的强度设计值，轴心受力构件的强度计算公式为

$$\sigma = \frac{N}{A_n} \leqslant f \tag{3.36}$$

式中 N——轴心力的设计值；

$\quad A_n$——构件的净截面面积；

$\quad f$——钢材的抗拉、抗压强度设计值。

4.2.2 刚度

轴心受力构件应有足够的刚度要求，以免构件在制造、运输和安装过程中产生过大变形；在使用期间，因构件过于细长，在风荷载或动力荷载作用下引起不必要的振动或晃动；甚至在构件自重作用下，也会因刚度不足而发生弯曲变形。根据长期的工程实践经验，轴心受力构件的刚度是以它的长细比来衡量。《钢结构设计规范》规定刚度应满足式（4.1）：

$$\lambda = \frac{l_0}{i} \leqslant [\lambda] \tag{4.1}$$

式中 λ——构件在最不利方向的长细比；

$\quad l_0$——相应方向的构件计算长度；

$\quad i$——相应方向的截面回转半径，$i = \sqrt{I/A}$；

I、A——构件截面惯性矩和截面面积；

$[\lambda]$——构件的容许长细比，按表4.1、表4.2选用。

表4.1 受拉构件的容许长细比

项次	构 件 名 称	承受静力荷载或间接受动力荷载的结构		直接承受动力荷载的结构
		无吊车和有轻、中级工作制吊车的厂房	有重级工作制吊车的厂房	
1	桁架的杆件	350	250	250
2	吊车梁或吊车桁架以下的柱间支撑	300	200	
3	其他支撑、系杆（张紧的圆钢除外）	400	350	

注 1. 承受静力荷载的结构中，可仅计算受拉构件在竖向平面内的长细比。

2. 在直接或间接承受动力荷载的结构中，计算单角钢受拉构件的长细比时，应采用角钢的最小回转半径；在计算单角钢交叉受拉杆件平面外的长细比时，应采用与角钢肢边平行轴的回转半径。

3. 中、重级工作制吊车桁架下弦杆的长细比不宜超过200。

4. 在设有夹钳吊车或刚性料耙吊车的厂房中，支撑（表中第2项除外）的长细比不宜超过300。

5. 受拉构件在永久荷载与风荷载组合作用下受压时，其长细比不宜超过250。

6. 跨度不小于60m的桁架，其受拉弦杆和腹杆的长细比不宜超过300（承受静力荷载）或250（承受动力荷载）。

表 4.2 受压构件的容许长细比

项 次	构 件 名 称	容 许 长 细 比
1	柱、桁架和天窗架构件	150
	柱的缀条、吊车梁或吊车桁架以下的柱间支撑	
2	支撑（吊车梁或吊车桁架以下的柱间支撑除外）	200
	用以减少受压构件长细比的杆件	

注 1. 桁架（包括空间桁架）的受压腹杆，当其内力不大于承载能力的 50% 时，容许长细比值可取为 200。

2. 计算单角钢受压构件的长细比时，应采用角钢的最小回转半径，但在计算交叉杆件平面外的长细比时，可采用与角钢脚边平行轴的回转半径。

3. 跨度不小于 60m 的桁架，其受压弦杆和端压杆的容许长细比值宜取为 100，其他受压腹杆可取为 150（承受静力荷载或间接承受动力荷载）或 120（承受动力荷载）。

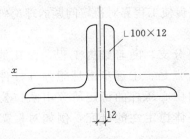

图 4.3 ［例题 4.1］图

【例题 4.1】 钢桁架的轴心受拉构件的截面如图 4.3 所示，试按强度条件、刚度条件确定其所能承受的最大荷载设计值和最大的容许计算长度。钢材为 Q235。

【解】

查附表 1.1 得 $f = 215 \text{N/mm}^2$；查附表 5 得

$A_n = 2 \times 22.8 = 45.6 (\text{cm}^2)$，$i_y = 4.63 \text{cm}$，$i_x = 3.03 \text{cm}$。

按强度条件要求，最大荷载设计值为

$N = f A_n = 215 \times 45.6 \times 10^2 = 980400 (\text{N}) = 980 \text{kN}$ 由

表 4.1 查得 $[\lambda] = 350$。按刚度要求，拉杆的最大计算长度

$$l_{0x} = [\lambda] i_x = 350 \times 3.03 = 1060.5 (\text{cm}) = 10.61 \text{m}$$

学习情境 4.3 实腹式轴心受压构件的整体稳定

轴心受压构件在正常工作条件下除了要满足强度条件外，还必须满足构件受力的稳定性要求，而且在通常情况下其极限承载能力是由稳定条件决定的。

4.3.1 关于稳定问题的概述

钢结构及其构件除应满足强度及刚度条件外，还应满足稳定条件。所谓稳定，是指结构或构件受荷载变形后，所处平衡状态的属性。众所周知，凹面上的小球是处于稳定的平衡状态；平面上的小球是处于随遇平衡即临界平衡状态；凸面上的小球则是处于不稳定平衡状态（图 4.4）。同样，一个构件（或结构）由外荷载引起受压或受剪时，随着外荷载增加，构件（或结构）可能在丧失强度之前，就从稳定的平衡状态经过临界平衡状

(a)稳定平衡　(b)随遇平衡　(c)不稳定平衡

图 4.4 小球的平衡状态

态，进入不稳定平衡状态，从而丧失稳定性。为保证结构安全，要求所设计的结构要处于稳定的平衡状态。因此，临界平衡状态的荷载就成为结构稳定的极限荷载，也称为临界荷载。研究稳定问题就是要研究如何计算结构或构件的临界荷载，以及采取何种有效措施来提高临

界荷载。

钢结构中按构件和结构的形式不同，有各种不同的稳定问题。例如本项目讲述的实腹式和格构式中心压杆，以后两项目要讲述的梁、实腹式及格构式偏心压杆，由于这些杆内都有压应力及剪应力存在，因此都有各自的稳定问题；组成实腹构件的薄板，如果受压或受剪，还有薄板的局部稳定问题；此外，作为一个结构整体来研究还有框架稳定、拱的稳定、薄壳稳定等问题。

对于受拉的构件，由于在拉力作用下，构件总有拉直绷紧的倾向，它的平衡状态总是稳定的，因此不存在稳定问题。

稳定对于钢结构是一个极为重要的问题。这是因为钢材强度高，组成结构的构件相对较细长，所用板件也较薄，设计常常不是由强度控制而是由稳定控制。在工程史上，国内外曾多次发生由于构件或结构失稳而导致结构倒塌的重大事故。其中许多就是因为对稳定问题认识不足，导致结构布置不合理、设计构造处理不当或施工措施不当。同时结构失稳又常常是突然发生，事先无明显征兆，因此带来很大灾害。这些情况促使工程界对稳定问题的理论研究及防止失稳的措施给予极大的关注。

现在，结构稳定理论已发展成为结构力学的一个重要分支。随着结构工程，尤其是钢结构工程的发展，近年来稳定理论有了重大进展。其特点是：①逐步由理想弹性杆件的研究转向考虑杆件实际情况的弹塑性杆件研究，例如对中心压杆的稳定研究由欧拉公式发展到多柱曲线；②由单个杆件稳定研究转向对结构整体稳定性的研究，例如对框架稳定性的研究。

本书从本项目开始到以后各项目都会涉及各类构件或结构的稳定问题，学习时应注意稳定问题和强度问题有下列几点区别，并在各项目学习中逐步加深对它们的理解。

(1) 强度问题研究构件一个点的应力或一个截面的内力的极限值，它与材料的强度极限（或屈服点）和截面形式及大小有关。稳定问题研究构件（或结构）受荷变形后平衡状态的属性及相应的临界荷载，它与构件（或结构）的变形有关，即与构件（或结构）的整体刚度有关。提高构件（或结构）稳定性的关键是提高其抵抗变形的能力，即提高其整体刚度。为此，一般采取的措施是：增加截面惯性矩、减小构件支撑间距、增加支座对构件的约束程度（如铰支座改为固定端支座）。

(2)《钢结构设计规范》规定，强度以净截面上最大应力达到钢材屈服点作为极限状态，因此钢结构中强度问题均按净截面计算。考虑到构件局部削弱对其整体刚度影响不大，因此稳定问题均按毛截面计算。

(3) 从材料性能考虑，在弹性阶段，构件（或结构）的整体刚度仅与材料的弹性模量 E 有关，而各个品种的钢材虽然其强度极限各不相同，但其弹性模量 E 却是相同的。因此，采用高强度钢材只能提高强度承载力，不能提高弹性阶段稳定承载力。因此材料强度越高，稳定问题越突出。

4.3.2 轴心受压构件的整体稳定要求

轴心受压构件失稳后的屈曲形式包括弯曲屈曲、扭转屈曲和变扭屈曲等不同类型，如图4.5所示。对于一般的双轴对称截面的轴心受压细长构件，失稳后的主要屈曲形式是弯曲屈曲。本项目主要讨论弯曲屈曲问题。

4.3.2.1　理想轴心受压杆件弯曲失稳的临界荷载

1. 理想轴心受压构件的受力性能

理想轴心受力构件是指杆件本身是绝对直杆，材质均匀，各向同性，无荷载偏心，在荷载作用之前，内部不存在初始应力的情况。在轴心压力的作用下理想的受压构件可能发生三种形式的屈曲（即构件丧失稳定）。一是弯曲屈曲，构件的轴心线由直线变成曲线，如图 4.5（a）所示，这时构件绕一个主轴弯曲；二是扭转屈曲，构件绕纵轴线扭转，如图 4.5（b）所示；三是构件在产生弯曲变形的同时伴有扭转变形的弯扭屈曲，如图 4.5（c）所示。轴心受压构件以什么样的形式屈曲，主要取决于截面的形式和尺寸、杆的长度和杆端的支承条件。对于一般双轴对称截面的轴心受压的细长构件，其屈曲形式大多为弯曲屈曲，但也有特殊情况，如薄壁十字形等截面可能产生扭转屈曲，单轴对称截面则可能沿非对称轴方向产生弯扭屈曲。

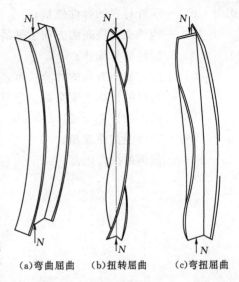

(a)弯曲屈曲　(b)扭转屈曲　(c)弯扭屈曲

图 4.5　轴心受压杆件的屈曲形式

下面讨论理想轴心受压构件屈曲时（即失稳时）临界荷载的计算。

2. 理想轴心受压构件弹性弯曲屈曲时的临界荷载

对图 4.6（a）所示两端铰接等截面理想轴心受压构件，当压力 N 小于临界荷载 N_{cr}，即 $N < N_{cr}$ 时，压杆只缩短 δ，杆件没有侧向位移，处于直线平衡状态。这时杆件中点侧向位移 V 与 N 的关系可用图 4.6（d）中平衡路径Ⅰ（即 $O1$）表示。此时，如果杆件受到轻微的横向干扰而偏离原来的平衡位置发生弯曲，然后再撤除干扰，杆件将会回到原来的直线状态，这时杆件的直线平衡状态是唯一的平衡状态，即杆件处于稳定平衡状态。

当 $N = N_{cr}$ ［即图 4.6（d）中的 1 点］时，如果杆件受到轻微的横向干扰发生弯曲 ［图 4.6（b）］，再撤除干扰，杆件将不能回到原来的直线状态，而是在微小的弯曲状态下保持平衡。即这时的压杆既可以在直线状态也可以在弯曲状态保持平衡，因此杆件在 1 点是处于随遇平衡状态。

当 $N > N_{cr}$ 时，轻微的横向干扰将使杆件产生很大的弯曲变形，随之发生破坏。这种情况与图 4.6（d）中平衡路径Ⅱ相应，它使原来的直线平衡状态成为不稳定，因此属于不稳定平衡状态。

为了求得临界荷载 N_{cr}，对图 4.6（b）所示发生微小弯曲的杆取隔离体，如图 4.6（c）所示，再对这段有微小弯曲的隔离体写出其平衡微分方程

$$EI \frac{\mathrm{d}^2 y}{\mathrm{d}x^2} + Ny = 0$$

解此方程可以得到两端铰接轴心压杆的欧拉临界力 N_{cr} 和欧拉临界应力 σ_{cr} 为

$$N_{cr} = \frac{\pi^2 EI}{l_0^2} = \frac{\pi^2 EI}{(\mu l)^2} = \frac{\pi^2 E}{\lambda^2} A \tag{4.2a}$$

$$\sigma_{cr} = \frac{N_{cr}}{A} = \frac{\pi^2 E}{\lambda^2} \tag{4.2b}$$

式中　E——压杆材料的弹性模量；

$\quad\quad I$——构件截面绕屈曲方向主轴的惯性矩；

$\quad\quad \lambda$——压杆的长细比；

$\quad\quad l_0$——失稳屈曲方向的计算长度；

$\quad\quad \mu$——构件的计算长度系数，它反映杆端约束对稳定承载力的影响，其值见表 4.3；

$\quad\quad l_0$——构件的计算长度，$l_0 = \mu l$；

$\quad\quad A$——构件毛截面面积；

$\quad EI$——截面的抗弯刚度。

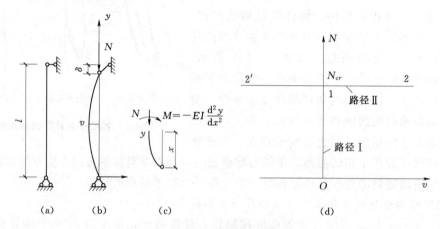

图 4.6　轴心受压构件的弯曲屈曲

表 4.3　　　　　　　　　　　　　　轴心受压构件计算长度系数 μ

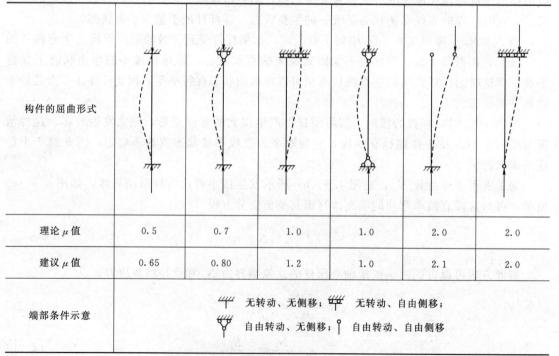

构件的屈曲形式						
理论 μ 值	0.5	0.7	1.0	1.0	2.0	2.0
建议 μ 值	0.65	0.80	1.2	1.0	2.1	2.0
端部条件示意	无转动、无侧移；　　无转动、自由侧移； 自由转动、无侧移；　自由转动、自由侧移					

由于构件的截面对两个主轴的回转半径常常不相同，构件沿两个主轴方向的支承条件也不同，因此由式（4.2a）可分别得到弯曲屈曲沿两个主轴方向的欧拉临界力 N_{Ex} 和 N_{Ey}，其值为

$$N_{Ex} = N_{cr} = \frac{\pi^2 E}{\lambda_x^2} A \tag{4.3a}$$

$$N_{Ey} = N_{cr} = \frac{\pi^2 E}{\lambda_y^2} A \tag{4.3b}$$

式中 λ_x、λ_y——构件沿两个主轴方向的长细比，$\lambda_x = \dfrac{l_{0x}}{i_x}$，$\lambda_y = \dfrac{l_{0y}}{i_y}$；

l_{0x}、l_{0y}——构件沿两个主轴方向的计算长度；

i_x、i_y——截面沿两个主轴的回转半径，$i_x = \sqrt{\dfrac{I_x}{A}}$，$i_y = \sqrt{\dfrac{I_y}{A}}$；

I_x、I_y——截面沿两个主轴的惯性矩。

3. 理想轴心受压构件弹塑性弯曲屈曲时的临界荷载

当构件在弹塑性阶段发生弯曲屈曲时，由于在加载过程中材料弹性模量发生变化，故临界荷载值低于按欧拉公式的计算结果。弹塑性阶段的屈曲失稳临界荷载的理论分析较为复杂，其中切线模量理论所提供的计算公式为

$$N_{cr} = \frac{\pi^2 E_t}{\lambda^2} \tag{4.3c}$$

$$\sigma_{cr} = \frac{\pi^2 E_t}{\lambda^2} \tag{4.3d}$$

式中 σ_{cr}——弹塑性阶段失稳的临界应力；

E_t——切线弹性模量。

$E_t < E$，理论分析和实验研究表明，式（4.3c）和式（4.3d）能较好地反映理想轴心受压构件弹塑性阶段屈曲的承载能力。

4. 理想轴心受压构件扭转屈曲和弯扭屈曲时的临界荷载

对于扭转屈曲和弯扭屈曲的情况，由理论分析导出其临界力 N_{Ex} 和 N_{Eyz} 为

$$N_{Ex} = N_{cr} \frac{\pi^2 E}{\lambda_z^2} A \tag{4.3e}$$

$$N_{Eyz} = N_{cr} \frac{\pi^2 E}{\lambda_{yz}^2} A \tag{4.3f}$$

式中 λ_z——计算扭转屈曲临界荷载的换算长细比（计算公式略）；

λ_{yz}——计算弯扭屈曲临界荷载的换算长细比（计算公式见后面学习情境内容）。

从式（4.3）中可以看出，轴心受压构件将在较大长细比的方向发生屈曲，因为这时构件的临界力最小。一般情况下，截面的回转半径越大，越能提高构件的稳定承载能力，可以获得更好的经济效益。所以在构件设计时，应尽可能将构件截面做得开展一些，即设计成宽肢薄壁的截面。

5. 实际影响轴心受压构件整体稳定性能的其他因素

式（4.2）、式（4.3）表明了理想轴心受压构件的稳定性能及其影响因素。实际钢结构

中的轴心受压构件的稳定性能还受到多种其他因素的影响，包括构件杆端约束、初始缺陷、加工制作过程中产生的残余应力、杆件轴线的初始弯曲以及轴向力的初始偏心等因素。这些因素的存在都使轴心受压构件的承载能力降低。

4.3.2.2 实际轴心受压构件整体稳定的实用计算方法

综上所述，按整体稳定要求，轴心受压构件的实际承载能力由钢材的品种、物理力学性能、制作工艺、原始缺陷、截面形式和构件的长细比等因素综合确定。《钢结构设计规范》对不同类型的实际受压构件，根据大量的实测实验数据在科学统计的基础上，对原始条件做出了合理的计算假设。通过科学实验和理论分析，利用计算机进行模拟计算和分类统计，提出不同类型的轴心受压构件整体稳定的实用计算方法，并提出统一的标准计算公式

$$\sigma = \frac{N}{A} \leqslant \varphi f \tag{4.4}$$

式中 N——轴心压力设计值；

A——构件截面的毛面积；

f——钢材的抗压强度设计值；

φ——轴心受压构件的整体稳定系数。

整体稳定系数 φ 表示构件整体稳定性能对承载能力的影响。《钢结构设计规范》对200多种杆件按不同长细比算出轴心压力值 N_u，由此求得与 $\varphi = \dfrac{N_u}{Af_y}$ 长细比 λ 的关系曲线，称为柱子曲线。针对不同类型杆件，可得200多条柱子曲线。然后从中选出最常用的曲线，根据数理统计原理及可靠度分析，将其中数值相近的分别规并成为 a、b、c、d 4 条曲线，如图4.7所示。这4条曲线各代表一组截面，见表4.4。

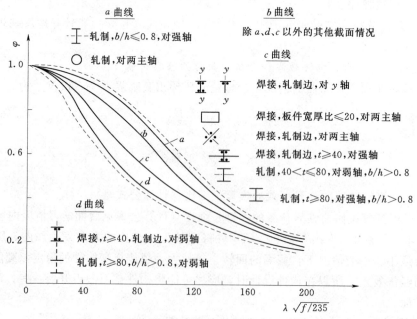

图 4.7 柱子曲线

表 4.4a　　　　　　　　**轴心受压构件的截面分类（板厚 $t<40$mm）**

截 面 形 式	对 x 轴	对 y 轴
轧制（圆形截面）	a 类	b 类
轧制，$b/h \leqslant 0.8$	a 类	b 类
轧制，$b/h>0.8$；焊接，翼缘为焰切边；焊接（圆形截面）；轧制；轧制，等边角钢；轧制、焊接（板件宽厚比大于 20）；轧制或焊接；焊接；轧制截面和翼缘为焰切边的焊接截面；格构式；焊接，板件边缘焰切	b 类	b 类
焊接，翼缘为轧制或剪切边	b 类	c 类
焊接，板件边缘轧制或剪切；焊接，板件宽厚 $\leqslant 20$mm	c 类	c 类

表 4.4b 　　　　　　　　　轴心受压构件的截面分类（板厚 $t \geq 40\text{mm}$）

截面形式			对 x 轴	对 y 轴
	轧制工字形或 H 形截面	$t < 80\text{mm}$	b 类	c 类
		$t \geq 80\text{mm}$	c 类	d 类
	焊接工字形截面	翼缘为焰切边	b 类	b 类
		翼缘为轧制或剪切边	c 类	d 类
	焊接箱形截面	板件宽厚比大于 20mm	b 类	b 类
		板件宽厚比不大于 20mm	c 类	c 类

　　表 4.4 主要根据截面形式、对截面哪一个主轴屈曲、钢材边缘加工方法、组成截面板材厚度这 4 个因素将截面分为了 4 类。

　　由图 4.7 和表 4.4 可知，轴心受压构件整体稳定系数 φ 与三个因素有关：即构件截面种类、钢材品种和构件长细比 λ。为便于设计应用，《钢结构设计规范》将不同钢材的 a、b、c、d 4 条曲线分别规并编成 4 个表格，即附表 2.1～附表 2.4。φ 值可按截面种类及 $\lambda\sqrt{\dfrac{f_y}{235}}$ 查表求得。

　　对长细比 λ 的计算规定如下：

　　（1）双轴对称或极对称截面的实腹式柱

$$\lambda_x = \frac{l_{0x}}{i_x}, \lambda_y = \frac{l_{0y}}{i_y} \tag{4.5}$$

式中　l_{0x}、l_{0y}——杆件对主轴 x 和 y 的计算长度；

　　　　i_x、i_y——杆件截面对主轴 x 和 y 的回转半径。

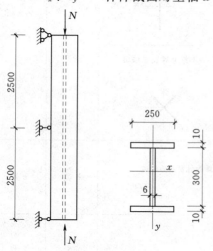

图 4.8　[例题 4.2] 图

　　（2）单轴对称截面实腹式柱，绕对称轴失稳时，其长细比 λ_y 应取计算扭转效应的换算长细比 λ_{yz}。λ_{yz} 的计算方法可参见《钢结构设计规范》的相关条文（见学习项目 6）。

　　其他情况截面的 λ 值的计算方法可参见 GB 50017—2003《钢结构设计规范》的相关内容。

　　【例题 4.2】 验算如图 4.8 所示轴心受压柱的整体稳定性。柱两端为铰接，柱长为 5m，焊接工字形组合截面，火焰切割边翼缘，承受轴心压力设计值 $N = 1200\text{kN}$，采用 Q235 钢材，在柱中央有一个侧向（x 轴方向）支承。

　　【解】

　　（1）计算截面几何特性。

$$A = 2 \times 25 \times 1.0 + 0.6 \times 30 = 68 (\text{cm}^2)$$

$$I_x = \frac{1}{12} \times 0.6 \times 30^3 + 2 \times 1 \times 25 \times 15.5^2 + 2 \times \frac{1}{12} \times 25 \times 1^3$$

$$\approx \frac{1}{12} \times 0.6 \times 30^3 + 2 \times 1 \times 25 \times 15.5^2$$

$$= 13362.5 (\text{cm}^4)$$

$$I_y = 2 \times \frac{1}{12} \times 1 \times 25^3 + \frac{1}{12} \times 30 \times 0.6^3 \approx 2 \times \frac{1}{12} \times 1 \times 25^3 = 2064.2 (\text{cm}^4)$$

$$i_x = \sqrt{\frac{I_x}{A}} = 14.0 \text{cm}; \quad i_y = \sqrt{\frac{I_y}{A}} = 6.2 \text{cm}$$

$$\lambda_x = \frac{l_{0x}}{i_x} = \frac{500}{14} = 35.7; \quad \lambda_y = \frac{l_{0y}}{i_y} = \frac{250}{6.2} = 40.3$$

由附表 1.1 查得 $f = 215 \text{N/mm}^2$，根据表 4.4 可知该截面对 x、y 轴都属于 b 类截面，由 $\lambda_y \sqrt{\dfrac{235}{f_y}} = \lambda_y$，查附表 2.2 得 $\varphi = 0.898$。

（2）验算。

$$\frac{N}{\varphi A} = \frac{1200 \times 10^3}{0.898 \times 68 \times 10^2} = 196.5 (\text{N/mm}^2) < f$$

该柱满足整体稳定性的要求。

学习情境 4.4　实腹式轴心受压构件的局部稳定

4.4.1　局部失稳现象

对组合式轴心受压构件，当构件的截面形式、组合件的截面几何形状和构件的总体组合形式不合理时，在承受荷载作用时，有可能产生局部失稳现象，从而使构件的承载能力极限降低。局部失稳现象一般可以分为两种类型。

第一种类型是组合件中的板件（例如工字形组合截面中的腹板或翼缘板），如果太宽太薄，就可能在构件丧失整体稳定之前产生凹凸鼓屈变形，这种现象称为板件屈曲［图 4.9 (a)］。板件失稳后，虽然构件还能继续承受荷载，但由于鼓曲部分退出工作，使构件应力分布恶化，可能导致构件提前破坏。因此，《钢结构设计规范》要求设计轴心受压构件必须保证构件的局部稳定。

第二种类型是格构式受压柱的肢件在缀条缀板的相邻节间作单独的受压杆，当局部长细比较大时，可能在构件整体失稳之前先行失稳屈曲［图 4.9 (b)］。这将在学习情境 4.6 中介绍。

4.4.2　局部稳定条件

4.4.2.1　均匀受压板件屈曲临界应力

图 4.10 所示为矩形的局部板件，其长宽厚分别为 a、b、t，在板端受均布压力作用时，按照弹性理论分析可得弹性屈曲板件的临界应力为

$$\sigma_{cr} = \frac{\chi k \pi^2 E}{12(1-\nu^2)} \left(\frac{t}{b} \right)^2 \tag{4.6}$$

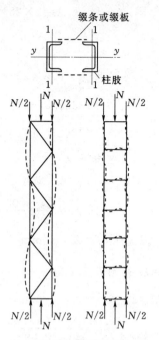

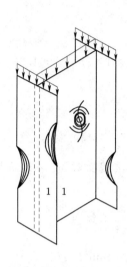

（a)实腹式轴心受压构件局部屈曲　　　　　　　（b)格构式分肢失稳

图 4.9　局部失稳

其中
$$k=\left(\frac{mb^2}{a}+\frac{a}{mb}\right)^2$$

式中　σ_{cr}——板的局部失稳临界应力；

χ——弹性嵌固系数；

k——板的稳定系数；

a、b、t——板的长、短边长和板厚；

m——板屈曲时沿长边方向半波数；

E——弹性模量；

ν——泊松比。

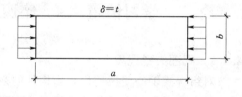

图 4.10　矩形的局部板件

屈曲系数 k 与板的长宽比 a/b 有关，也与板的周边约束条件有关。由式（4.6）可见影响板的屈曲应力的主要因素是板的宽厚比和屈曲系数 k。

4.4.2.2　板件宽厚比限值

对于轴心受压构件，《钢结构设计规范》采取的措施是：针对常用的构件截面（如I形、H形、箱形、T形）进行理论分析，分别求得组成截面的各种板件（翼缘、腹板）的局部稳定临界应力，设计时要求这个局部稳定临界应力不得低于轴心受压构件的整体稳定临界应力，即构件在丧失整体稳定之前不会发生局部失稳。由前面分析可知，板件的厚度越大，宽（高）度越小，即板件的宽厚比越小，板件的局部稳定临界应力就越大。从理论分析可以求得当板件宽厚比小到某一数值后，其局部稳定临界应力将等于或超过整体稳定临界应力。因此设计时只要限制板件宽厚比不超过这个数值，就能在保证构件整体稳定的同时，也保证局部稳定。

根据上述原则，《钢结构设计规范》对板件的宽厚比限值规定如下：

1. I 形、H 形、箱形、T 形截面的翼缘外伸部分的限值为

$$\frac{b_1}{t} \leqslant (10+0.1\lambda)\sqrt{\frac{235}{f_y}} \tag{4.7a}$$

2. I 形及 H 形截面腹板宽（高）厚比 h_0/t_w 的限值为

$$\frac{h_0}{t_w} \leqslant (25+0.5\lambda)\sqrt{\frac{235}{f_y}} \tag{4.7b}$$

3. 箱形截面腹板宽（高）厚比的限值为

$$\frac{h_0}{t_w} \leqslant 40\sqrt{\frac{235}{f_y}} \tag{4.8a}$$

4. 箱形截面翼缘中间部分宽厚比的限值为

$$\frac{b_0}{t} \leqslant 40\sqrt{\frac{235}{f_y}} \tag{4.8b}$$

5. T 形截面腹板宽（高）厚比的限值为

热轧剖分 T 型钢

$$\frac{h_0}{t_w} \leqslant (15+0.2\lambda)\sqrt{\frac{235}{f_y}} \tag{4.9a}$$

焊接 T 型钢

$$\frac{h_0}{t_w} \leqslant (13+0.17\lambda)\sqrt{\frac{235}{f_y}} \tag{4.9b}$$

式中　λ——构件的长细比，取两个方向长细比中的较大者；当 $\lambda<30$ 时，取 $\lambda=30$；当 $\lambda>$ 100 时，取 $\lambda=100$；

f_y——钢材的屈服强度。

以上各式中，各截面尺寸如图 4.11 所示。

对于十分宽大的工形、H 形或箱形柱，当腹板的高厚比不满足式（4.7）、式（4.8）要求时，可以用纵向加劲肋加强或按截面有效宽度计算，如图 4.12 所示。

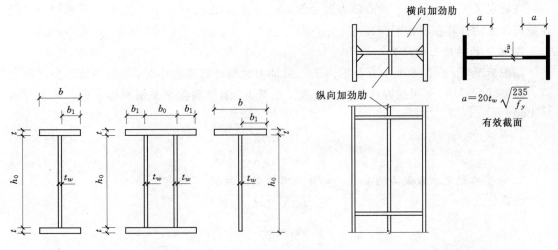

图 4.11　工字形、箱形及 T 形截面尺寸　　　图 4.12　腹板纵向加劲肋及有效截面

纵向加劲肋由一对沿纵向焊接于腹板中央两侧的肋板组成，它能有效阻止腹板凹凸变形，因此能提高腹板的局部稳定性。有关纵向加劲肋的设计详见《钢结构设计规范》。

按截面有效宽度计算的方法，就是将腹板计算高度边缘范围内两侧宽度各为 $20t_w\sqrt{\dfrac{235}{f_y}}$ 的部分及翼缘作为有效截面，忽略其余腹板中央部分，按有效截面计算构件的强度和稳定。但是计算构件稳定系数时，仍按全截面计算。

对于轧制型钢，由于翼缘、腹板较厚，一般都能满足局部稳定要求，无需计算。

学习情境 4.5　实腹式轴心受压构件的设计

实腹式轴心受压构件截面设计的步骤是：先选择截面的形式，然后根据整体稳定和局部稳定等要求选择截面尺寸，最后进行强度和稳定验算。

4.5.1　选择截面形式

实腹式轴心受压构件的截面形式有如图 4.2 所示的型钢和组合截面两种类型。在选择截面形式的时候主要考虑以下原则：

（1）肢宽壁薄。为保证构件有足够的稳定性和刚度，截面面积的分布应尽量远离中和轴，以增加截面的惯性矩和回转半径。采用双轴对称的型钢截面或实腹式组合截面较为经济合理。

（2）等稳定性原则。首先，应使杆件在两个主轴方向的稳定承载能力相近，为此，尽可能使两个主轴方向的长细比或稳定系数相等，即 $\lambda_x = \lambda_y$，或 $\varphi_x = \varphi_y$；其次，应使板件局部失稳不得早于整体失稳，即 $\sigma_{cr} \leqslant \sigma_u$。

（3）制造省工、构造简便。宜尽量选用热轧型钢和自动焊接截面，同时还要考虑是否与其他构件连接方便。

4.5.2　选择截面尺寸

4.5.2.1　型钢截面

在确定了钢材的型号、轴心压力设计值 N、计算长度 l_{0x} 和 l_{0y}，以及截面形式以后，设计截面尺寸的计算步骤如下。

1. 假定构件的长细比 λ

一般情况下，λ 在 $60\sim100$ 范围内选。当轴力大而计算长度小时，λ 取小值，反之取大值。如果轴力很小，λ 可按容许长细比取值。根据 λ、钢号和截面类别查得 φ 值，可算得回转半径

$$i_{xT} = l_{0x}/\lambda \tag{4.10}$$

$$i_{yT} = l_{0y}/\lambda \tag{4.11}$$

2. 由整体稳定承载能力的要求，计算所需的截面面积

计算公式为

$$A_T = \frac{N}{\varphi f} \tag{4.12}$$

3. 初步确定截面尺寸

由 A_T、i_{xT} 和 i_{yT} 在附录的型钢表中选出一个合适的型钢截面。

4.5.2.2　组合截面

1. 假定长细比 λ

与型钢截面相同，首先假定长细比 λ，计算出 A_T、i_{xT} 和 i_{yT}。

2. 确定截面尺寸

根据附表 3 给出的截面回转半径近似值确定截面的高 h 和宽 b

$$h \approx \frac{i_{xT}}{\alpha_1} \tag{4.13}$$

$$h \approx \frac{i_{yT}}{\alpha_2} \tag{4.14}$$

式中 α_1、α_2——附表 3 中的系数。

3. 确定截面其余所有尺寸

根据 A_T 和 h、b 及构造要求、局部稳定要求和钢材规格等条件，确定截面其余所有尺寸，对于焊接工字形截面，可取 $b \approx h$；腹板厚度 $t_w = (0.4 \sim 0.7)t$，t 为翼缘板厚度；腹板高 h_0 和翼缘宽度 b 宜取 10mm 的倍数，t 和 t_w 宜取 2mm 的倍数。

4.5.3 验算截面

对初选的截面须作以下几方面的验算：

（1）强度计算。

（2）刚度计算。

（3）整体稳定计算。

（4）局部稳定计算。

以上几方面验算若不能满足要求，须调整截面重新验算。

4.5.4 构造规定

实腹柱的构造规定如图 4.13 所示。

（1）当实腹式轴心受压柱腹板宽厚比 $h_0/t_w > 80\sqrt{\dfrac{235}{f_y}}$ 时，应设腹板成对横向加劲肋，以防扭转变形失稳破坏的发生，横向加劲肋间距不大于 $3h_0$；其外伸宽度 b_s 不小于 $\dfrac{h_0}{30} + 40mm$，厚度不小于 $b_s/15$。

（2）大型实腹式构件应在承受较大横向力处和每个运输单元的两端设置横隔，间距不宜超过构件截面较大宽度的 9 倍，也不得超过 8m。

（3）工字形和箱形截面受压构件的腹板，其高度比不满足局部稳定公式计算要求时，可用纵向加劲肋加强，或在计算构件的强度和稳定性时，腹板的截面仅考虑计算高度边缘范围内两侧宽度各为 $20t_w\sqrt{235/f_y}$ 的部分。但计算构件稳定系数时，仍用全部截面。

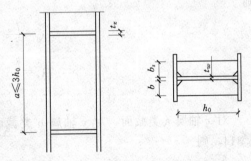

图 4.13 实腹式柱的横向加劲肋

用纵向加劲肋加强的腹板，其在受压较大翼缘与纵向加劲肋之间的高厚比应符合局部稳定的要求。纵向加劲肋宜在腹板两侧成对配置，其一侧外伸宽度不应小于 $10t_w$，厚度不应小于 $0.75t_w$。

轴心受压实腹柱板件间的纵向焊缝只承受柱初弯曲或因偶然横向力作用等产生的很小剪力，因此不必计算，焊脚尺寸可按焊缝构造要求采用。

　　【例题 4.3】 如图 4.14 所示轴心受压柱，轴心压力设计值 $N=350\text{kN}$，容许长细比 $[\lambda]=150$，试设计其截面形式。

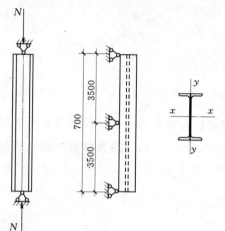

图 4.14　[例题 4.3] 图

【解】

　　（1）初步选定用热轧工字钢，钢材为 Q235，放置方向使 $l_{0x}=7000\text{mm}$，$l_{0y}=3500\text{mm}$。

　　（2）因为荷载较小，假定长细比 $\lambda=140$，对 x 轴按 a 类截面，对 y 轴按 b 类截面。查附表 2.1 得 $\varphi_x=0.383$，查附表 2.2 得 $\varphi_y=0.345$，查附表 1.1 得 $f=215\text{N/mm}^2$。则

$$A_T=\frac{N}{\varphi f}=\frac{350\times10^3}{0.345\times215}=4719(\text{mm}^2)=47.19\text{cm}^2$$

（φ 取 φ_x、φ_y 中较小者）

$$i_{xT}=\frac{l_{0x}}{\lambda}=\frac{700}{140}=5(\text{cm})$$

$$i_{yT}=\frac{l_{0y}}{\lambda}=\frac{350}{140}=2.5(\text{cm})$$

　　查附表 7 选 I 32a，则：$A=67.12\text{cm}^2$，$i_x=12.85\text{cm}$，$i_y=2.62\text{cm}$，$h=320\text{mm}$，$b=130\text{mm}$，$b/h<0.8$（符合截面分类假设）。

　　（3）截面验算。

　　因为惯性矩和截面积都大于初选的要求，所以可不再做进一步验算，截面强度和压杆整体稳定性满足要求。但是选用 I 32a 并不是最佳方案。本题若选用 I 28a，同样可以满足要求，并能节约钢材，读者可自行验算。

　　【例题 4.4】 [例题 4.3] 中若选用 I 25b，试验算能否满足承载能力要求。

　　【解】

　　查附表 7 知 I 25b，$A=53.51\text{cm}$，$b=118\text{mm}$，$h=250\text{mm}$，$i_x=9.93\text{cm}$，$i_y=2.36\text{cm}$，则

$$\lambda_x=\frac{l_{0x}}{i_x}=\frac{700}{9.93}=70.5$$

$$\lambda_y=\frac{l_{0y}}{i_y}=\frac{350}{2.36}=148.3$$

$$b/h<0.8$$

　　对 x 轴属 a 类截面，对 y 轴属 b 类截面，查附表 2.1 和附表 2.2 得 $\varphi_x=0.836$，$\varphi_y=0.314$，则

$$\frac{N}{A\varphi}=\frac{350\times10^3}{53.51\times10^2\times0.314}=208.3(\text{N/mm}^2)<f$$

$$=215\text{N/mm}^2\quad（满足强度和稳定性要求）$$

$$\lambda_y=148.3<[\lambda]=150（满足刚度要求）$$

　　由此可见选用 I 25b 仍能满足承载能力要求并可达到节省钢材的目的。

【**例题 4.5**】　图 4.15（a）所示一端铰接一端固定的轴心受压柱，轴心力设计值 $N=500$kN，柱长 $l=5$m，采用 Q235 钢材、E43 型焊条，容许长细比 $[\lambda]=150$，试设计实腹式组合截面的尺寸。如果柱长改为 7m，试计算原构件能承受多大的设计轴力。

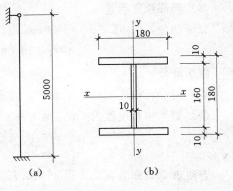

图 4.15　[例题 4.5] 图

【**解**】

（1）柱的容许长细比为 150，拟采用钢板焊接组合工字形截面，翼缘为轧制边。

（2）初选截面。

查表 4.4 得截面对 x 轴属 b 类，对 y 轴属 c 类。假设 $\lambda=100$，由附表 2.2 和附表 2.3 查得 $\varphi_x=0.555$，$\varphi_y=0.463$。

由附表 1.1 查得 $f=215$N/mm^2，按式（4.4）计算所需截面面积

$$A \geqslant \frac{N}{\varphi f}=\frac{500}{0.463\times215}=5022\ (\text{mm}^2)=50.22\text{cm}^2$$

构件计算长度　　　　　　$l_0=\mu l=0.8\times5=4(\text{m})$

所需回转半径　　　　　　$i \geqslant \dfrac{l_0}{\lambda}=\dfrac{400}{100}=4\ (\text{cm})$

根据附表 3 回转半径的近似计算公式得　$i_x=0.43h$，$i_y=0.24b$

要求　　　　　　　　　　$b \geqslant \dfrac{4}{0.24}=17\ (\text{cm})$

初选 $b=18$cm。翼缘截面采用—180×10。根据 b、h 大致相等的原则，取 $h=18$cm。所需腹板面积

$$A_{\text{腹板}}=A-A_{\text{翼缘}}=50.22-2\times18\times1=14.22(\text{cm}^2)$$

$$t_w \geqslant \frac{A_{\text{腹板}}}{h_0}=\frac{14.22}{16}=8.9(\text{mm})，取\ t_w=10\text{mm}。$$

故初选　　　　　　　　　$b=h=18\text{cm}，t=t_w=1\text{cm}$

（3）截面验算。

$$A=(2\times18+16)\times1=52(\text{cm}^2)>50.22\text{cm}^2$$

$$I_x=\frac{bh^3}{12}-\frac{b'h_3'}{12}=\frac{1}{12}\times(18^4-17\times16^3)=2954.3(\text{cm}^4)$$

$$i_x=\sqrt{\frac{I_x}{A}}=7.52\text{cm}$$

$$I_y=\frac{1}{12}(2\times18^3+16\times1^3)=973(\text{cm}^4)$$

$$i_y=\sqrt{\frac{I_y}{A}}=4.32\text{cm}$$

$$\lambda_y=\frac{400}{4.32}=92.6$$

因为 λ 小于初选取值，A 大于初选取值，所以不必再作重复验算，可以满足强度、刚度和整体稳定要求。

（4）局部稳定验算。

翼缘部分：$b_1=8.5\text{cm}$，$t=1\text{cm}$，$b_1/t=8.5$，$\lambda=93$

$$b_1/t<10+0.1\lambda \qquad 满足要求$$

腹板部分： $\qquad h_0/t_w=16<25+0.5\lambda \qquad 满足要求$

验算完毕，初选截面满足要求，确定截面设计如图 4.15（b）所示。

（5）如果将长度改为 7m，则 $l_0=5.6\text{m}$，则

$$\lambda_x=\frac{l_{0y}}{i_y}=\frac{5.6}{4.32}=130<[\lambda]=150（刚度满足要求）$$

查附表 2.2 和附表 2.3 得 $\varphi_x=0.723$，$\varphi_y=0.342$，则

$$N\leqslant\varphi fA=0.342\times215\times52\times10^2\times10^3=382\ (\text{kN})$$

故长度改为 7m 时，构件可承受 382kN 的荷载设计值。

学习情境 4.6　格构式轴心受压构件

如图 4.2（c）所示是一些常用的轴心受压格构柱的截面形式。格构柱截面由于材料集中于分肢，与实腹柱相比，在用料相同的情况下可增大截面惯性矩，提高刚度及稳定性，从而节约钢材。常用的格构式轴心受压柱截面形式有槽钢和工字钢组成的双肢截面柱；对于轴心压力较小但长度较大的构件，还可以采用以钢管和角钢组成的三肢、四肢格构柱。本节仅介绍双肢格构式轴心受压构件。格构式轴心受压构件承载能力的基本要求包括强度、刚度和稳定性要求。

4.6.1　格构式轴心受压构件的组成

格构式构件是将肢件用缀材连成一体的一种构件。缀材分缀条和缀板两种，故格构式构件又分为缀条式和缀板式两种。

缀条常采用单角钢，用斜杆组成，一般斜杆与构件轴线成 α（40°～70°）夹角，如图 4.16（a）所示。缀条也可由斜杆和横杆共同组成，如图 4.16（b）所示。缀板常采用钢板，如图 4.16（c）所示。

在格构式构件截面上，与肢件腹板垂直的轴线称为实轴，如图 4.16 中的 y—y 轴；与缀材平面垂直的轴称为虚轴，如图 4.16 的 x—x 轴。

4.6.2　格构式轴心受压构件的整体稳定性

格构式轴心受压构件需要分别考虑对实轴和虚轴的整体稳定性。

格构式轴心受压构件对实轴的（y—y）整体稳定承载力计算与实腹柱完全相同。

轴心受压构件整体弯曲后，杆内将出现弯矩和剪力，对于实腹式受压杆，由于其抗剪刚度大，剪力产生的附加变形很小，可以忽略其对整体稳定承载力的影响。但是对于格构式轴心受压杆绕虚轴发生弯曲失稳时，所产生的剪力是由缀材承担的，由此产生的附加剪切变形较大，导致构件刚度减小，整体稳定承载力降低，其影响不能忽略。为此，对格构柱同样采用弹性稳定理论分析方法，但计入缀材变形影响，算出理想轴心受压格构柱弯曲屈曲临界荷载。然后将它等效成理想轴心受压实腹柱弯曲屈曲临界荷载（即欧拉荷载），由此算出换算长细比 λ_{0x}，这样，将 λ_{0x} 替代 λ 代入式（4.2）就可以得到理想轴心受压格构柱对虚轴的弯

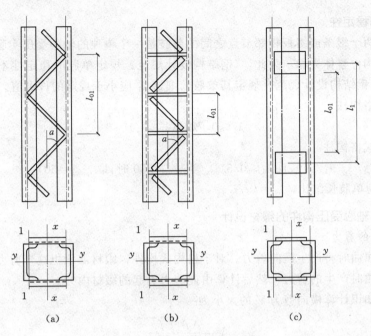

图 4.16 格构式构件的组成

曲屈曲临界荷载。当然，由于缀材变形影响，λ_{0x} 将大于整体构件的 λ_x。实际设计时，《钢结构设计规范》没有采用式（4.2）计算格构柱，而是规定将 λ_{0x} 替代 λ_x 按 b 类截面查表求得 φ 值，然后代入式（4.4）计算对虚轴的弯曲屈曲稳定承载力。这样也就间接地近似考虑了弹塑性、初弯曲和残余应力的影响，等效于按实际的轴心受压格构柱计算，使计算值比理想值更接近实际。

当构件绕虚轴 $x—x$ 轴弯曲失稳时，《钢结构设计规范》规定换算长细比的计算公式如下。

对缀条式双肢格构柱

$$\lambda_{0x} = \sqrt{\lambda_x^2 + 27\frac{A}{A_{1x}}} \tag{4.15}$$

对缀板式双肢格构柱

$$\lambda_{0x} = \sqrt{\lambda_x^2 + \lambda_1^2} \tag{4.16}$$

其中

$$\lambda_1 = \frac{l_{01}}{i_1}$$

式中　λ_x——构件对虚轴的长细比；

　　　A——构件横截面面积；

　　　A_{1x}——构件截面中垂直于 x 轴各斜缀条的截面面积之和；

　　　λ_1——单个分肢对最小刚度轴 1—1 的长细比；

　　　l_{01}——单肢计算长度。单肢的计算长度，对于缀条柱取缀条节点间的距离，对于缀板柱，焊接时取缀板间的净距离（图 4.16），螺栓连接时，取相邻两缀板边缘螺栓间的距离；

　　　i_1——单肢截面的最小回转半径，即图 4.16 中单肢绕 1—1 轴的回转半径。

4.6.3　单肢的稳定性

格构柱在两个缀条或缀板相邻节点之间的单肢是一个单独的轴心受压实腹构件，因此要求单肢不先于构件整体失稳，为此，《钢结构设计规范》规定单肢的稳定性不应低于构件的整体稳定性。《钢结构设计规范》规定其单肢长细比 λ_1 应小于规定的许可值。

对缀条式格构柱

$$\lambda_1 \leqslant 0.7\lambda_{\max}(\lambda_{0x},\lambda_y)$$

对于缀板式格构柱

$$\lambda_1 \leqslant 40,\text{且}\ \lambda_1 \leqslant 0.5\lambda_{\max}(\text{当}\ \lambda_{\max} < 50\ \text{时，取}\ \lambda_{\max} = 50)$$

式中　λ_1——为单肢长细比，$\lambda_1 = l_{01}/i_1$。

4.6.4　格构式轴心受压构件的缀材设计

4.6.4.1　缀材的剪力

构件受压屈曲时将产生横向剪力。对于格构式构件，缀材需承担这个剪力。通常先估算出受压构件挠曲时产生的剪力，然后计算由此剪力引起的缀材内力。

根据力学知识计算横向剪力 V 的大小为

$$V = \frac{Af}{85}\sqrt{\frac{f_y}{235}} \tag{4.17}$$

式中　A——构件横截面面积；

　　　　V——横截面总剪力大小。设计缀材时，偏安全地假定该剪力 V 沿构件全长不变，该

　　　　　　剪力 V 由前后双侧缀材平分承担，每侧缀材承担剪力 $V_1 = \dfrac{V}{2}$，如图 4.17

　　　　　　所示。

4.6.4.2　缀条设计

对于缀条式构件，可将缀条看做平行弦桁架的腹杆进行计算。如图 4.18 所示，斜缀条的内力 N_t 为

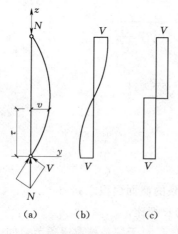

图 4.17　轴心受压构件截面上的剪力

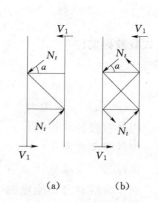

图 4.18　缀材计算简图

$$N_t = \frac{V_1}{n\cos\alpha} \tag{4.18}$$

式中　α——缀条的方向夹角；

　　V_1——分配到每一缀材面的剪力；

　　n——承受剪力 V_1 的斜缀条数，如图 4.18 所示斜缀条数，图 4.18（a）为单缀条体系 $n=1$；图 4.18（b）为双缀条体系 $n=2$。

由于构件屈曲时，其弯曲变形方向可能向左或者向右，因此剪力方向也将向左或者向右。由此，斜缀条可能受拉或者受压，一般应按不利情况作为轴心受压构件设计。由于角钢只有一个边和柱肢连接，即角钢单面连接，考虑到受力偏心和可能发生弯扭屈曲的影响，GB 50017—2003《钢结构设计规范》规定，其材料强度设计值 f 应乘以折减系数 γ_r（附表 1.4)，并规定计入 γ_r 后可不计扭转效应。

（1）计算稳定时。

等边角钢

$$\gamma_r=0.6+0.0015\lambda\leqslant1.0 \tag{4.19}$$

短边相连的不等边角钢

$$\gamma_r=0.5+0.0025\lambda\leqslant1.0 \tag{4.20}$$

长边相连的不等边角钢

$$\gamma_r=0.7 \tag{4.21}$$

λ 为缀条长细比，按最小回转半径计算，当 $\lambda<20$ 时，取 $\lambda=20$。

（2）在计算强度（与分肢的）连接时

$$\gamma_r=0.85 \tag{4.22}$$

缀条不应采用小于 $\llcorner45\times4$ 或 $\llcorner56\times36\times4$ 的角钢。横缀条主要用于减小分肢的计算长度，一般可取和斜缀条相同的截面，不作计算。

4.6.4.3　缀板设计

缀板式格构柱受力可视为一单跨多层刚架，当它整体弯曲时，可假定缀板中点以及相邻缀板之间各肢件的中点为反弯点（图 4.19），从柱中取出如图 4.19（b）所示的隔离体，可算得缀板的内力为

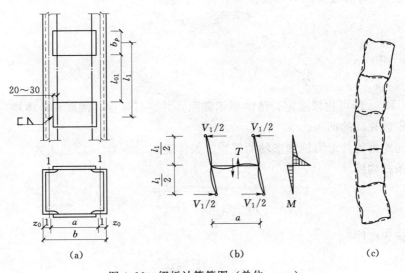

图 4.19　缀板计算简图（单位：mm）

$$T=\frac{V_1 l_1}{a} \tag{4.23}$$

$$M=T\frac{a}{2}=\frac{V_1 l_1}{2} \tag{4.24}$$

式中　l_1——相邻两缀板轴线间的距离；

　　　a——肢件轴线间的距离。

当缀板用角焊缝与肢件相连接时，搭接长度一般为 20～30mm。

对缀板式格构柱，为了满足一定的刚度要求，《钢结构设计规范》规定，在构件同一截面处，缀板的线刚度（I_b/a）之和不得小于柱分肢线刚度（I_1/l_1）的 6 倍，$I_b=2\times\frac{1}{12}t_p b_p^3$。通常取缀板宽度 $b_p\geqslant 2a/3$，厚度 $t_p\geqslant a/40$ 及 $t_p\geqslant 6$mm。端缀板宽度适当加宽，取 $b_p=a$。

4.6.5　格构式轴心受压柱的横隔

为了增强整体刚度，格构柱除在受有较大水平力处设置横隔外，尚应在运输单元端部设置横隔，横隔间距不得大于柱较大宽度的 9 倍或 8 倍。横隔可用钢板或角钢做成，如图 4.20 所示。

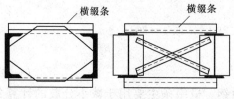

图 4.20　格构式构件的横隔

4.6.6　格构柱的设计计算方法

格构柱设计计算的一般步骤是：

（1）选择构件形式和钢材标号。

根据轴心力大小和构件长度，常采用两根槽钢或工字钢作为肢件，有时也采用 4 个角钢或 3 个圆管为肢件。中小型构件常用缀板式，大型构件宜采用缀条式。

（2）确定肢件截面。

格构柱肢件截面由柱整体对实轴的稳定条件确定。先假定构件长细比 λ，查表求得稳定系数 φ，从而便可计算需要的截面面积和对实轴的惯性矩。

$$A_T=\frac{N}{\varphi f} \tag{4.25}$$

$$i_{yT}=\frac{l_{0y}}{\lambda} \tag{4.26}$$

根据 A_T 和 i_{yT} 即可比较选定合适的型钢截面，并进行强度、刚度和整体稳定验算。

（3）确定肢件间的间距。

肢件间间距由构件对实轴和虚轴的等稳定条件确定。令 $\lambda_{0x}=\lambda_y$ 代入式（4.5）得到。

对于缀条式构件

$$\lambda_{xT}=\sqrt{\lambda_y^2-27\frac{A}{A_{1x}}} \tag{4.27}$$

对于缀板式构件

$$\lambda_{xT}=\sqrt{\lambda_y^2-\lambda_1^2} \tag{4.28}$$

式中各代号的物理意义及计算方法，见前述相关公式的说明。在计算时可先按一个斜缀条

截面积 $A_{1x}/2 \approx 0.05A$，并保证 $A_{1x}/2$ 不低于构造要求的最小型钢，即∟45×4 或∟$56 \times 36 \times 4$ 来确定。对缀板式格构柱可近似取 $\lambda_1 \leqslant 0.5\lambda$ 且 $\lambda_1 \leqslant 40$ 进行计算。

求得 λ_{xT} 后即可进而求得

$$i_{xT} = \frac{l_{0x}}{\lambda_{xT}}$$

并由截面回转半径的近似计算公式求得分肢间距 b

$$b = \frac{i_{xT}}{\alpha_2}$$

b 宜取 10mm 的整数倍，并宜大于 100mm（α_2 为表列的系数）。

确定肢件间距后，即可按式（4.15）和式（4.16）计算对虚轴的换算长细比，并按式（4.5）验算对虚轴的整体稳定性。

（4）单肢稳定性的验算。

按前述相关公式进行。

（5）缀件及连接节点的设计。

【例题 4.6】 试设计一两端铰接的轴心受压格构柱，要求两肢由槽钢组成，缀条式。钢材为 Q345，焊条为 E50 系列。轴心压力设计值 $N = 1300$kN。在 x 轴方向计算长度 $l_{0x} = 5$m，在 y 方向计算长度 $l_{0y} = 3$m，$[\lambda] = 150$。

【解】

（1）确定肢件截面。

查附表 1.1 得 $f = 310$N/mm^2，设 $\lambda = 60$，查附表 2.2（按 b 类截面）得 $\varphi_y = 0.734$（查表时可按线性插入法），则

$$A_T = \frac{N}{\varphi f} = \frac{1300 \times 10^3}{0.734 \times 310} = 5713(\text{mm}^2)$$

$$i_{yT} = \frac{l_{0y}}{\lambda} = \frac{300}{60} = 5(\text{cm})$$

查附表试选 2∟18b，可得

$$A = 2 \times 29.29 = 58.58(\text{cm}^2)$$

$$i_y = 6.84\text{cm}$$

$$i_1 = 1.95\text{cm}$$

$I_1 = 111.0$cm^4，$z_0 = 1.84$cm，则

$$\lambda_y = \frac{l_{0y}}{i_y} = \frac{300}{6.84} = 43.8 < [\lambda] = 150 \quad （满足要求）$$

按 b 类截面查附表得 $\varphi_y = 0.841$

$$\frac{N}{\varphi_y A} = \frac{1300 \times 10^3}{0.841 \times 58.58 \times 10^2} = 263.9 \ (\text{N/mm}^2) < f = 310\text{N/mm}^2$$

满足 y 方向整体稳定要求。

（2）确定肢件间距。

垂直 x 轴方向的斜缀条截面积按最小构造要求取两根最小角钢∟45×4，则 $A_{1x} = 2 \times 3.49 = 6.98$（cm^2）

把 x、y 方向等稳定条件 $\lambda_{0x} = \lambda_y$，则

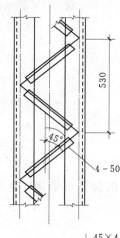

$$\lambda_{xT} = \sqrt{\lambda_y^2 - 27 \times \frac{A}{A_{1x}}} = \sqrt{43.8^2 - 27 \times \frac{58.58}{6.98}} = 41.1$$

$$i_{xT} = \frac{l_{0x}}{\lambda_{xT}} = 12.16 \text{cm}$$

由附表得　　　$i_x \approx 0.44b,\ b \approx \dfrac{12.16}{0.44} = 27.6$（cm）

取 $b = 30$cm，截面尺寸如图 4.21 所示。

（3）验算 x 方向稳定性条件。

$$a = 15 - 1.84 = 13.16 \text{（cm）}$$

$$I_x = 2 \times (111 + 29.29 \times 13.16^2) = 10367 \text{（cm}^4\text{)}$$

$$i_x = \sqrt{\frac{I_x}{A}} = \sqrt{\frac{10367}{29.29 \times 2}} = 13.3 \text{（cm）}$$

$$\lambda_x = \frac{l_{0x}}{i_x} = \frac{500}{13.3} = 37.6$$

$$\lambda_{0x} = \sqrt{\lambda_x^2 + 27 \times \frac{A}{A_{1x}}} = \sqrt{37.6^2 + 27 \times \frac{2 \times 29.29}{2 \times 3.49}} = 40.50$$

$$\lambda_{0x} = 40.5 < [\lambda] = 150 \text{（满足刚度要求）}$$

按 b 类截面查附表 2.2 得 $\varphi_x = 0.861$

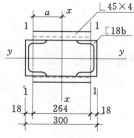

图 4.21　[例题 4.6] 图

$$\frac{N}{\varphi_x A} = \frac{1300 \times 10^3}{0.861 \times 2 \times 29.29 \times 10^2}$$

$$= 258 \text{（N/mm}^2\text{)} < f = 310 \text{N/mm}^2 \text{（满足要求）}$$

（4）斜缀条布置。

斜缀条按 45° 布置如图 4.21 所示，斜缀用 ∟45×4。

横截面剪力：

$$V = \frac{Af}{85}\sqrt{\frac{f_y}{235}} = \frac{58.58 \times 310 \times 10^2}{85} \times \sqrt{\frac{345}{235}} \text{N} = 25886 \text{（N）}$$

斜缀条内力

$$N = \frac{V}{2\cos a} = 18304 \text{N}$$

缀条截面积

$$A = 3.49 \text{cm}^2,\quad i_{\min} = 0.89 \text{cm}$$

$$\lambda_1 = \frac{l_{01}}{i_{\min}} = \frac{\frac{30 - 2 \times 1.84}{\cos 45°}}{0.89} = 41.8 < [\lambda] = 150 \text{（满足要求）}$$

单角钢为 b 类截面，由附表查得 $\varphi = 0.854$。

等边角钢缀条的强度设计值折减系数

$$\gamma_r = 0.6 + 0.0015\lambda = 0.66$$

$$\frac{N_t}{\varphi A} = \frac{18304}{0.854 \times 3.49 \times 100} = 61.4 \text{（N/mm}^2\text{)} < \gamma_r f = 0.66 \times 310 \text{N/mm}^2$$

$$= 205 \text{（N/mm}^2\text{)（满足要求）}$$

（5）单肢稳定性验算。

$$\lambda_{\max} = 43.8 < 50,\quad 取 \lambda_{\max} = 50$$

$$l_{01} = 2(b - 2z_0) = 2 \times (300 - 2 \times 18.4) = 526.4 \text{(mm)}, \text{ 取 } l_{01} = 530 \text{mm}$$

$$\lambda_1 = \frac{l_{01}}{i_1} = \frac{530}{19.5} = 27.18$$

$$\lambda_1 < 0.7\lambda_{\max} = 0.7 \times 43.8 = 30.66 \text{(满足单肢稳定要求)}$$

（6）根据缀条受力进行连接焊缝设计。

采用双面侧焊，由附表查得 $f_f^w = 200 \text{N/mm}^2$，取 $h_f = 4 \text{mm}$，肢背肢尖分配系数为 0.7、0.3，则肢背焊缝需要长度

$$l_{w1} = \frac{k_1 N_t}{0.7 h_f \gamma_t f_f^w} = \frac{0.7 \times 18300}{0.7 \times 4 \times 0.85 \times 200} = 26.9 \text{(mm)}$$

$$l_1 = 26.9 + 8 = 34.9 \text{(mm)}$$

肢尖焊缝需要长度

$$l_{w2} = \frac{3}{7} \times l_{w1} = 11.5 \text{mm}$$

$$l_2 = 11.5 + 2h_f = 19.5 \text{mm}$$

角钢总长 $\qquad l = 530 \times \frac{\sqrt{2}}{2} - 50 = 325 \text{(mm)}$

搭接长度 $\qquad l_d = 325 - 160\sqrt{2} = 49 \text{(mm)} > l_1$

双侧满焊可以满足要求。

【例题 4.7】　试设计两槽钢组成的格构柱，用缀板连接。轴心力设计值 $N = 1500 \text{kN}$，计算长度 $l_{0x} = l_{0y} = 6 \text{m}$，采用 Q235 钢材。

【解】

（1）确定分肢截面。

设 $\lambda_y = 80$，属 b 类截面，查附表 2.2 得 $\varphi_y = 0.688$，则

$$A_T = \frac{N}{\varphi_y f} = \frac{1500 \times 10^3}{0.688 \times 215} = 10140.6 \text{(mm}^2\text{)}$$

$$i_y T = \frac{l_{0y}}{\lambda_y} = \frac{600}{80} = 7.5 \text{(cm)}$$

试选 2⊏28b，可得

$A = 2 \times 45.62 = 91.24 \text{(cm}^2\text{)}, i_y = 2.3 \text{cm}, I_1 = 241.5 \text{cm}^4$，

$z_0 = 2.02 \text{cm}$，则 $\lambda_y = \dfrac{l_{0y}}{i_y} = \dfrac{600}{10.6} = 56.6 < [\lambda] = 150$

满足刚度要求。

查附表得 $\varphi_y = 0.825$，则

$$\frac{N}{\varphi_y A} = \frac{1500 \times 10^3}{0.825 \times 91.24 \times 10^2} = 199.3 \text{(N/mm}^2\text{)} < f$$

$$= 215 \text{N/mm}^2$$

满足实轴的整体稳定要求。

（2）确定肢间距离。

$$\lambda_y = 56.6, \text{ 取 } \lambda_1 = 28, \text{ 令 } \lambda_{0x} = \lambda_y,$$

$$\text{则 } \lambda_x = \sqrt{\lambda_y^2 - \lambda_1^2} = \sqrt{56.6^2 - 28^2} = 49.2$$

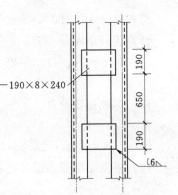

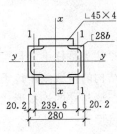

图 4.22　［例题 4.7］图

$$\beta_{tx} = 0.85$$

查附表 3 得 $i_x = 0.44b$，则

$$b = \frac{i_x}{0.44} = 27.7 \text{cm}, \quad 取 \ b = 28 \text{cm}$$

如图 4.22 所示。

（3）验算构件对虚轴的整体稳定性。

$$I_x = 2 \left[I_1 + A \left(\frac{a}{2} \right)^2 \right] = 2 \times (241.5 + 45.62 \times 11.98^2)$$

$$= 13.578 (\text{cm}^4)$$

$$i_x = \sqrt{\frac{I_x}{A}} = \sqrt{\frac{13578}{91.24}} = 12.2 (\text{cm})$$

$$\lambda_x = \frac{l_{0x}}{i_x} = \frac{600}{12.2} = 49.2$$

$$\lambda_{0x} = \sqrt{\lambda_x^2 + \lambda_1^2} = \sqrt{49.2^2 + 28^2} = 56.6 < [\lambda] = 150$$

查附表得 $\varphi_x = 0.825$，则

$$\frac{N}{\varphi A} = \frac{1500 \times 10^3}{0.825 \times 91.24 \times 10^2} = 199.3 \ (\text{N/mm}^2) \ < f = 215 \text{N/mm}^2$$

满足要求。

（4）缀板设计。

取缀板宽度 $b_p \geqslant \frac{2a}{3} = \frac{2}{3} \times 28 = 18.6 (\text{cm})$，取 $b = 19 \text{cm}$

厚度 $t = \frac{a}{40} = \frac{28}{40} = 0.7 \ (\text{cm})$，取 $t = 8 \text{mm}$

缀板尺寸为 $-190 \times 8 \times 200$，沿柱高等距离设置。

计算缀板中距

$$l_{01} = \lambda_1 i_1 = 28 \times 2.3 = 64.4 (\text{cm}), \quad 取 \ l_{01} = 65 \text{cm}, \ \lambda_1 = 28.25$$

$$l_1 = l_{01} + b_p = 65 + 19 = 84 (\text{cm})$$

（5）单肢稳定验算。

$$\lambda_{max} = 56.6$$

$$\lambda_1 = 28.25 < 0.5 \lambda_{max}, \ 且 \ \lambda_1 < 40 \ （单肢稳定性满足要求）$$

（6）根据缀板受力设计连接焊缝（略）。

学习情境 4.7 梁 与 柱 的 连 接

柱头是柱上端与梁的连接构造。柱头的作用是承受和传递梁及其上结构的荷载，即将上部结构的荷载集中传于柱身。

梁与柱的连接形式可分为铰接和刚接两种。一般轴心受压柱多采用铰接，框架柱则常用刚接形式。

梁与柱的连接可将梁支于柱顶也可支于侧面，两种方式均可为铰接和刚接。

4.7.1 梁与柱铰接

4.7.1.1 梁支承于柱顶的构造形式

图 4.23 是梁支承于柱顶的构造示意图。梁的荷载通过顶板传给柱。顶板一般厚 16～20mm，与柱焊接并与梁用普通螺栓相连。图 4.23（a）所示的构造中，梁的支承加劲肋对准柱的翼缘。在相邻梁之间留有间隙并用夹板和构造螺栓相连。这种构造形式简单、受力明确，但当两侧梁的反力不等时，易引起柱的偏心受力。图 4.23（b）的构造中，在梁端增加了带突缘的支承加劲肋连接于柱顶，直接对准了柱的轴线附近，

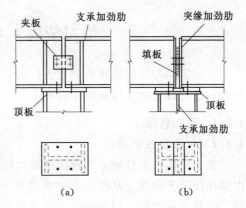

图 4.23 梁支承于柱顶的铰接连接

加劲肋的底部刨平、顶紧于柱顶板。这样柱的腹板就是主要的承力部分，不能太薄。同时在柱顶板之下腹板两侧应设置劲肋。这种构造形式可以防止由上部相邻梁反力不等时引起的柱受力的偏心。

4.7.1.2 梁支承于的柱顶侧面构造形式

梁连接在侧面是另一种柱头构造形式，如图 4.24 所示。

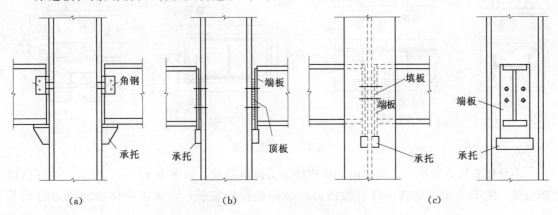

图 4.24 梁支承于柱侧的铰接连接

图 4.24（a）所示将梁直接搁置在承托上，用普通螺栓连接。梁与柱侧面之间留有间隙，用角钢和构造螺栓相连，这种连接方式最简便，但仅适用于梁所传递的反力较小时。

图 4.24（b）所示的方案是用厚钢板作承托，直接焊于柱侧。梁与柱侧仍留有空隙，梁吊装就位后，用填板和构造螺栓将柱翼缘和梁端板连接起来。

当梁沿柱翼缘平面方向与柱相连时，采用图 4.24（c）所示的连接方式。

在柱腹板上直接设置承托，梁端板支承在承托上，梁安装就位后，用填板和构造螺栓将梁端上与柱腹连接起来。这种连接方式使梁端反力直接传递给柱腹板。

4.7.2 梁与柱刚接

梁与柱的刚接均应支承于柱侧。刚接构造要求传递梁端反力和梁端弯矩，有关梁与柱刚性连接及半刚性连接的情况见其他参考书。

学习情境 4.8　柱　脚　设　计

柱的下端与基础连接部分称为柱脚。柱脚的作用是承受柱身的荷载并将其传递给基础。柱脚构造可以分为铰接和刚接两种不同的形式。

4.8.1　铰接柱脚

4.8.1.1　铰接柱脚构造

轴心受压柱的柱脚多为铰接平板式柱脚，一般由底板、靴梁、隔板和肋板等组成。底板由锚栓固定于混凝土基础上。锚栓直径一般为 20～25mm。底板上锚栓孔的直径的 1.2～2 倍。柱吊装就位后，用垫板套住锚栓并与底板焊牢。

常用的构造形式如图 4.25 所示。

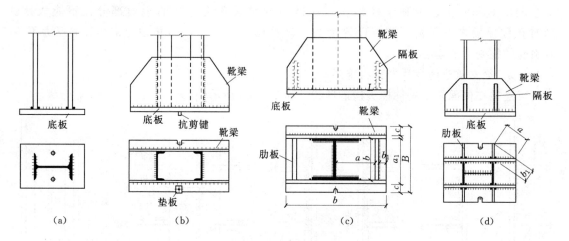

图 4.25　铰接柱脚

小型柱若压力较小时，可仅由顶板将柱压力传给基础，如图 4.25（a）所示。在柱的端部只焊一块不太厚的底板，柱身的压力经过焊缝传到底板，底板再将柱身的压力传到基础上。

大、中型柱，若压力较大时，所需底板较厚，柱与底板的连接焊缝厚度可能超过限值，故在柱身与底板之间需设置靴梁、隔板和肋板等中间传力分布结构，柱端通过竖焊缝将力传给靴梁，靴梁通过底部焊缝将压力传给底板。分布结构的作用是增加柱身与底板连接焊缝的长度，将底板分隔为若干较小区隔，达到减小底板弯矩，从而减小底板厚度的目的。当采用靴梁后，底板的弯矩值仍较大时，可再采用隔板和肋板。如图 4.25（b）（c）、（d）所示。

靴梁是沿柱脚长度方向设于柱两侧的钢板，由竖向焊缝与柱翼缘相连接，由水平焊缝与底板相连；隔板是竖向布置在靴梁内侧的钢板，用来侧向支撑靴梁并减小底板格局；肋板是竖向布置在靴梁外侧并垂直与靴梁设置的加劲肋板。

柱脚通过锚栓固定于基础。铰接柱脚只沿着一条轴线设置两个连接于底板上的锚栓，锚栓的直径一般为 20～25mm。为了便于安装，底板上的锚栓孔径取为锚栓直径的 1.5～2 倍，待柱就位并调整到设计位置后，再用垫板套住锚栓并与底板焊牢。

4.8.1.2 铰接柱脚计算

1. 柱脚的传力顺序

柱子通过柱身底部、靴梁、肋板和隔板将轴心压力传递给底板，底板将荷载传递给基础。从相反方向看，基础底板可以看成支承于柱身、靴梁、隔板上承受基础反力作用的弹性薄板。

2. 底板面积

假定柱脚压力在底板和基础之间均匀分布，所需底板面积为

$$A = \frac{N}{f_{cc}} \qquad (4.29)$$

式中　N——作用于柱脚的压力设计值；

　　　A——底板净面积，如果底板上设置锚栓，那么所需要的底板面积中还应该加进锚栓孔的面积 A_0；

　　　f_{cc}——基础材料抗压强度设计值。

3. 柱底板所承受的基础均布反力 q

$$q = \frac{N}{A} = \frac{N}{BL - A_0} \leqslant f_{cc} \qquad (4.30)$$

式中　q——基础反力的分布面密度；

　　　N——作用于柱脚的压力设计值；

　　　A——底板净面积；

　B、L——矩形底板的外围宽度和长度；

　　　A_0——锚栓孔面积。

4. 柱脚底板所承受的弯矩值计算

基础底板可以看作支承于柱身、靴梁和隔板上的承受基础反力作用的弹性薄板。靴梁柱身和隔板将底板划分为不同支承边的受力区格（图 4.26），各区格内底板所承受的弯矩值 M 可以统一表示为

$$M = \beta q l^2 \qquad (4.31)$$

式中　M——单位板宽所承受的弯矩值；

　　　q——基础反力分布密度；

　　　l——板格长或板格宽（按板支承情况取于表 4.5）；

　　　β——弯矩系数（按板支承情况取于表 4.5）。

一边支承的板（悬臂板）可由下式计算弯矩：

$$M = \frac{1}{2} q c^2 \qquad (4.32)$$

式中　c——悬臂板的外伸长度。

其他不同支承边情形下区格的计算弯矩，由表 4.5 查得 l、β，由式（4.31）求得。

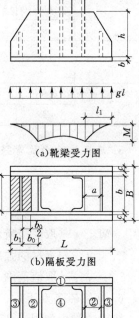

(a)靴梁受力图

(b)隔板受力图

(c)底板受力区格

图 4.26　柱脚计算简图

表 4.5 **β、l 取 值 表**

四边简支板（图 4.26②④）

l		取 $l=a$，a 为短边长							
β	b/a	1.0	1.2	1.4	1.6	1.8	2.0	3.0	≥4.0
	β	0.048	0.063	0.075	0.086	0.095	0.101	0.119	0.125

三边简支板（图 4.26③）（自由边长 a，垂直方向边长 b）

l		$l=a$，a 为自由边长						
β	b/a	0.3	0.5	0.7	0.9	1.0	1.2	≥1.4
	β	0.026	0.058	0.085	0.104	0.104	0.120	0.125

两邻边支承板（支承边长 a、b）

l		$l=\sqrt{a^2+b^2}=a_1$，$b_1=ab/a_1$						
β	b_1/a_1	0.3	0.5	0.7	0.9	1.0	1.2	≥1.4
	β	0.026	0.058	0.085	0.104	0.111	0.120	0.125

5. 底板厚度由抗弯强度条件确定

$$\delta \geqslant \sqrt{\frac{6M_{max}}{f}} \tag{4.33}$$

$$M_{max} = \max(M_1、M_2、M_3、M_4)$$

式中　M_{max}——取底板所承受的最大单位长度弯矩值；

　　　f——钢材的强度设计值；

　　　δ——取值范围一般在 20～40mm，并应满足刚度要求 $\delta \geqslant 14$mm。

6. 靴梁的受力计算

靴梁的受力如图 4.26（a）所示，靴梁可按支承于柱边的双悬臂简支梁计算，承受基底传来的压力 q。主要验算悬臂端的弯矩和剪力，在肢间的跨中部分由于有底板参加共同工作，一般不必验算。

每块靴梁单肢悬臂部分所受的均布线荷载 $q_1 = \frac{B}{2}q$。

每块靴梁支承端的弯矩

$$M = \frac{1}{2}q_1 l_1^2 = \frac{1}{4}qB l_1^2 \tag{4.34}$$

其中

$$q = \frac{N}{BL - A_0}$$

式中　l_1——悬臂端外伸长度；

　　　q——基础反力的分布面密度。

每块靴梁支承端的剪力

$$V = \frac{1}{2}qB l_1 \tag{4.35}$$

根据 M、V 验算靴梁的抗弯和抗剪强度

$$\sigma = \frac{M}{W} \leqslant f \tag{4.36}$$

$$\tau = 1.5 \frac{V}{A} \leqslant f_v \tag{4.37}$$

式中 A、W——靴梁支承端处的截面面积和抵抗矩。

靴梁的厚度、靴梁的高度由连接柱所需要的焊缝长度决定。靴梁板的厚度宜与被连接的柱子的翼缘厚度大致相同。靴梁的高度由连接柱所需要的焊缝长度决定，但是每条焊缝的长度不应超过角焊缝焊脚尺寸 h_f 的 60 倍，同时 h_f 也不应大于被连接的较薄板件厚度的 1.2 倍。

7. 隔板

为了保证隔板有一定刚度，其厚度不应小于隔板长度的 1/50。隔板的高度取决于连接焊缝的要求。隔板的高度一般比靴梁略低，其所传递的力近似取为图 4.26（b）中阴影部分的基础反力。隔板可按支承于靴梁上的简支梁进行计算，肋板则按悬臂梁计算。

4.8.2　刚接柱脚

刚接柱脚除承受轴力外，同时承受弯矩和剪力。刚性柱脚采用靴梁和整块底板组成的箱型结构。锚栓从底板外缘穿过并固定在靴梁两侧由肋板和水平盖板组成的支座上。

刚接柱脚的剪力由底板与基础表面的摩擦力或抗剪传递，不应用柱脚锚栓承受剪力。

刚性柱脚的设计计算可参见相关规范和参考书。

【例题 4.8】　双肢槽钢格构柱截面如图 4.27 所示。柱外围尺寸为 360mm×280mm。基础混凝土的强度等级有 C15，试设计柱脚。钢材为 Q235，焊条为 E43 系列，柱的设计压力为 $N = 1400\text{kN}$，柱底板的螺栓孔面积 $A_0 = 40\text{cm}^2$。

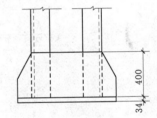

【解】

采用图中所示柱脚形式。

（1）底板计算。

C15 混凝土 $f_{cc} = 7.5\text{N/mm}^2$

则所需底板面积

$$A = \frac{N}{f_c} + A_0 = \frac{1400 \times 10^3}{7.5} + 4000 = 190666 \ (\text{mm}^2)$$

设靴板厚 10mm，底板悬臂外伸 60mm，则

$$B = 280 + 2 \times 10 + 2 \times 60 = 420 \ (\text{mm})$$

$$L = \frac{A}{B} = \frac{190666}{420} = 454 \ (\text{mm})$$

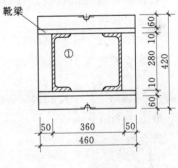

图 4.27　例题 4.8 图

取 $L = 460\text{mm}$。

基础底板平均压应力

$$q = \frac{1400 \times 10^3}{460 \times 420 - 4000} = 7.40 \ (\text{N/mm}^2) < f_{cc} = 7.5\text{N/mm}^2 \ (\text{满足要求})$$

底板划分为三种区格，区格①为四边支承板。

查表 4.5 得 $b/a = 360/280 = 1.29$，$\beta = 0.0684$，则

$$M_1 = \beta q a^2 = 0.0684 \times 7.40 \times 280^2 = 39683 \ (\text{N·mm})$$

经验算其他区格内的弯矩值远小于 M_1，则

$$M_{max} = M_1 = 39683 \text{N} \cdot \text{mm}$$

由附表取钢材抗弯强度设计值 $f = 205 \text{N/mm}^2$，则底板厚度为

$$\delta \geqslant \sqrt{\frac{6M}{f}} = \sqrt{\frac{6 \times 39683}{205}} = 34 \text{(mm)}$$

取 $\delta = 34 \text{mm}$。

（2）靴梁计算。

由附表查得 $f_f^w = 160 \text{N/mm}^2$

取靴梁与柱身的连接焊脚尺寸 $h_f = 8 \text{mm}$，两侧靴梁共用 4 条焊缝，则焊缝长度

$$l_w = \frac{N}{4 \times 0.7 \times h_f f_f^w} = \frac{1400 \times 10^3}{4 \times 0.7 \times 8 \times 160} = 390.6 \text{(mm)}$$

靴梁高度取 40cm，厚 $t = 10 \text{mm}$，取

$h_f = t - 2 \text{mm}$，$l_w < 60 h_f$（符合焊缝构造要求）。

一块靴梁所承受的线荷载密度为

$$q_1 = \frac{1}{2} Bq = 210 \times 7.40 = 1554.0 \ (\text{N/mm})$$

$$l_1 = 50 \text{mm}$$

则
$$M = \frac{1}{2} q_1 l_1^2 = \frac{1}{2} \times 1554.0 \times 50^2 = 1942500 (\text{N} \cdot \text{mm})$$

$$\sigma = \frac{M}{W} = \frac{1942500}{\frac{1}{6} \times 10 \times 400^2} = 7.28 (\text{N/mm}^2) < f = 215 \text{N/mm}^2$$

$$V = q_1 l = 1554.0 \times 50 = 77700 (\text{N}) = 77.7 \text{kN}$$

$$\tau = 1.5 \frac{V}{A} = 1.5 \times \frac{77.7 \times 10^3}{10 \times 400} = 29.1 (\text{N/mm}^2) < f_v = 120 \text{N/mm}^2$$

靴板和柱身与底板的连接焊缝按传递全部柱压力计算，则
焊缝总长度为

$$\sum l_w = [2 \times (460 - 10) + 4 \times (50 - 10) + 2 \times (280 - 10)] = 1600 \text{(mm)}$$

所需焊脚高度为

$$h_f = \frac{N}{1.22 \times 0.7 \sum l_w f_v^w} = \frac{1400 \times 10^3}{1.22 \times 0.7 \times 1600 \times 160} = 6.41 \text{(mm)}$$

取 $h_f = 7 \text{mm}$。

符合要求。

项 目 小 结

（1）轴心受拉构件应计算强度和刚度；轴心受压构件除计算强度和刚度外，还应计算整体稳定，其中组合柱还应计算翼缘和腹板的局部稳定。

（2）轴心受压构件强度计算要求净截面平均应力不超过设计强度。

（3）轴心受压构件刚度计算要求构件长细比不超过容许长细比。

（4）本书涉及的稳定问题有轴心受压构件、梁（受弯构件）、偏心受压构件、框架的整体稳定，以及组合梁、柱的翼缘和腹板的局部稳定。鉴于专科及高职房屋建筑专业未开设结

构稳定理论课程，本项目对稳定理论作一简要概述，学习时应着重了解稳定问题基本概念及保证稳定的措施，以便能在实际工作中妥善处理稳定问题。

（5）实腹式轴心受压构件弯曲屈曲的计算，是取实际（计入弹塑性、初偏心、残余应力）的轴心压杆，按二阶弹塑性理论，用计算机程序算出极限承载。经统计分析定出轴心受压构件稳定系数 φ，然后按公式计算。φ 值与截面类型、钢材等级及杆件长细比有关。

（6）格构式轴心受压构件对虚轴的弯曲屈曲计算是取理想格构式轴心受压构件，计缀材变形影响，按弹性稳定理论分析导出其弹性弯曲屈曲临界荷载，将它与实腹式轴心受构件的弯曲屈曲荷载即欧拉荷载比较，得到相应的换算长细比，并由此间接地计入弹塑性、初偏心、残余应力的影响。除整体稳定计算外，格构式轴心压构件还要控制单肢长细比，保证单肢不先于整体构件失稳，并对缀材及其与分肢的连接进行计算。

（7）轴心受压实腹组合柱的翼缘和腹板是通过控制板件的宽厚比来保证其局部稳定的。

（8）轴心受压柱与梁的连接或地基的连接（柱脚）均为铰接，只承受剪力和轴心压力，其构造布置应保证传力要求，并进行必要的计算，设计应使构造简单，便于制造安装。

习　题

一、思考题

1. 以轴心受压构件为例，说明构件强度计算与稳定计算的区别。

2. 轴心受压构件稳定系数是根据哪些因素确定的？

3. 影响轴心受压构件的稳定承载力的因素有哪些？

4. 轴心受压构件的整体稳定不能满足要求时，若不增大截面面积，是否还可以采取其他措施提高其承载力？

5. 为保证轴心受压构件翼缘和腹板的局部稳定，《钢结构设计规范》规定的板件宽厚比限制值是根据什么原则制定的？

6. 计算格构式轴心受压构件绕虚轴的整体稳定时为什么用换算长细比？

7. 轴心受压柱柱脚中靴梁的作用有哪些？

二、选择题

1. 实腹式轴心受拉构件计算的内容包括_____。

　A. 强度　　　　　　　　　　　　B. 强度和整体稳定性

　C. 强度、局部稳定和整体稳定　　D. 强度、刚度（长细比）

2. 对有孔眼等削弱的轴心拉杆承载力，《钢结构设计规范》采用的准则为净截面_____。

　A. 最大应力达到钢材屈服点　　　B. 平均应力达到钢材屈服点

　C. 最大应力达到钢材抗拉强度　　D. 平均应力达到钢材抗拉强度

3. 为提高轴心压构件的整体稳定，在杆件截面面积不变的情况下，杆件截面的形式应使其面积分布_____。

　A. 尽可能集中于截面的形心处　　B. 尽可能远离形心

　C. 任意分布，无影响　　　　　　D. 均匀分布

4. 轴心受压构件的整体稳定系数 φ 与_____等因素有关。

　A. 构件截面类别、两端连接构造、长细比

B. 构件截面类别、钢号、长细比

C. 构件截面类别、计算长度系数、长细比

D. 构件截面类别、两个方向的长度、长细比

5. 提高轴心受压构件局部稳定常用的合理方法是_____。

A. 增加板件宽厚比   B. 增加板件厚度

C. 增加板件宽度   D. 设置横向加劲肋

6. 为了_____，确定轴心受压实腹式柱的截面形式时，应使两个主轴方向的长细比尽可能接近。

A. 便于与其他构件连接   B. 构造简单、制造方便

C. 达到经济效果   D. 便于运输、安装和减少节点类型

7. 计算格构式压杆对虚轴 x 轴的整体稳定时，其稳定系数应根据_____查表确定。

A. λ_x B. λ_{ax} C. λ_y D. λ_{oy}

8. 与节点板单面连接的等边角钢轴心受压构件，$\lambda=100$，计算稳定时，钢材强度设计值应采用的折减系数是_____。

A. 0.65   •B. 0.70   C. 0.75   D. 0.85

9. 双肢格构式受压柱，实轴为 $x-x$，虚轴为 $y-y$，应根据_____确定肢件间的距离。

A. $\lambda_x=\lambda_y$ B. $\lambda_{0y}=\lambda_x$ C. $\lambda_{0x}=\lambda_y$ D. 强度条件

10. 在下列关于柱脚底板厚度的说法中，错误的是_____。

A. 底板厚度至少应满足 $t\geq14\text{mm}$

B. 底板厚度与支座反力和底板的支承条件有关

C. 其他条件相同时，四边支承板应比三边支承板更厚些

D. 底板不能太薄，否则刚度不够，将使基础反力分布不均匀

三、计算题

1. 计算一屋架下弦杆所能承受的最大拉力 N。下弦截面为 $2\llcorner 100\times10$，如图 4.28 所示，有 2 个安装螺栓，螺栓孔径为 21.5mm，钢材为 Q235。

2. 如图 4.29 所示的两个轴心受压柱，截面面积相等，两端铰接，柱高 45m，材料用 Q235 钢，翼缘火焰切割以后又经过刨边。判断这两个柱的承载能力的大小，并验算截面的局部稳定。

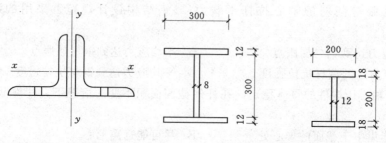

图 4.28 计算题 1 图   图 4.29 计算题 2 图

3. 已知某轴心受压实腹柱 AB，AB 长 $L=5\text{m}$，中点 $L/2$ 处有侧向支撑。采用 3 块钢板焊成的工字形柱截面，翼缘尺寸为 $300\text{mm}\times12\text{mm}$，腹板尺寸为 $200\text{mm}\times6\text{mm}$。钢材为

Q235 ，$f=215\text{N/mm}^2$。求最大承载力 $N=$? 局稳是否合格？

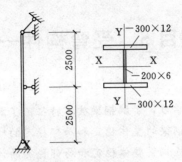

图 4.30 计算题 3 图

4. 设计某工作平台轴心受压柱的截面尺寸，柱高 6m，两端铰接，截面为焊接工字形，翼缘为火焰切割边，柱所承受的轴心压力设计值 $N=4500\text{kN}$，钢材 Q235 钢。

5. 一水平放置两端铰接的 Q345 钢做成的轴心受拉构件，长 9m，截面由 2∟90×8 组成的肢尖向下的 T 形截面，问是否能承受设计值为 870kN 的轴心力？

6. 某车间工作平台柱高 2.6m，按两端铰接的轴心受压柱考虑。如果柱采用 I 16（16 号热轧工字钢），试经过计算解答：

（1）钢材采用 Q235 钢时，设计承载力为多少？

（2）改用 Q345 钢时，设计承载力是否显著提高？

7. 设某工业平台柱承受轴心压力 5000kN（设计值），柱高 8m，两端铰接。要求设计一 H 型钢或焊接工字形截面柱。

8. 图 4.31（a）、（b）所示两种截面（火焰切割边缘）的截面积相等，钢材均为 Q235 钢。当用作长度为 10m 的两端铰接轴心受压柱时，是否能安全承受设计荷载 3200kN。

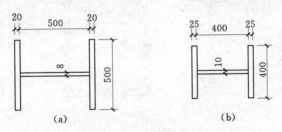

图 4.31 计算题 8 图

9. 设计由两槽钢组成的缀板柱，柱长 7.5m，两端铰接，设计轴心压力为 1500kN，钢材为 Q235，截面无削弱。

学习项目 5　受弯构件——钢梁

学习目标： 通过本项目的学习，了解钢梁破坏特征，了解影响钢梁稳定的主要因素；熟悉截面应力分布，熟悉并理解钢梁的整体稳定和局部稳定的概念，熟悉钢梁设计的内容和要求；掌握钢梁强度的计算，掌握钢梁整体稳定和局部稳定的计算。

学习情境 5.1　受弯构件的类型及应用

钢梁主要是指承受横向荷载受弯的实腹钢构件。它是组成钢结构的基本构件之一，例如楼盖梁、屋盖梁、工作平台梁、檩条、墙梁、吊车梁等。

钢梁按支承情况可分为简支梁、连续梁、悬臂梁等。与连续梁相比，简支梁虽然其弯矩较大，但它不受支座沉陷及温度变化的影响，并且制造、安装、维修、拆换方便，因此得到广泛应用。

钢梁按截面形式分为型钢梁和组合梁两大类。型钢梁［图 5.1（a）、（b）、（c）］制造简单方便，成本低，故应用较多。当构件的跨度或荷载较大、所需梁截面尺寸较大时，现有的型钢规格往往不能满足要求，这时常采用由几块钢板组成的组合梁。如图 5.1（d）所示的焊接工字形组合梁，图 5.1（e）所示的焊接箱形组合梁。

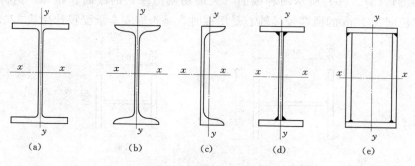

| (a) | (b) | (c) | (d) | (e) |

图 5.1　钢梁的截面形式

学习情境 5.2　梁的强度和刚度

5.2.1　梁的强度

对于钢梁要保证强度安全，就要求在设计荷载作用下梁的弯应力、剪应力不超过《规范》规定的强度设计值。此外，对于工字形、箱形截面梁，在集中荷载处还要求腹板边缘局部压应力也不超过强度设计值。最后，对于梁内弯应力、剪应力及局部应力共同作用处，还应验算其折算应力。

5.2.1.1　抗弯强度

梁截面的弯曲应力随弯矩增加而变化，可分为弹性、弹塑性及塑性三个工作阶段。下面以工字形截面梁弯曲为例来说明（图 5.2）。

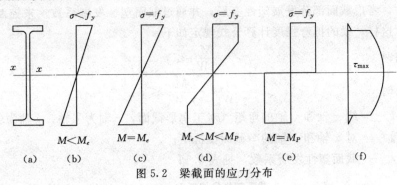

图 5.2 梁截面的应力分布

1. 三个工作阶段的应力分布

（1）弹性工作阶段。

当弯矩 M 较小时，截面上的弯曲应力呈三角形直线分布［图 5.2 (b)］，中和轴为截面的形心轴。随着弯矩 M 的增加，应力按比例增长，其外缘纤维最大应力为 $\sigma = M/W_n$，直到梁截面的最外边缘纤维应力达到屈服点 $\sigma = f_y$ 时，表示弹性状态的结束［图 5.2 (c)］，这时，梁截面的弯矩达到弹性极限弯矩 M_e 为

$$M_e = W_n f_y \tag{5.1}$$

式中　W_n——净截面弹性抵抗矩。

（2）弹塑性阶段。

若弯矩 M 继续增加，则在梁截面边缘出现塑性区，而中间部分材料仍处于弹性工作状态。随着 M 的增加，塑性区逐渐向中和轴扩展，中央弹性区相应逐渐减小。这时截面弯曲应力不再保持三角形直线分布，而是呈折线分布［图 5.2 (d)］。

（3）塑性阶段。

弯矩 M 进一步增大，直到弹性区消失，梁截面全部进入塑性，形成塑性铰，就达到塑性工作阶段。此时梁截面已不能承担更大的弯矩，但变形可继续增大。这时梁截面应力呈上下两个矩形分布［图 5.2 (e)］。弯矩达到最大极限，称为塑性弯矩 M_p，其值为

$$M_p = f_y W_{pn} \tag{5.2}$$

其中　　　　　　　　　　　　$$W_{pn} = S_{1n} + S_{2n}$$

式中　W_{pn}——净截面塑性抗矩；

　　　S_{1n}——中和轴以上净截面对中和轴的面积矩；

　　　S_{2n}——中和轴以下净截面对中和轴的面积矩。

W_{pn} 与 W_n 之比 $F = W_{pn}/W_n$ 称为截面形状系数。实际上它是截面塑性极限弯矩与截面弹性极限弯矩之比。它仅与截面形状有关，与材料性质无关。对于矩形截面 $F = 1.5$；对于通常尺寸的工字形截面 $F_x = 1.1 \sim 1.2$（绕强轴弯曲），$F_x = 1.5$（绕弱轴弯曲）；对于箱形截面 $F = 1.1 \sim 1.2$；对于格构式截面或腹板很小的截面 $F \approx 1.0$。

2. 抗弯强度计算

在一般梁的截面中，除存在正应力外，还同时存在剪应力及局部压应力，另外还有一些不利因素（如塑性开展对梁的整体和局部稳定不利、钢材变脆、残余应力等）的影响，梁在形成塑性铰之前就已丧失承载能力。因此，对直接承受动力荷载作用的受弯构件，不考虑截

面塑性变形的发展，以边缘纤维屈服作为极限状态；对承受静力荷载或间接承受动力荷载作用的受弯构件，考虑截面部分发展塑性变形。并通过截面塑性发展系数 γ 来控制，且 $1.0 \leqslant \gamma \leqslant W_{pn}/W_n$。这样，梁的抗弯强度计算公式规定如下：

单向弯曲时

$$\sigma = \frac{M_x}{\gamma_x W_{nx}} \leqslant f \tag{5.3}$$

双向弯曲时

$$\sigma = \frac{M_x}{\gamma_x W_{nx}} + \frac{M_y}{\gamma_y W_{ny}} \leqslant f \tag{5.4}$$

式中　M_x、M_y——绕 x 轴和 y 轴的弯矩（对工字形截面，x 轴为强轴，y 轴为弱轴）；

$\quad\quad W_{nx}$、W_{ny}——对 x 轴和 y 轴的净截面抵抗矩；

$\quad\quad \gamma_x$、γ_y——截面塑性发展系数，见表 5.1；

表 5.1　　　　　　　　　　　截面塑性发展系数 γ_x、γ_y

项次	截 面 形 式	γ_x	γ_y
1			1.2
2		1.05	1.05
3		$\gamma_{1x} = 1.05$ $\gamma_{2x} = 1.2$	1.2
4			1.05
5		1.2	1.2
6		1.15	1.15
7			1.05
8		1.0	1.0

注　1. 当梁受压翼缘的自由外伸宽度与厚度之比不大于 $13\sqrt{\dfrac{225}{f_y}}$ 时，查表 5.1；当梁受压翼缘的自由外伸宽度与厚度之比大于 $13\sqrt{\dfrac{225}{f_y}}$ 而不超过 $15\sqrt{\dfrac{225}{f_y}}$ 时，$\gamma_x = \gamma_y = 1.0$。

　　2. 对于直接承受动力荷载梁，仍按式（5.3）、式（5.4）计算，但应取 $\gamma_x = \gamma_y = 1.0$。

f——钢材的抗弯强度设计值。

5.2.1.2 抗剪强度

梁截面在剪力的作用下要产生剪应力，剪应力分布图如图 5.2（f）所示。《钢结构设计规范》以截面最大剪应力达到所用钢材剪应力屈服点作为抗剪承载力极限状态。因此对于绕强轴（x 轴）受弯的梁，抗剪强度计算公式如下：

$$\tau = \frac{VS}{I t_w} \leqslant f_v \tag{5.5}$$

式中　V——计算截面沿腹板平面作用的剪力；

　　　I——毛截面绕强轴（x 轴）的惯性矩；

　　　S——中和轴以上或以下截面对中和轴的面积矩，按毛截面计算；

　　　t_w——腹板的厚度；

　　　f_v——钢材抗剪强度设计值。见附表 1.2。

轧制工字钢和槽钢因受轧制条件限制，腹板厚度 t_w 相对较大，当无较大的截面削弱（如切割或开孔等）时，一般可不计算剪应力。

5.2.1.3 腹板局部压应力

当工字形、箱形等截面梁的上翼缘上有固定集中荷载（包括支座反力）作用，且该处又未设置支承加劲肋 [图 5.3（b）] 时，或者有移动集中荷载 [如吊车轮压，图 5.3（a）] 时，集中荷载通过翼缘传给腹板，腹板计算高度边缘集中荷载作用处会有很高的局部横向压应力。为保证这部分腹板不致受压破坏，应计算腹板计算高度边缘的局部横向压应力。

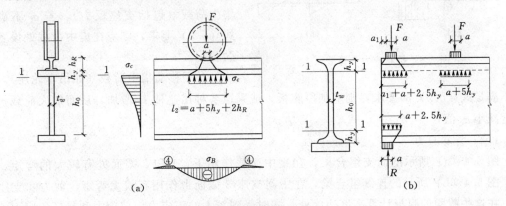

图 5.3　梁腹板局部压应力

如图 5.3 所示，梁翼缘局部范围 a 段内有集中荷载 F 作用。这时翼缘像一个支承在腹板上的弹性地基梁，腹板计算高度 h_0 的边缘（图中 1—1 截面）处，局部横向压应力 σ_c 最大，沿梁高向下 σ_c 逐渐减小至 0。沿跨度方向荷载作用点处 σ_c 最大，然后向两边逐渐减小，至远端甚至出现拉应力，如图 5.3（a）中所示的 σ_c 分布曲线。

实际计算时，偏安全地近似假定集中荷载 F 从作用点开始，在 h_y 高度范围内以 1∶2.5 的斜率，在 h_R 高度范围内以 1∶1 的斜率，均匀地向腹板内扩散，至 1—1 截面扩散长度为 l_z，假定在 l_z 长度范围内 σ_c 均匀分布，按这种假定计算的均布压应力与理论分析的最大压应力十分接近。这样，《钢结构设计规范》规定腹板计算高度 h_0 边缘局部横向压应力 σ_c 应满足下式要求：

$$\sigma_c = \frac{\psi F}{t_w l_z} \leqslant f \tag{5.6a}$$

其中

$$l_z = a + 5h_y + 2h_R \tag{5.6b}$$

式中 F——集中荷载，对动力荷载应考虑动力系数；

ψ——集中荷载增大系数，对重级工作制吊车梁，$\psi=1.35$；对其他梁，$\psi=1.0$；

l_z——集中荷载在腹板计算高度边缘的假定分布长度；

a——集中荷载沿梁跨度方向的实际支承长度，对吊车梁可取 50mm；

h_y——自梁顶面至腹板计算高度上边缘的距离；

h_R——轨道的高度，计算处无轨道时 $h_R=0$。

腹板计算高度 h_0 边缘处的位置是：对焊接组合梁，为腹板边缘处，如图 5.3（a）所示；对轧制型钢梁，为腹板上、下翼缘相接处两内弧起点处，如图 5.3（b）所示。

在梁的支座处，当不设置支承加劲肋时，也应按式（5.6）计算腹板计算高度下边缘的局部压应力，但 $\psi=1.0$。支座集中反力的假定分布长度如图 5.4（b）所示。

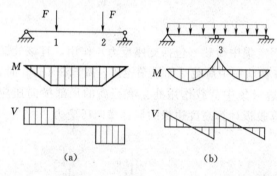

图 5.4 折算应力计算截面

当集中荷载位置固定时（支座处反力，次梁传来的集中力），一般要在荷载作用处的梁腹板上设置支承加劲肋。支承加劲肋对梁翼缘刨平顶紧或可靠连接，这时可认为集中荷载通过支承加劲肋传递，因而腹板的局部压应力不必验算。所以对于固定集中荷载（包括支座反力），若 σ_c 不满足式（5.6）要求，则应在集中荷载处设置加劲肋。

对于移动集中荷载（如吊车轮压），若 σ_c 不满足式（5.6）的要求，则应加厚腹板，或采取各种措施使 l_z 增加，从而加大荷载扩散长度减小 σ_c 值。

5.2.1.4 折算应力

图 5.4（a）所示的简支组合梁，在集中荷载作用下，1 和 2 截面处有较大的弯矩、剪力。图 5.4（b）所示的连续组合梁，在中间支座 3 截面也作用有较大弯矩、剪力和支座反力。在这些截面的腹板计算高度边缘处，同时受到较大的正应力、剪应力和局部压应力，或同时受有较大的正应力和剪应力，应按下式验算其折算应力：

$$\sigma_{eq} = \sqrt{\sigma^2 + \sigma_c^2 - \sigma\sigma_c + 3\tau^2} \leqslant \beta_1 f \tag{5.7}$$

式中 σ、τ、σ_c——分别为腹板计算高度边缘处同一点上同时产生的正应力、剪应力和局部压应力；

σ_c——验算点处局部压应力，按式（5.6）计算，当验算截面处设有加劲肋或无集中荷载时，取 $\sigma_c=0$；

σ——腹板计算高度边缘处的正应力，$\sigma=\dfrac{M}{I_n}y_1$；

τ——验算点处的剪应力，按式（5.5）计算，但式中 S 为腹板上边缘处以上翼缘面积对中和轴的面积矩；

I_n——梁净截面惯性矩；

y_1——计算点至梁中和轴的距离；

β_1——计算折算应力处的强度设计值增大系数，系考虑到需验算折算应力的部位只是梁的局部区域，故 $\beta_1 > 1.0$。当 σ、σ_c 异号时，$\beta_1 = 1.2$；当 σ、σ_c 同号或 $\sigma_c = 0$ 时，取 $\beta_1 = 1.1$，这是因为同号应力下钢材塑性变形能力较差之故；

σ、σ_c 以拉应力为正值，压应力为负值。

在进行梁的强度计算时，要注意计算截面、验算点以及设计强度的取值方法。例如正应力验算是取最大弯矩截面，验算点是截面最外边缘处，因此，对焊接组合截面，式 (5.3) 或式 (5.4) 中的 f 要由翼缘板厚度来确定；而折算应力计算是弯矩和剪力均较大的截面，验算点是腹板计算高度边缘处，因此，式 (5.7) 中的 f 要由腹板的厚度来确定。

5.2.2 钢梁的刚度

梁必须具有一定的刚度才能保证正常使用。刚度不足时，会产生较大的挠度。如果楼盖梁或屋盖梁挠度太大，会引起居住者不适，或面板开裂；支承吊顶的梁挠度太大，会引起吊顶抹灰开裂脱落；吊车梁挠度过大，可能使吊车不能运行。因此，对梁的挠度要加以限制。梁的挠度 w 或相对挠度 w/l 不超过规定容许值，即满足

$$w \leqslant [w] \tag{5.8}$$

$$w/l \leqslant [w]/l \tag{5.9}$$

式中 w——梁的最大挠度，计算时取荷载标准值；

$[w]$——梁的容许挠度，按表 5.2 采用。

对承受较大可变荷载的受弯构件的挠度计算时，除了要控制受弯构件在全部荷载标准值下的最大挠度外，尚应保证其在可变荷载标准值作用下的最大挠度不超过相应的容许挠度值，以保证构件在正常使用时的工作性能。

1. 简支梁在各种荷载作用下的跨中最大挠度计算公式

(1) 均布荷载

$$w = \frac{5q_K l^4}{384EI}$$

(2) 跨中一个集中荷载

$$w = \frac{P_K l^3}{48EI}$$

(3) 跨间等距离布置两个相等的集中荷载

$$w = \frac{6.81 P_K l^3}{384EI}$$

(4) 跨间等距离布置三个相等的集中荷载

$$w = \frac{6.33 P_K l^3}{384EI}$$

2. 悬臂梁在简单荷载作用下的自由端最大挠度计算公式

(1) 受均布荷载作用时

$$w = \frac{q_K l^4}{8EI}$$

（2）自由端受集中荷载作用

$$w = \frac{P_K l^3}{3EI}$$

式中　w——挠度；

　　　q_K——均布荷载标准值；

　　　P_K——各个集中荷载标准值之和；

　　　l——梁的跨度；

　　　E——钢材弹性模量，$E = 206000 \text{N/mm}^2$；

　　　I——梁的毛截面惯性矩。

表 5.2　　　　　　　　　　　　　　　　　受弯构件挠度容许值

项次	构件类别	挠度允许值	
		$[w_T]$	$[w_Q]$
1	吊车梁和吊车桁架（按自重和起重量最大的一台吊车计算挠度） （1）手动吊车和单梁吊车（含悬挂吊车） （2）轻级工作制桥式吊车 （3）中级工作制桥式吊车 （4）重级工作制桥式吊车	$l/500$ $l/800$ $l/1000$ $l/1200$	
2	手动或电动葫芦的轨道梁	$l/400$	
3	有重轨（重量不小于 38kg/m）轨道的工作平台梁 有轻轨（重量不小于 24kg/m）轨道的工作平台梁	$l/600$ $l/400$	
4	楼（屋）盖梁或桁架，工作平台梁（第 3 项除外）和平台板 （1）主梁或桁架（包括设有悬挂起重设备的梁和桁架） （2）抹灰顶棚的次梁 （3）除（1）、（2）款外的其他梁（包括楼梯梁） （4）屋盖檩条 　支承无积灰的瓦楞铁和石棉瓦屋面者 　支承压型金属板、有积灰的瓦楞铁和石棉瓦等屋面者 　支承其他屋面材料者 （5）平台板	$l/400$ $l/250$ $l/250$ $l/150$ $l/200$ $l/200$ $l/150$	$l/500$ $l/350$ $l/300$
5	墙架构件（风荷载不考虑阵风系数） （1）支柱 （2）抗风桁架（作为连续支柱的支承时） （3）砌体墙的横梁（水平方向） （4）支承压型金属板、瓦楞铁和石棉瓦墙面的横梁（水平方向） （5）带有玻璃窗的横梁（竖直和水平方向）	$l/200$	$l/400$ $l/1000$ $l/300$ $l/200$ $l/200$

注　1. l 为受弯构件的跨度（对悬臂梁和伸臂梁为悬伸长度的 2 倍）。

　　　2. $[w_T]$ 为全部荷载标准值产生的挠度（如有起拱应减去拱度）允许值。

　　　　$[w_Q]$ 为可变荷载标准值产生的挠度允许值。

学习情境 5.3　梁 的 整 体 稳 定

5.3.1　梁的整体稳定概念

如前所述，对于绕强轴（x 轴）弯曲的梁，它的抗弯强度设计值是 $M_x = \gamma_x W_{nx} f$，梁的刚度则用挠度衡量，其挠度与梁截面惯性矩 I_x 成反比。为提高强度和刚度，梁截面的 W_{nx} 及 I_x 愈大愈好；另一方面，为节约钢材，减轻自重，又要求截面面积愈小愈好。这样，从强度和刚度考虑，梁的截面似乎愈高愈窄愈有利。但是太高太窄的梁可能在达到强度极限承载力之前，从平面弯曲状态转变为弯扭状态。

　　单向受弯梁（即只在一个主平面内弯曲的梁），如图 5.5 所示，当荷载不大时，只在 yz 平面内产生弯曲变位 v，但当荷载达到某一数值时，梁有可能突然产生在 xz 平面内的弯曲变位 u（称为侧向变位）和扭转变形 θ。如荷载继续增加，梁的侧向变位和扭转将急剧增加，导致梁的承载能力的丧失。

　　这种梁从平面弯曲状态转变到同时发生不能恢复的侧向弯曲和扭曲的变形状态的现象称为整体失稳。

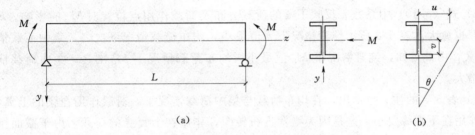

图 5.5　梁丧失整体稳定的情况

5.3.2　梁整体稳定的临界弯矩

5.3.2.1　临界弯矩的计算

　　梁从平面弯曲状态转到同时发生不能恢复的侧向弯曲和扭曲的变形状态，即从稳定平衡状态转到不稳定平衡状态的分界点，称为梁稳定平衡状态的临界点。这时梁所能承受的弯矩称为临界弯矩 M_{cr}。

　　由此看来，设计钢梁除了要保证强度、刚度安全外，还应保证梁的整体稳定，即梁的荷载弯矩不得超过临界弯矩 M_{cr}。

　　取一双轴对称工字形截面的理想直梁，两端支座简支，且同时能阻止侧移和扭转，即保证梁端夹支。按弹性稳定理论分析，可以解得该梁在弹性范围的整体稳定临界弯矩为

$$M_{cr} = k\,\frac{\sqrt{EI_y GI_t}}{l_1} \tag{5.10}$$

式中　　l_1——梁受压翼缘的自由长度，对跨中无侧向支承点的梁，l_1 为其跨度，对跨中有侧
　　　　　　向支承点的梁，l_1 为梁受压翼缘侧向支撑的间距，梁支座处视为有侧向支撑；

　　　　I_y——梁对弱轴（y）轴的毛截面惯性矩；

　　　　I_t——梁毛截面的抗扭惯性矩；

　　　　G——钢材剪变模量，$G=79000\text{N}/\text{mm}^2$；

　　　　k——梁整体稳定屈曲系数，见表 5.3。

5.3.2.2　影响临界弯矩的主要因素

　　对式（5.10）进行分析，可以得到影响临界弯矩的主要因素如下：

　　（1）梁的侧向抗弯刚度 EI_y 抗扭刚度 GI_t 愈大，则临界弯矩 M_{cr} 愈大。

表 5.3　　　　　　　　　　　　　　　**梁整体稳定屈服系数 k**

荷　载　情　况	k
纯弯曲	$\pi\sqrt{1+\pi^2\psi}$
均布荷载	$3.54\left(\sqrt{1+11.9\psi}\mp1.44\sqrt{\psi}\right)$
跨中央一个集中荷载	$4.23\left(\sqrt{1+12.9\psi}\mp1.74\sqrt{\psi}\right)$

注　1. $\psi=\left(\dfrac{h}{2l_1}\right)^2\dfrac{El_y}{GI_t}$（$h$ 为梁截面高度）。

　　2. 表中干号为：－号用于荷载作用在梁的上翼缘情况；＋号用于荷载作用在梁的下翼缘情况。

（2）梁的跨度 l（或侧向支承点的间距）愈小，则临界弯矩 M_{cr} 愈大。

（3）式（5.10）中系数 k 反映了梁的荷载分布及荷载作用点位置对 M_{cr} 的影响。k 值愈大，M_{cr} 也愈大。表 5.3 所示纯弯情况下 k 值最小，均布荷载情况下次之，集中荷载情况下 k 值最大，由此可知，纯弯情况下 M_{cr} 值最小，均布荷载情况下 M_{cr} 次之，集中荷载情况下 M_{cr} 值最大。

（4）表 5.3 的注 2 也示出，在均布荷载与集中荷载情况下，荷载作用在梁的上翼缘时，M_{cr} 比作用在下翼缘要小。这是因为梁发生扭转时，作用在上翼缘的荷载，由于截面扭转对截面形心产生的力矩 Pe 将加剧梁的扭转，助长梁的屈曲，使 M_{cr} 降低 [图 5.6（a）]；作用在下翼缘的荷载，由于截面扭转对截面形心产生的力矩 Pe 会减缓梁的扭转，使 M_{cr} 提高 [图 5.6（b）]。

（5）梁支承对位移的约束程度愈大，则临界弯矩愈大。设计梁时必须从构造上保证梁的支座及侧向支撑能有效阻止梁的侧向弯曲和扭转，即保证梁端或支撑处夹支，如图 5.7 所示。因为这是推导式（5.10）的前提条件，否则，梁的 M_{cr} 值将会降低。

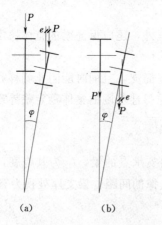

（a）　　　　（b）

图 5.6　荷载位置对梁整体稳定的影响

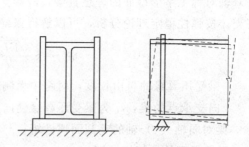

图 5.7　夹支的梁支座

5.3.3　梁整体稳定的计算

　　梁丧失整体稳定时必然同时发生侧向弯曲和扭转变形，因此当采取了必要的措施阻止梁受压翼缘发生侧向变形，或者使梁的整体稳定临界弯矩高于或接近于梁的屈服弯矩时，验算梁的抗弯强度后也就不需再验算梁的整体稳定。否则需要验算梁的整体稳定。

5.3.3.1 保证梁整体稳定性的措施

当梁满足下述条件之一时，梁在丧失强度承载力之前也不会失去整体稳定，因此这时可以不计算梁的整体稳定性。

（1）有铺板密布在梁的受压翼缘并与其牢固连接。

（2）H 型钢或工字形截面简支梁受压翼缘的自由长度 l_1 与其宽度 b_1 之比不超过表 5.4 中的规定数值。

表 5.4   **H 型钢或工字形截面简支梁不需计算整体稳定性的最大 l_1/b_1 值**

钢　号	跨中无侧向支承点的梁		跨中受压翼缘有侧向支承点的梁，
	荷载作用在上翼缘	荷载作用在下翼缘	不论荷载作用于何处
Q235	13.0	20.0	16.0
Q345	10.5	16.5	13.0
Q390	10.0	15.5	12.5
Q420	9.5	15.0	12.0

注 1. l_1 指梁受压翼缘的自由长度：对跨中无侧向支承点的梁，l_1 为其跨度；对跨中有侧向支承点的梁，l_1 为受压翼缘侧向支承点间的距离（梁的支座处视为有侧向支承）。

    2. 其他钢号的梁不需计算整体稳定性的最大 l_1/b_1 值，应取 Q235 号钢的数值乘以 $\sqrt{\dfrac{235}{f_y}}$。

    3. 梁的支座处，应采取构造措施以防止梁端截面的扭转。

    4. 对箱形截面简支梁，须满足 $h/b_0 \leqslant 6$ 且 $l_1/b_0 \leqslant 95\sqrt{\dfrac{235}{f_y}}$，如图 5.8 所示。

5.3.3.2 梁的整体稳定验算公式

当梁不满足上述稳定条件时，需验算梁的整体稳定性。

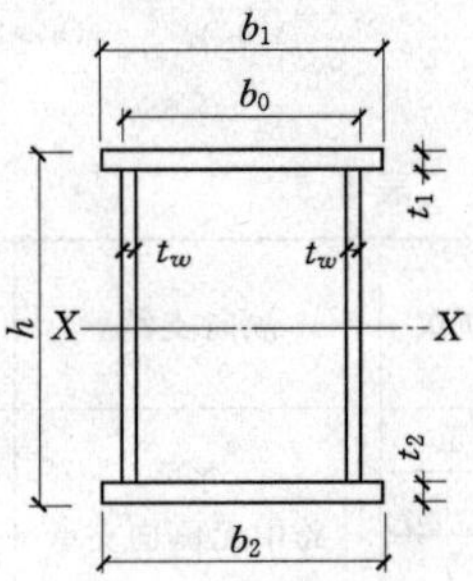

1. 绕强轴受弯构件梁的整体稳定性验算公式

$$\frac{M_x}{\varphi_b W_x} \leqslant f \tag{5.11}$$

式中 M_x——绕强轴作用的最大弯矩；

       W_x——按受压翼缘确定的梁毛截面抵抗矩；

       φ_b——梁的整体稳定系数。

图 5.8   箱形截面

2. 双向弯曲的 H 型钢或工字形截面梁整体稳定验算公式

$$\frac{M_x}{\varphi_b W_x} + \frac{M_y}{\gamma_y W_y} \leqslant f \tag{5.12}$$

式中 W_x、W_y——按受压翼缘确定的梁毛截面抵抗矩；

       M_x、M_y——绕强轴 x 和弱轴 y 作用的最大弯矩；

       φ_b——绕强轴弯曲所确定的梁整体稳定系数；

       γ_y——截面塑性发展系数。见表 5.1。

5.3.3.3 梁的整体稳定系数 φ_b

1. 焊接工字形等截面简支梁

焊接工字形等截面（图 5.9）简支梁的整体稳定系数 φ_b 应按式（5.13）计算：

$$\varphi_b = \beta_b \frac{4320}{\lambda_y^2} \frac{Ah}{W_x} \left[\sqrt{1 + \left(\frac{\lambda_y t_1}{4.4h} \right)^2} + \eta_b \right] \frac{235}{f_y} \tag{5.13}$$

式中 W_x——按受压纤维确定的梁毛截面模量；

       β_b——梁整体稳定的等效弯矩系数，按表 5.5 采用；

λ_y——梁在侧向支承点间对截面弱轴 y—y 的长细比，$\lambda_y = l_1/i_y$，l_1 为侧向支承点之间的距离，i_y 为梁毛截面对 y 轴的回转半径；

A——梁毛截面面积；

h、t_1——梁截面的全高和受压翼缘厚度，如图 5.9 所示；

η_b——截面不对称影响系数。

对双轴对称工字形截面 [图 5.9（a）]：$\eta_b = 0$

对单轴对称工字形截面 [图 5.9（b）、（c）]：

加强受压翼缘：$\eta_b = 0.8(2a_b - 1)$

加强受拉翼缘：$\eta_b = 2a_b - 1$

$a_b = \dfrac{I_1}{I_1 + I_2}$，$I_1$ 和 I_2 分别为受压翼缘和受拉翼缘对 y 轴的惯性矩。

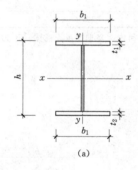
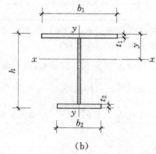
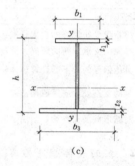

| (a) | (b) | (c) |

图 5.9　焊接工字形截面

表 5.5　　　　　　　　　　　　　　工字形截面简支梁系数 β_b

项次	倾向支承	荷载		$\xi = \dfrac{l_1 t_1}{b_1 h}$		适用范围
				$\xi \leqslant 2.0$	$\xi > 2.0$	
1	跨中无侧向支承	均布荷载作用在	上翼缘	$0.69 + 0.13\xi$	0.95	图 5.9（a）、（b）的截面
2			下翼缘	$1.73 - 0.20\xi$	1.33	
3		集中荷载作用在	上翼缘	$0.73 + 0.18\xi$	1.09	
4			下翼缘	$2.23 - 0.28\xi$	1.67	
5	跨中有一个侧向支承点	均布荷载作用在	上翼缘	1.15		图 5.9 中所有截面
6			下翼缘	1.40		
7		集中荷载作用在截面高度上任意位置		1.75		
8	跨中有不少于两个等距离侧向支承点	任意荷载作用在	上翼缘	1.20		
9			下翼缘	1.40		
10	梁端有弯矩，但跨中无荷载作用			$1.75 - 1.05\left(\dfrac{M_2}{M_1}\right)^2 + 0.3\left(\dfrac{M_2}{M_1}\right)^2$，且不大于 2.3		

注　1. $\xi = \dfrac{l_1 t_1}{b_1 h}$——参数，其中 b_1 和 t_1 如图 5.9 所示。

　　2. M_1 和 M_2 为梁的端弯矩，使梁产生同向曲率时，M_1 和 M_2 取同号，产生反向曲率时，取异号，$|M_1| \geqslant |M_2|$。

　　3. 表中项次 3、4 和 7 的集中荷载是指一个或少数几个集中荷载位于跨中央附近的情况，对其他情况的集中荷载，应按表中项次 1、2、5、6 内的数值采用。

　　4. 表中项次 8、9 的 β_b，当集中荷载作用在侧向支承点处时，取 $\beta_b = 1.20$。

　　5. 荷载作用在上翼缘系指荷载作用点在翼缘表面，方向指向截面形心；荷载作用在下翼缘系指荷载作用点在翼缘表面，方向背向截面形心。

　　6. 对 $a_b > 0.8$ 的加强受压翼缘工字形截面，下列情况的 β_b 值应乘以相应的系数：

　　　　项次 1：当 $\xi \leqslant 1.0$ 时，系数为 0.95；

　　　　项次 3：当 $\xi \leqslant 0.5$ 时，系数为 0.90；

　　　　当 $0.5 < \xi \leqslant 1.0$ 时，系数为 0.95。

当按上述公式算得的 $\varphi_b > 0.60$ 时，钢梁进入弹塑性工作阶段，应将式（5.13）算得的 φ_b 予以降低，以一个较小的 φ_b' 代替 φ_b。φ_b' 计算公式如下

$$\varphi_b' = 1.07 - \frac{0.282}{\varphi_b} \leqslant 1.0 \tag{5.14}$$

H 型钢 φ_b 值计算与上述方法相同，其中 $\eta_b = 0$。

2. 轧制普通工字钢简支梁

轧制普通工字钢简支梁整体稳定系数 φ_b 应按表 5.6 采用，可按荷载情况、工字钢型号及受压翼缘自由长度直接由表 5.6 查得。同样，当所得的 $\varphi_b > 0.6$ 时，也应按式（5.14）算出相应的 φ_b' 代替 φ_b 值。

表 5.6   扎制普通工字钢简支梁的 φ_b

项次	荷载情况		工字钢型号	自由长度 l_1(m)								
				2	3	4	5	6	7	8	9	10
1	跨中无侧向支承点的梁	集中荷载作用于	上翼缘									
			10~20	2.00	1.30	0.99	0.80	0.68	0.58	0.53	0.48	0.43
			22~32	2.40	1.48	1.09	0.86	0.72	0.62	0.54	0.49	0.45
			36~63	2.80	1.60	1.07	0.83	0.68	0.56	0.50	0.45	0.40
2			下翼缘									
			10~20	3.10	1.95	1.34	1.01	0.82	0.69	0.63	0.57	0.52
			22~40	5.50	2.80	1.84	1.37	1.07	0.86	0.73	0.64	0.56
			45~63	7.30	3.60	2.30	1.62	1.20	0.96	0.80	0.69	0.60
3		均布荷载作用于	上翼缘									
			10~20	1.70	1.12	0.84	0.68	0.57	0.50	0.45	0.41	0.37
			22~40	2.10	1.30	0.93	0.73	0.60	0.51	0.45	0.40	0.36
			45~63	2.60	1.45	0.97	0.73	0.59	0.50	0.44	0.38	0.35
4			下翼缘									
			10~20	2.50	1.55	1.08	0.83	0.68	0.56	0.52	0.47	0.42
			22~40	4.00	2.20	1.45	1.10	0.85	0.70	0.60	0.52	0.46
			45~63	5.60	2.80	1.80	1.25	0.95	0.78	0.65	0.55	0.49
5	跨中有侧向支承点的梁（不论荷载作用点在截面高度上的位置）		10~22	2.20	1.39	1.01	0.79	0.66	0.57	0.52	0.47	0.42
			22~40	3.00	1.80	1.24	0.96	0.76	0.65	0.56	0.49	0.43
			45~63	4.00	2.20	1.38	1.01	0.80	0.66	0.56	0.49	0.43

注　1. 同表 5.5 中的注 3、5。

2. 表中的 φ_b 适用于 Q235 钢，对其他钢号，表中数值应乘以 $235/f_y$。

3. 轧制槽钢简支梁

轧制槽钢简支梁的整体稳定系数，不论荷载的形式和荷载作用点在截面高度上的位置均可按式（5.15）计算：

$$\varphi_b = \frac{570bt}{l_1 h} \times \frac{235}{f_y} \tag{5.15}$$

式中　h、b、t——槽钢截面的高度、翼缘宽度和平均厚度。

按式（5.15）算得的 $\varphi_b > 0.6$ 时，应按式（5.14）算出相应的 φ_b' 代替 φ_b 值。

4. 双轴对称工字形等截面悬臂梁

详见《钢结构设计规范》规定。

此外，对于均匀弯曲的工字形和 T 形截面受弯构件，当 $\lambda_y < 120 \sqrt{235/f_y}$ 时，还可按学习情境 6.3 所述的近似公式计算 φ_b，算得的 $\varphi_b > 0.60$ 时，不需按公式换算成 φ_b' 值，但当算

得的 $\varphi_b > 1.0$ 时，取 $\varphi_b = 1.0$。

要提高梁的整体稳定性，较经济合理的方法是设置侧向支撑，减少梁受压翼缘的自由长度。当将梁的受压翼缘近似地看作一根轴心压杆时，支撑受力可按式（5.16）计算：

$$F = \frac{A_f f}{85} \sqrt{\frac{f_y}{235}} \tag{5.16}$$

式中　A_f——梁受压翼缘的截面面积。

为了能有效阻止梁侧弯和扭转，侧向支撑应设置在梁受压翼缘处，同时布置也要合理。例如图 5.10（a）中梁的侧向支撑布置就不合理，图中两根平行布置的支撑可以随梁侧弯而移动。图 5.10（b）中侧向支撑锚固在墙上，图 5.10（c）中侧向支撑与斜向支撑组成一个几何不变的桁架，这两种支撑都能有效阻止梁侧弯和扭转，因而布置合理。按图中布置，侧向支撑间距 l_1 可取为梁跨度的 1/3。

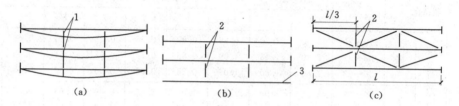

图 5.10　梁的侧向支撑布置
1—无效支撑；2—有效支撑；3—墙

【例题 5.1】　某简支梁，焊接工字形截面，跨度中点及两端都设有侧向支承，可变荷载标准值及梁截面尺寸如图 5.11 所示，荷载作用于梁的上翼缘。设梁的自重为 1.57kN/m，材料为 Q235—A·F，试计算此梁的整体稳定性。

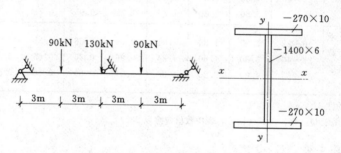

图 5.11　［例题 5.1］图

【解】

梁受压翼缘自由长度 $l_1 = 6\mathrm{m}$，$l_1/b_1 = 600/27 = 22 > 16$，因此应计算梁的整体稳定。

经计算，梁截面几何特征值为

$$I_x = 4050 \times 10^6 \mathrm{mm}^4, \quad I_y = 32.8 \times 10^6 \mathrm{mm}^4$$

$$A = 13800 \mathrm{mm}^2, \quad W_x = 570 \times 10^4 \mathrm{mm}^3$$

梁的最大弯矩设计值为

$$M_{\max} = \frac{1}{8}(1.2 \times 1.57) \times 12^2 + 1.4 \times 90 \times 3 + 1.4 \times \frac{1}{2} \times 130 \times 6 = 958(\mathrm{kN \cdot m})$$

钢梁整体稳定系数计算式为

$$\varphi_b = \beta_b \frac{4320}{\lambda_y^2} \frac{Ah}{W_x} \left[\sqrt{1 + \left(\frac{\lambda_y t_1}{4.4h} \right)^2} + \eta_b \right] \frac{235}{f_y}$$

查表 5.5，得 $\beta_b = 1.15$

$$i_y = \sqrt{\frac{I_y}{A}} = \sqrt{\frac{32.8 \times 10^6}{13800}} = 48.75 \, (\text{mm})$$

$$\lambda_y = \frac{6000}{48.75} = 123, \quad h = 1420\text{mm}, \quad t_1 = 10\text{mm}$$

$$\eta_b = 0, \quad f_y = 235\text{kN/mm}^2$$

带入 φ_b 公式，有 $\varphi_b = 1.152 > 0.6$，对 φ_b 修正，得 $\varphi_b' = 1.07 - 0.282/\varphi_b = 0.825$

因此 $\quad \dfrac{M_x}{\varphi_b' W_x} = \dfrac{958 \times 10^6}{0.825 \times 570 \times 10^4} = 203.7 \, (\text{N/mm}^2) < 215\text{N/mm}^2$

故梁的整体稳定可以保证。

【**例题 5.2**】 如图 5.12 所示工字形简支主梁，Q235F 钢，$f = 215\text{N/mm}^2$，$f_v = 125\text{N/mm}^2$，承受两个次梁传来的集中力 $P = 250\text{kN}$ 作用（设计值），次梁作为主梁的侧向支承，不计主梁自重，$\gamma_x = 1.05$。求：（1）验算主梁的强度；（2）判别梁的整体稳定性是否需要验算。

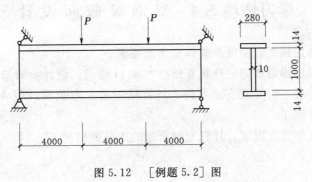

图 5.12 ［例题 5.2］图

【**解**】

（1）主梁强度验算。

梁的最不利截面为第一根次梁左侧截面和第二根次梁的右侧截面，由于其对称性，此两截面受力相同

$$M = P \times 4 = 250 \times 4 = 1000 \, (\text{kN} \cdot \text{m})$$
$$V = P = 250\text{kN}$$

梁的截面特性

$$I_x = 2 \times 28 \times 1.4 \times 50.7^2 + \frac{1}{12} \times 1.0 \times 100^3 = 284860 \, (\text{cm}^4)$$

$$W_x = \frac{2.0 I_x}{h} = \frac{284860}{51.4} = 5542 \, (\text{cm}^3)$$

$$S = 28 \times 1.4 \times 50.7 + 50 \times 1.0 \times 25 = 3237.44 \approx 3237 \, (\text{cm}^3)$$

正应力强度

$$\frac{M}{r_x W_x} = \frac{1000 \times 10^3 \times 10^3}{1.05 \times 5542 \times 10^3} = 171.8 \, (\text{N/mm}^2) < 215\text{N/mm}^2$$

剪应力强度

$$\frac{VS}{I_x t_w} = \frac{250 \times 10^3 \times 3237 \times 10^3}{284860 \times 10^4 \times 10} = 28.4(\text{N/mm}^2) < f_v = 125\text{N/mm}^2$$

该截面上腹板与翼缘连接处正应力、剪应力都较大，所以需验算折算应力。

$$\sigma_1 = \frac{My}{I_x} = \frac{1000 \times 10^6 \times 500}{284860 \times 10^4} = 175.5(\text{N/mm}^2)$$

$$S_1 = 280 \times 14 \times 507 = 1.99 \times 10^6(\text{mm}^3)$$

$$\tau_1 = \frac{VS_1}{I_x t_w} = \frac{250 \times 10^3 \times 1.99 \times 10^6}{284860 \times 10^4 \times 10} = 17.5(\text{N/mm}^2)$$

$$\sigma_{zs} = \sqrt{\sigma_1^2 + 3\tau_1^2} = 178.1\text{N/mm}^2 < \beta_1 f = 1.1 \times 215 = 236.5(\text{N/mm}^2)$$

所以强度满足要求。

（2）梁的整体稳定性验算

$$\frac{l_1}{b_1} = \frac{4000}{280} = 14.3 < 16$$

所以不必验算整体稳定性。

学习情境 5.4 型钢梁截面设计

型钢梁设计应满足强度、刚度及整体稳定的要求。

单向受弯型钢梁用得最多的是热轧普通型钢和 H 型钢。设计步骤如下：

（1）根据梁的荷载、跨度及支承条件，计算梁的最大弯矩设计值 M_{max}，并按选定钢材确定其抗弯强度设计值 f。

（2）根据梁的抗弯强度要求，计算型钢所需的净截面模量 W_T，即

$$W_{nx} = \frac{M_x}{\gamma_x f} \tag{5.17}$$

式（5.17）中 γ_x 可取 1.05，当梁最大弯矩处截面上有孔洞（如螺栓孔等）时，可将算得的 W_T 增大 $10\% \sim 15\%$，然后由 W_T 查附录型钢表，选定型钢号。

（3）计算钢梁的自重荷载及其弯矩，然后按计入自重的总荷载和弯矩，分别按式（5.3）、式（5.9）及式（5.11）验算梁的抗弯强度、刚度及整体稳定。注意强度及稳定按荷载设计值计算，刚度按荷载标准值计算。由于型钢梁腹板较厚，一般截面无削弱情况，可不验算剪应力及折算应力。对于翼缘上只承受均布荷载的梁，局部承压强度也可不验算。

【例题 5.3】 某工作平台，其梁格布置如图 5.13（a）所示，次梁简支于主梁上，平台上无动力荷载，平台上永久荷载标准值为 3.5N/mm^2，可变荷载标准值为 8N/mm^2，钢材为 Q235。

情况 1：设次梁采用热轧工字钢 I 32a，平台铺板与次梁可靠焊接，试验算次梁的强度和刚度。

情况 2：次梁截面改为热轧 H 型钢 HN346×174×6×9，其余条件不变，试验算次梁的强度和刚度。

【解】

情况 1：

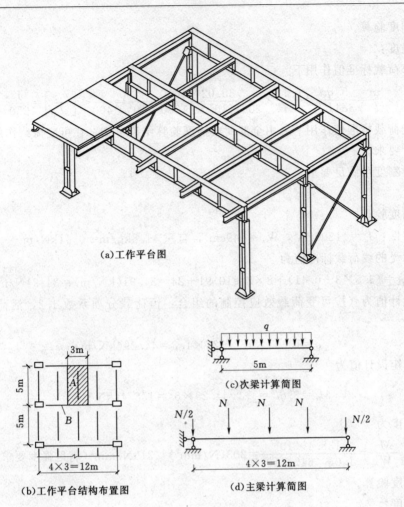

(a)工作平台图

(b)工作平台结构布置图

(c)次梁计算简图

(d)主梁计算简图

图 5.13　［例题 5.3］图

（1）强度验算。

Ⅰ32a 截面特性，$I_x = 11080 \text{cm}^4$，$W_x = 692 \text{cm}^3$，自重 52.7kg/m＝0.52kN/m，次梁承受的线荷载标准值为

$$q_k = (3.5 \times 3 + 0.52) + 8 \times 3 = 11.02 + 24 = 35.02 (\text{kN/m}) = 35.02 \text{N/mm}$$

荷载设计值为（按可变荷载效应控制的组合：恒荷载分项系数 1.2，活荷载分项系数 1.3）：

$$q = 11.02 \times 1.2 + 24 \times 1.3 = 44.42 (\text{kN/m})$$

最大弯矩设计值为

$$M_x = \frac{1}{8} q l^2 = \frac{1}{8} \times 44.42 \times 5^2 = 138.8 (\text{kN} \cdot \text{m})$$

截面跨中无孔眼削弱，因此 $W_{nx} = W_x = 692 \text{mm}^3$。由于型钢腹板较厚，一般不必验算抗剪强度，所以只需验算梁的抗弯强度。

梁的抗弯强度为

$$\frac{M}{r_x W_{nx}} = \frac{138.8 \times 10^6}{1.05 \times 692 \times 10^3} = 191 (\text{N/mm}^2) < 215 \text{N/mm}^2$$

满足强度要求。

（2）刚度验算。

验算挠度：

在全部荷载标准值作用下

$$\frac{w}{l}=\frac{5}{384}\frac{q_k l^3}{EI_x}=\frac{5}{384}\times\frac{35.02\times5000^3}{206\times10^3\times11080\times10^4}=\frac{1}{400}<\left[\frac{w_T}{l}\right]=\frac{1}{250}$$

在可变荷载标准值作用下，由全部荷载挠度验算结果可知，在可变荷载作用下的挠度也可满足设计要求。

所以梁刚度可满足要求。

情况2：

（1）强度验算。

截面特性：$I_x=11200\text{cm}^4$，$W_x=649\text{cm}^3$，自重 41.8kg/m=0.41kN/m

次梁承受的线荷载标准值为

$$q_k=(3.5\times3+0.41)+8\times3=10.91+24=34.91(\text{kN/m})=34.91\text{N/mm}$$

荷载设计值为（按可变荷载效应控制的组合：恒荷载分项系数 1.2，活荷载分项系数 1.3）：

$$q=10.91\times1.2+24\times1.3=44.29(\text{kN/m})$$

最大弯矩设计值为

$$M_x=\frac{1}{8}ql^2=\frac{1}{8}\times44.29\times5^2=138.4(\text{kN·m})$$

梁的强度为

$$\frac{M}{r_x W_{nx}}=\frac{138.4\times10^6}{1.05\times649\times10^3}=203(\text{N/mm}^2)<215\text{N/mm}^2（满足强度要求）$$

（2）刚度验算。

验算挠度

在全部荷载标准值作用下

$$\frac{w}{l}=\frac{5}{384}\frac{q_k l^3}{EI_x}=\frac{5}{384}\times\frac{34.91\times5000^3}{206\times10^3\times11200\times10^4}=\frac{1}{406}<\left[\frac{w_T}{l}\right]=\frac{1}{250}$$

在可变荷载标准值作用下，由全部荷载挠度验算结果可知，在可变荷载作用下的挠度也可满足设计要求。

所以梁刚度可满足要求。

通过和情况1相比，选用普通工字钢比热轧 H 型钢重 26%。

【例题5.4】 若［例题5.3］情况1中次梁没有与平台铺板连牢，试重新选择次梁的截面以满足设计要求。

【解】

若次梁没有与平台铺板连牢，则需要计算其整体稳定。

假设次梁自重为 0.7kN/m，按整体稳定要求试截面。均布荷载作用在上翼缘，假设 φ_b=0.73，已大于 0.6，故 $\varphi_b'=1.07-0.282/0.73=0.68$。

$$q_k=(3.5\times3+0.7)+8\times3=11.2+24=35.2(\text{kN/m})$$

$$q=11.2\times1.2+24\times1.3=44.64(\text{kN/m})$$

$$M_x = \frac{1}{8}ql^2 = \frac{1}{8} \times 44.64 \times 5^2 = 139.5(\text{kN} \cdot \text{m})$$

需要的截面模量为

$$W_x = \frac{M_x}{\varphi_b' f} = \frac{139.5 \times 10^6}{0.68 \times 215} = 954 \times 10^3 \ (\text{mm}^3)$$

选用 I 40a, $W_x = 1086 \text{cm}^3$, 自重 67.6kg/m = 0.66kN/m, 略小于假设自重, 不必重新计算。

验算整体稳定

$$\frac{M_x}{\varphi_b' W_x} = \frac{139.5 \times 10^6}{0.73 \times 1086 \times 10^3} = 176(\text{N/mm}^2) < 215\text{N/mm}^2 (\text{满足整体稳定要求})$$

根据 [例题 5.3], 易知其满足强度和刚度要求, 不必再验算。

学习情境 5.5 组合梁截面设计

5.5.1 截面设计

梁的内力较大时, 需采用组合梁。常用的形式为由 3 块钢板焊成的工字形截面。设计步骤仍是初选截面, 再进行验算。此处以焊接双轴对称工字形钢板梁 [图 5.9 (a)] 为例来说明组合梁截面设计步骤。所需确定的截面尺寸有截面高度 h (腹板高度 h_w)、腹板厚度 t_w、翼缘宽度 b 及厚度 t。钢板组合梁截面设计的任务是合理地确定 h_w、t_w、b、t, 以满足梁的强度、刚度、整体稳定及局部稳定等要求, 并能节省钢材, 经济合理。设计的顺序是首先定出 h_w, 然后选定 t_w, 最后定出 b 和 t。对于焊接工字形截面, 腹板高度 $h_w = h_0$。

1. 截面高度 (腹板高度 h_w)

梁截面高度应由建筑高度、刚度条件和经济要求确定。

建筑高度是指按使用要求所允许的梁的最大高度 h_{max}。例如, 当建筑楼层层高确定后, 为保证室内净高不低于规定值, 要求楼层梁高不得超过某一数值。又如, 跨越河流的桥梁, 当桥面标高确定以后, 为保证桥下有一定通航净空, 也要限制梁的高度不得过大。设计梁给定了建筑高度也就决定了梁的最大高度 h_{max}, 即 $h \leqslant h_{max}$。

刚度条件刚度要求是指为保证正常使用条件下, 梁的挠度不超过容许挠度, 即满足式 (5.9), 刚度条件决定了梁的最小高度 h_{min}, 即 $h \geqslant h_{min}$。

现以承受均布荷载设计值 q 的简支梁为例, 推导最小高度 h_{min}。梁的挠度按荷载标准值 q_k ($q_k = q/1.3$) 计算。

$$\frac{w}{l} = \frac{5}{384} \times \frac{q_k l^3}{EI_x} = \frac{5}{384} \times \frac{q l^3}{1.3 EI_x} \leqslant \frac{[w]}{l}$$

对双轴对称截面, 有 $M = \frac{1}{8}ql^2$ 和 $\sigma = \frac{Mh}{2I_x}$, 代入上式, 有

$$\frac{w}{l} = \frac{5Ml}{1.3 \times 48 EI_x} = \frac{5\sigma l}{1.3 \times 24 Eh} \leqslant \frac{[w]}{l}$$

$$h_{min} = \frac{5\sigma l^2}{1.3 \times 24 E[w]} \tag{5.18}$$

若材料强度得到充分利用, 上式中 σ 可达 f, 若考虑塑性发展系数可达 $1.05f$, 将 $\sigma =$

1.05f 代入后可得

$$h_{min} = \frac{fl^2}{1.25 \times 10^6 [w]} \tag{5.19}$$

式（5.19）即为最小梁高 h_{min}，h_{min} 的意义为：当所选梁截面高度 $h \geqslant h_{min}$ 时，只要梁的抗弯强度满足，则梁的刚度条件也同时满足。

对于非简支梁、非均布荷载，不考虑截面塑性发展（即取 $\sigma = f$），以及活荷载比重较大，致使荷载平均分项系数高于 1.3 等情况，按同样方式可以导出 h_{min} 算式，其值与式（5.19）相近。

当梁的强度充分发挥作用时，即 $\sigma = f_y$，由上式可求得对应于各种 $\frac{[w]}{l}$ 值时的 h_{min}/l 值，见表 5.7。由表 5.7 可见，梁的容许挠度要求愈严，所需梁高度愈大，钢材的强度愈高，梁高度就愈大，对其他荷载作用下的简支梁，初选截面时也可近似由表 5.7 查得。

经济高度包含选优的意义。为了取得既满足各项要求，用钢量又经济的截面，对梁的截面组成进行分析，发现梁的高度愈大，腹板用钢量愈多，但可减小翼缘尺寸，使翼缘用钢量愈小。反之亦然。最经济的梁高 h_e 应该使梁的总用钢量最小。实际梁的用钢量不仅与腹板、翼缘尺寸有关，还与加劲肋布置等因素有关。经分析，梁的经济高度 h_e 可按式（5.20）计算

$$h_e = (16.9 W_T)^{\frac{2}{5}} \approx 2W_T^{\frac{2}{5}} \tag{5.20}$$

表 5.7   **受均布荷载的简支梁 h_{min}/l**

	$\frac{[w]}{l}$	$\frac{1}{1000}$	$\frac{1}{750}$	$\frac{1}{600}$	$\frac{1}{500}$	$\frac{1}{400}$	$\frac{1}{360}$	$\frac{1}{300}$	$\frac{1}{250}$	$\frac{1}{200}$	$\frac{1}{150}$
	Q235	$\frac{1}{6}$	$\frac{1}{8}$	$\frac{1}{10}$	$\frac{1}{12}$	$\frac{1}{15}$	$\frac{1}{16.6}$	$\frac{1}{20}$	$\frac{1}{24}$	$\frac{1}{30}$	$\frac{1}{40}$
$\frac{h_{min}}{l}$	Q345	$\frac{1}{4}$	$\frac{1}{5.4}$	$\frac{1}{6.8}$	$\frac{1}{8.2}$	$\frac{1}{10.2}$	$\frac{1}{11.3}$	$\frac{1}{13.6}$	$\frac{1}{16.3}$	$\frac{1}{20.4}$	$\frac{1}{27.2}$
	Q390	$\frac{1}{3.7}$	$\frac{1}{4.9}$	$\frac{1}{6.1}$	$\frac{1}{7.3}$	$\frac{1}{9.2}$	$\frac{1}{10.2}$	$\frac{1}{12.2}$	$\frac{1}{14.7}$	$\frac{1}{18.4}$	$\frac{1}{24.5}$

经济高度也可用式（5.21）计算

$$h_e = 7\sqrt[3]{W_T} - 300 \text{(mm)} \tag{5.21}$$

其中

$$W_T = \frac{M_{max}}{\gamma_x f}$$

式中 W_T——截面所需的抵抗矩，可用最大弯矩值估算。

根据上述 3 个要求，实选 h 应满足 $h_{min} \leqslant h \leqslant h_{max}$，且 $h \approx h_e$。实际设计时，要首先选定腹板高度 h_w。h_w 可取稍小于梁高 h 的数值，且尽可能考虑板的规格尺寸，取 h_w 为 50mm 的倍数。

2. 腹板厚度 t_w

梁的腹板厚度主要承受剪力，确定时要满足抗剪强度要求。计算时近似假定最大剪应力为腹板平均剪应力的 1.2 倍，即 $\tau_{max} = 1.2 \frac{V_{max}}{h_w t_w} \leqslant f_v$，由此得

$$t_w \geqslant \frac{1.2 V_{max}}{h_w f_v} \tag{5.22a}$$

由式（5.22a）算出的 t_w 一般偏小，考虑局部稳定和构造因素，可用下式估算

$$t_w = \sqrt{h_w}/3.5 (\text{mm}) \tag{5.22b}$$

$$t_w = \sqrt{h_w}/11 (\text{cm}) \tag{5.22c}$$

式（5.22b）式中 t_w、h_w 均用 mm 计算，（5.22c）中 t_w、h_w 均用 cm 计算，实际设计时综合考虑式（5.22a）～式（5.22c）的要求。t_w 要符合钢板的现有规格，t_w 太小，锈蚀影响大，加工时易变形；t_w 太大则不经济，加工困难，一般为 $8\text{mm} \leqslant t_w \leqslant 20\text{mm}$。

3. 确定翼缘板尺寸

腹板尺寸确定之后，可按抗弯强度条件（即所需截面模量 W_T），估算一个翼缘板的面积 A_f，然后即可以确定翼缘板的宽度 b_1 和厚度 t。确定 b_1 和 t 时要考虑下面的因素。

对于工字形截面：$I_x = \dfrac{1}{12} t_w h_w^3 + 2A_f \left(\dfrac{h_f}{2}\right)^2$，则 $W_x = \dfrac{2I_x}{h} = \dfrac{1}{6} \dfrac{t_w h_w^3}{h} + A_t \dfrac{h_1^2}{h} \geqslant W_T$ 近似取 $h = h_w'' + t = h_w$，由上式可得每个翼缘的面积为

$$A_f \geqslant \frac{W_T}{h_w} - \frac{1}{6} h_w t_w \tag{5.23}$$

（1）一般取 $b_1 = (1/3 \sim 1/5)h$，同时 $b_1 \geqslant 180\text{mm}$（对于吊车梁要求 $b_1 \geqslant 300\text{mm}$，以便安装轨道）。$b_1$ 太小，梁的整体稳定性差；b_1 太大，翼缘中正应力分布不均匀性比较严重。

（2）考虑到翼缘板的局部稳定，不考虑塑性发展，即 $\gamma_x = 1$ 时，要求 $b_1/t \leqslant 30\sqrt{235/f_y}$；若在强度设计时利用截面的部分塑性性能，即 $\gamma_x > 1$ 时，要求 $b_1/t \leqslant 26\sqrt{235/f_y}$。

在选择翼缘板尺寸时，同样应考虑钢板的规格，通常厚度 t 取 2mm 的倍数。

5.5.2　截面验算

截面尺寸确定后，按实际选定尺寸计算各项截面几何特性，然后验算抗弯强度、抗剪强度、局部压应力、折算应力、整体稳定、刚度及翼缘局部稳定。腹板局部稳定一般由设置加劲肋来保证，这一问题将在学习情境 5.6 讨论。

如果梁截面尺寸沿跨长有变化，应在截面改变设计之后进行抗剪强度、刚度、折算应力验算。

5.5.3　梁截面沿长度的改变

对于均布荷载作用下的简支梁，前节按跨中最大弯矩选定了截面尺寸。但是，考虑到弯矩沿跨度按抛物线分布，当梁跨度较大时，如在跨间随弯矩减小将截面改小，做成变截面梁，则可节约钢材，减轻自重。当跨度较小时，改变截面节省钢材不多，制造工作量却增加较多，因此跨度小的梁多做成等截面梁。

焊接工字形梁的截面改变一般是改变翼缘宽度。通常的做法是在半跨内改变一次截面（图 5.14）。改变截面设计方法可以先确定截面改变地点，即截面改变处距支座距离 x，然后根据 x 计算变窄翼缘的宽度 b'。也可以先确定变窄翼缘宽度 b'，然后再由 b' 计算 x。

先确定截面改变地点 x 时，取 $x = l/6$ 较为经济，节省钢材可达 $10\% \sim 12\%$。选定 x 后，算出 x 处梁的弯矩 M_1，再算出该处截面所需截面模量 $W_{1T} = \dfrac{M_1}{\gamma_x f}$，然后由 W_{1T} 算出所需翼缘面积 $A_{1f} = \dfrac{W_{1T}}{h_w} - \dfrac{1}{6} h_w t_w$，翼缘厚度保持不变，则 $b' = A_{1f}/T$。同时，b' 的选定也要考虑

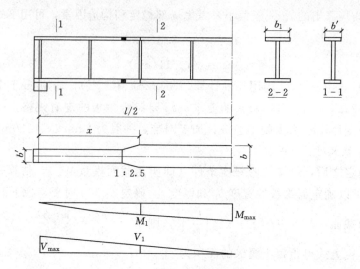

图 5.14　梁翼缘宽度的改变

梁与其他构件连接方便等构造要求。

如果按上述方法选定的 b' 太小，或不满足构造要求时，也可事先选定 b' 值，然后按变窄的截面（即尺寸为 t_w、h_w、b'、t 的截面）算出惯性矩 I_1 及截面模量 W_1，以及变窄截面所能承担的弯矩 $M_1 = \gamma_x f W_1$，然后根据梁的荷载弯矩图算出梁上弯矩等于 M_1 处距支座的距离 x，这就是截面改变点的位置。

确定 b' 及 x 后，为了减小应力集中，应将梁跨中央宽翼缘板从 x 处，以不大于 $1 : 2.5$ 的斜度向弯矩较小的一方延伸至与窄翼缘板等宽处才切断，并用对接直焊缝与窄翼缘板相连。但是，当焊缝为三级焊缝时，受拉翼缘处宜采用斜对接焊缝。

梁截面改变处的强度验算尚包括腹板高度边缘处折算应力验算，验算时取 x 处的弯矩及剪力按窄翼缘截面验算。

变截面梁的挠度计算比较复杂，对于翼缘改变的简支梁，受均布荷载或多个集中荷载作用时，刚度验算可按下列近似公式计算：

$$w = \frac{M_K l^2}{10EI}\left(1 + \frac{3}{25} \times \frac{I - I_1}{I}\right) \leqslant [w] \tag{5.24}$$

式中　M_K——最大弯矩标准值；

　　　I——跨中毛截面惯性矩；

　　　I_1——端部毛截面惯性矩。

5.5.4　梁翼缘焊缝计算

在焊接梁中，翼缘与腹板间的焊缝要由计算确定。翼缘与腹板间的焊缝常采用角焊缝。对承受较大动力荷载的梁，因角焊缝易产生疲劳破坏，这时翼缘和腹板间可采用顶接的对接缝（K 形坡口缝）（图 5.15）；或采用角焊缝（图 5.16）相连。对接焊缝可以认为与主体金属等强，不必计算。下面讨论采用角焊缝的计算方法。

角焊缝主要承受翼缘和腹板间的水平方向剪力，它等于梁弯曲时相邻截面中作用在翼缘上弯曲正应力合力的差值。由剪应力互等定理可求得单位长度上的剪力（图 5.17）为

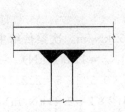

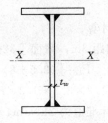

图 5.15　K 形坡口缝　　　图 5.16　组合梁角焊缝连接

$$T_1 = \tau_1 t_w \times 1 = \frac{VS_1}{I_x} \tag{5.25}$$

式中　V——梁的剪力；

$\quad\quad I_x$——梁毛截面惯性矩；

$\quad\quad S_1$——翼缘对梁截面中和轴的面积矩。

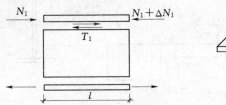

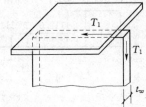

图 5.17　水平方向剪力

由最大剪力即可算出焊缝的焊脚尺寸

$$\tau_f = \frac{T_1}{2 \times 0.7 h_f \times 1} \leqslant f_f^w$$

$$h_f \geqslant \frac{VS_1}{1.4 I_x f_f^w} \tag{5.26}$$

若梁的上翼缘有固定集中荷载且未设置支承加劲肋，或有可能的集中荷载作用时，焊缝还要传递集中荷载产生的竖向局部压应力。单位长度焊缝上承担的压力是

$$T_V = \sigma_c t_w \times 1 = \frac{\psi F}{l_z} \tag{5.27}$$

式中，σ_c 为由式（5.6）计算的局部压应力，应力方向与焊缝长度方向垂直。当单位长度焊缝要同时承担 T_V、T_1 时，计算公式为

$$\sqrt{\left(\frac{T_1}{2 \times 0.7 h_f}\right)^2 + \left(\frac{T_V}{\beta_f \times 2 \times 0.7 h_f}\right)^2} \leqslant f_f^w \tag{5.28}$$

由此可以确定焊脚尺寸，且要满足脚焊缝构造要求。

$$h_f \geqslant \frac{1}{1.4 f_f^w} \sqrt{\left(\frac{VS_1}{I_x}\right)^2 + \left(\frac{\psi F}{\beta_f l_z}\right)^2} \tag{5.29}$$

式中　ψ——集中荷载增大系数，对重级工作制吊车梁，$\psi = 1.35$；对其他梁，$\psi = 1.0$。

设计时一般先按构造要求假定 h_f 值，然后验算。同时 h_f 沿全跨取为一致。

【例题 5.5】　设计［例题 5.3］中的中间主梁（焊接组合梁），包括截面选择、翼缘与腹板间连接焊缝计算、腹板加劲肋设计。钢材为 Q235 钢，焊条为 E43 型。

【解】

（1）荷载和内力计算。

次梁跨度 5m，间距 3m，截面 Ⅰ 32a，重量 0.52kN/m，次梁传给主梁的集中力为

$$F_k = [(3.5+8) \times 3 + 0.52] \times 5 = 175.1(kN)$$

$$F = [1.2 \times 3.5 + 1.3 \times 8) \times 3 + 1.2 \times 0.52] \times 5 = 222.1(kN)$$

假定此主梁自重标准值为 2kN/m，设计值为 $1.2 \times 2 = 2.4(kN/m)$

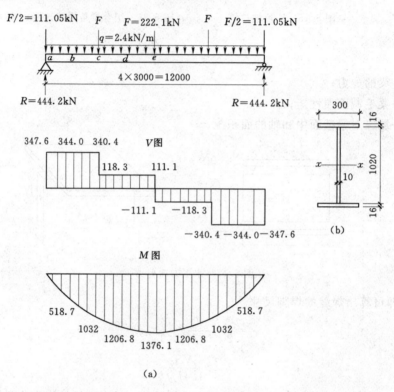

图 5.18　主梁内力图及截面

弯矩和剪力图如图 5.18 所示，最大剪力和弯矩设计值为

$$V_{max} = 222.1 \times \frac{3}{2} + \frac{1}{2} \times 2.4 \times 12 = 347.6(kN)$$

$$M_{max} = 347.6 \times 6 - 222.1 \times 3 - \frac{1}{2} \times 2.4 \times 6^2 = 1376.1(kN \cdot m)$$

最大剪力和弯矩标准值为

$$V_k = \frac{1}{2} \times 12 \times 2 + 175.1 \times \frac{3}{2} = 274.7(kN)$$

$$M_k = 274.7 \times 6 - 175.1 \times 3 - \frac{1}{2} \times 2 \times 6^2 = 1086.9(kN \cdot m)$$

（2）截面选择。

1）腹板高度 h_0。

刚度要求最小梁高 h_{min}：

主梁容许挠度 $\dfrac{[w]}{l} = 1/400$，Q235 钢，$f = 215N/mm^2$，得

$$h_{min} = \frac{10f}{48 \times 1.3E} \frac{l^2}{[w]} = \frac{10 \times 215}{48 \times 1.3 \times 2.06 \times 10^5} \times 400 \times 12000 = 802(mm)$$

梁的经济高度:

$$W_T = M/r_x f = 1367.1 \times 10^6/1.05 \times 215 = 6096 \times 10^3 (mm^3)$$

$$h_e \approx 2W_T^{0.4} = 2 \times (6096 \times 10^3)^{0.4} = 1035(mm)$$

取梁的腹板高度 $h_w = h_0 = 1020mm$。

2)腹板厚度 t_w。

抗剪最小厚度:$t_{wmin} = 1.5V_{max}/h_0 f_v = 1.5 \times 347.6 \times 10^5/(1020 \times 125) = 4(mm)$

经验厚度:$\quad\quad t_w = \sqrt{h_0}/3.5 = \sqrt{1020}/3.5 = 9.1(mm)$

取腹板厚度 $t_w = 10mm$。

3)翼缘尺寸

$$b_f t = W_x/h_0 - h_0 t_w/6 = (6096 \times 10^3)/1020 - (1020 \times 10)/6 = 4276(mm^2)$$

通常翼缘宽度 $b_f = h/5 \sim h/3 = 204 \sim 340mm$。不计算整体稳定要求:跨中有次梁连接作为侧向支承,受压上翼缘自由长度 $l_1 = 3000mm$,要求 $b_f \geqslant l_1/16 = 187.5mm$。放置加劲肋要求 $b_f \geqslant 90 + 0.07h_0 = 161.4mm$。翼缘局部稳定要求 $b_f \leqslant 26t$。

综合以上要求,采用 $b_f t = 300mm \times 16mm$ [实际 $b_f t = 4800mm^2 > 4276mm^2$。梁截面见图 5.18(b)]。

(3)截面验算。

梁的截面几何参数

$$A = 30 \times 1.6 \times 2 + 102 \times 1 = 198(cm^2)$$

$$I_x = (30 \times 105.2^3 - 29 \times 102^3)/12 = 346046(cm^4)$$

$$W_x = 2I_x/h = 2 \times 346046/105.2 = 6579(cm^3)$$

梁自重:$g_k = 19800 \times 7.85/1000 \times 9.85/1000 = 1.5(kN/m)$,考虑加劲肋等增加的重量,前面 2kN/m 的估计值比较合适。

1)截面抗弯强度验算

$\sigma = M_{max}/\gamma_x W_x = 1376.1 \times 10^6/(1.05 \times 6579) = 199.2(N/mm^2) < f = 215N/mm^2$,满足要求。

2)截面抗剪强度验算

$\tau_{max} = V_{max}S/(I_x t_w) = 347.6 \times 10^3 \times (300 \times 16 \times 518 + 510 \times 10 \times 205)/(346046 \times 10 \times 10^4)$

$= 38.0(N/mm^2) < f_v = 215N/mm^2$,满足要求。

3)主梁的支承处以及支承次梁处均配置支承加劲肋,故不验算局部承压强度和折算应力。

4)梁的整体稳定验算

次梁可视为主梁受压翼缘的侧向支撑,主梁受压翼缘自由长度与宽度之比 $l_1/b_f = 3000/300 = 10 < 16$,故不需要验算主梁的整体稳定性。

5)翼缘局部稳定性:$b_1/t = (300 - 10)/2/16 = 9.1 < 13$,满足要求。

6）刚度验算。主梁挠度容许值为 $[w_T/l]=1/400$（全部荷载标准值作用）或 $[w_Q/l]=1/500$（仅有可变荷载标准值作用）。

$$w_T/l=\frac{M_k l}{10EI_x}=\frac{1086.9\times10^6\times12000}{10\times2.06\times10^5\times346046\times10^4}=\frac{1}{547}<[w_T/l]=1/400，满足要求。$$

因 $[w_T/l]$ 已小于 $1/500$，故不必再验算仅有可变荷载作用下的挠度。

（4）翼缘和腹板的连接焊缝计算

$$h_f=\frac{1}{1.4f_f^w}\frac{V_{max}S_1}{I_x}=\frac{1}{1.4\times160}\frac{347.6\times10^3\times300\times16\times518}{346046\times10^4}=1.1(\text{mm})$$

按构造，$h_{min}=1.5\sqrt{t_{max}}=1.5\sqrt{16}=6$（mm）；取 $h_f=8mm$。

学习情境 5.6　组合梁的局部稳定和腹板加劲肋的设计

5.6.1　受弯构件中板件的局部失稳临界应力

受弯构件截面主要由平板组成，在设计时，从强度方面考虑，腹板宜高一些、薄一些，翼缘宜宽一些、薄一些，翼缘的宽厚比应尽量大。但是太宽太薄的板（翼缘和腹板）在压应力、剪应力作用下，也会产生屈曲，即梁丧失局部稳定。

局部失稳的本质是不同约束条件的平板在不同应力分布下的屈曲。对于理想薄板，按弹性理论求解其平衡微分方程，可得局部失稳临界应应力的一般表达式为

$$\sigma_{cr}=\frac{\chi k\pi^2 E}{12(1-v^2)}\left(\frac{t}{b}\right)^2$$

其中

$$k=\left(\frac{mb^2}{a}+\frac{a}{mb}\right)^2$$

5.6.2　防止受弯板件局部失稳的途径

提高板件抵抗凹凸变形的能力是提高构件局部稳定性的关键。由式（4.7）可知，当板件的支承条件已经确定时，其主要措施是增加板的厚度，或减小板的周界尺寸（a、b），即限制板的宽厚比，或设置加劲肋。

5.6.3　翼缘的局部稳定

《钢结构设计规范》对梁的翼缘采取限制宽厚比来保证其局部稳定。具体规定如下：

当梁按弹性计算，即取 $\gamma_x=1$ 时，要求

$$\frac{b_1}{t}\leqslant15\sqrt{\frac{235}{f_y}} \tag{5.30}$$

当考虑塑性发展，即取 $\gamma_x>1$ 时，要求

$$\frac{b_1}{t}\leqslant13\sqrt{\frac{235}{f_y}} \tag{5.31}$$

式中　b_1——受压翼缘自由外伸宽度。对焊接梁，取腹板边至翼缘板边缘之距；对轧制梁，取内圆弧起点至翼缘板边缘之距；

　　　t——受压翼缘厚度。

5.6.4 腹板的局部稳定

对于梁腹板，由于应力呈三角形分布，一半区域受拉，因此用限制高厚比（即增加板厚、减小高度）的办法来保证局部稳定显然是不经济的。《钢结构设计规范》采取设置加劲肋，以减小腹板周界尺寸的办法来保证腹板局部稳定，其布置方式如下。

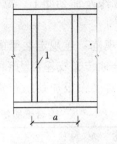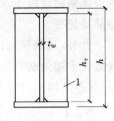

图 5.19　横向加劲肋
1—横向加劲肋

1. 仅用横向加劲肋

有助于防止剪力作用下的失稳，如图 5.19 所示。

2. 同时使用横向加劲肋和纵向加劲肋

有助于防止不均匀压力和单边压力作用下的失稳，如图 5.20 所示。

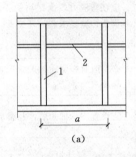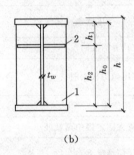

（a）　　　　　　　　　（b）

图 5.20　同时使用横向加劲肋和纵向加劲肋
1—横向加劲肋；2—纵向加劲肋

3. 同时使用横向加劲肋和在受压区的纵向加劲肋及短加劲肋

有助于防止不均匀压力和单边压力作用下的失稳，如图 5.21 所示。

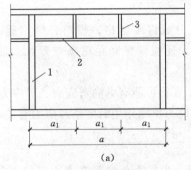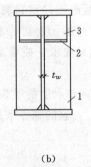

（a）　　　　　　　　　　　（b）

图 5.21　横向加劲肋、纵向加劲肋和短加劲肋
1—横向加劲肋；2—纵向加劲肋；3—短加劲肋

一般情况下，沿垂直梁轴线方向每隔一定间距设置加劲肋，称为横向加劲肋。当 $\dfrac{h_0}{t_w}$ 较大时，还应在腹板受压区顺梁跨度方向设置纵向加劲肋。必要时在腹板受压区还要设短加劲肋，不过这种情况较为少见（图 5.21）。加劲肋一般用钢板成对焊于腹板两侧。由于它有一定刚度，能阻止它所在地点腹板的凹凸变形，这样它的作用就是将腹板分成许多小的区格，

每个区格的腹板支承在翼缘及加劲肋上，减小了板的周界尺寸，使临界应力提高，从而满足局部稳定要求。

此外，《钢结构设计规范》还规定在梁的支座处及上翼缘受有较大固定集中荷载处，宜设置支承加劲肋以便安全地传递支座反力和集中荷载。

《钢结构设计规范》对梁腹板加劲肋布置的规定见表 5.8。

表 5.8　　　　　　　　　　　　　　组合梁腹板加劲肋布置规定

项次	腹　板　情　况		加劲肋布置规定
1	$\dfrac{h_0}{t_w}\leqslant 80\sqrt{\dfrac{235}{f_y}}$	$\sigma_c=0$	可以不设加劲肋
2		$\sigma_c\neq 0$	应按构造要求设置横向加劲肋
3	$\dfrac{h_0}{t_w}>80\sqrt{\dfrac{235}{f_y}}$		应设置横向加劲肋，并满足构造要求和计算要求
4	$\dfrac{h_0}{t_w}>170\sqrt{\dfrac{235}{f_y}}$，受压翼缘扭转受约束		应在弯应力较大区格的受压区增加配置纵向加劲肋，
5	$\dfrac{h_0}{t_w}>150\sqrt{\dfrac{235}{f_y}}$，受压翼缘扭转无约束		并满足构造要求和计算要求
6	按计算需要时		
7	局部压应力很大时		必要时宜在受压区配置短加劲肋，并满足构造要求和计算要求
8	梁支座处		宜设置支承加劲肋，并满足构造要求和计算要求
9	上翼缘有较大固定集中荷载处		
10	任何情况下		$\dfrac{h_0}{t_w}$ 不应超过 $250\sqrt{\dfrac{235}{f_y}}$

注　1. 横向加劲肋间距 a 应满足 $0.5h_0\leqslant a\leqslant 2h_0$，但对于 $\sigma_c=0$ 并且 $h_0/t_w\leqslant 100$ 的梁，允许 $a=2.5h_0$。
　　2. 纵向加劲肋距腹板计算固定受压边缘的距离应在 $h_0/2.5\sim h_0/2$ 的范围内。
　　3. h_0 为腹板受压区高度，h_0 为腹板计算高度，对于单轴对称的梁截面，第 4、5 项有关纵向加劲肋规定中的 h_0 应取为腹板受压区高度 h_0 的 2 倍，t_w 为腹板的厚度。

5.6.5　组合梁腹板局部稳定验算

对梁腹板布置好加劲肋后，腹板就被分成许多区格，需对各区格逐一进行局部稳定验算。如果验算不满足要求，或者富余过多，还应调整间距重新布置加劲肋，然后再作验算，直到满意为止。

对于仅布置横向加劲肋的梁腹板，各个区格可能有纵向弯应力、剪应力及局部横向压应力作用〔图 5.22（a）〕，它的临界条件与各种应力单独作用时的临界应力有关，其验算公式如下：

$$\left(\frac{\sigma}{\sigma_{cr}}\right)^2+\frac{\sigma}{\sigma_{c,cr}}+\left(\frac{\tau}{\tau_{cr}}\right)^2\leqslant 1 \tag{5.32}$$

式中　σ——所计算腹板区格内，平均弯矩产生的腹板计算高度边缘的纵向弯曲压应力；

　　　τ——所计算腹板区格内，平均剪力产生的腹板平均剪应力，$\tau=V/h_w t_w$；

　　　σ_c——腹板边缘的局部横向压应力，按式（5.6）计算，但式中取 $\psi=1.0$。

σ_{cr}、$\sigma_{c,cr}$ 和 τ_{cr} 分别为验算区格在纵向弯应力、局部横向压应力及剪应力单独作用时的局部稳定临界应力。

1. σ_{cr} 计算

当 $\lambda_b\leqslant 0.85$ 时

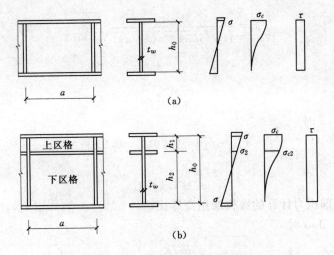

(a)

(b)

图 5.22　腹板区格的应力状态

$$\sigma_{cr} = f \tag{5.33a}$$

当 $0.85 < \lambda_b \leqslant 1.25$ 时

$$\sigma_{cr} = f[1 - 0.75(\lambda_b - 0.85)] \tag{5.33b}$$

当 $\lambda_b > 1.25$ 时

$$\sigma_{cr} = 1.1 f/\lambda_b^2 \tag{5.33c}$$

λ_b 为用于受弯计算的腹板通用高厚比。

当梁受压翼缘扭转受到约束时

$$\lambda_b = \frac{2h_c/t_w}{177} \sqrt{\frac{f_y}{235}} \tag{5.33d}$$

当梁受压翼缘扭转未受到约束时

$$\lambda_b = \frac{2h_c/t_w}{153} \sqrt{\frac{f_y}{235}} \tag{5.33e}$$

上式中 h_c 为腹板弯曲受压区高度，双轴对称截面取 $h_c = h_0/2$。

2. τ_{cr} 计算

当 $\lambda_s \leqslant 0.8$ 时

$$\tau_{cr} = f_v \tag{5.34a}$$

当 $0.8 < \lambda_s \leqslant 1.2$ 时

$$\tau_{cr} = f_v[1 - 0.59(\lambda_s - 0.8)] \tag{5.34b}$$

当 $\lambda_s > 1.2$ 时

$$\sigma_{cr} = 1.1 f_v/\lambda_s^2 \tag{5.34c}$$

λ_s 为用于抗剪计算的腹板通用高厚比。

当 $a/h_0 \leqslant 1$ 时

$$\lambda_s = \frac{2h_0/t_w}{41 \sqrt{4 + 5.34(h_0/a)^2}} \sqrt{\frac{f_y}{235}} \tag{5.34d}$$

当 $a/h_0 > 1$ 时

$$\lambda_s = \frac{2h_0/t_w}{41\sqrt{5.34+4(h_0/a)^2}}\sqrt{\frac{f_y}{235}} \tag{5.34e}$$

3. $\sigma_{c,\sigma}$ 计算

当 $\lambda_c \leqslant 0.9$ 时

$$\sigma_{c,\sigma} = f \tag{5.35a}$$

当 $0.9 < \lambda_c \leqslant 1.2$ 时

$$\sigma_{c,\sigma} = f[1-0.79(\lambda_c-0.9)] \tag{5.35b}$$

当 $\lambda_c > 1.2$ 时

$$\sigma_\sigma = 1.1f/\lambda_c^2 \tag{5.35c}$$

λ_c 为用于受局部压力计算的腹板通用高厚比。

当 $0.5 < a/h_0 \leqslant 1.5$ 时

$$\lambda_c = \frac{h_0/t_w}{28\sqrt{10.9+13.4(1.83-a/h_0)^3}}\sqrt{\frac{f_y}{235}} \tag{5.35d}$$

当 $1.5 < a/h_0 \leqslant 2.0$ 时

$$\lambda_c = \frac{h_0/t_w}{28\sqrt{18.9-5a/h_0}}\sqrt{\frac{f_y}{235}} \tag{5.35e}$$

如果腹板同时设有横向加劲肋及纵向加劲肋，腹板被纵向加劲肋分为上下两种区格，如图 5.22（b）所示。图中 σ_2 和 σ_{c2} 分别为上区格下边缘（或下区格上边缘）的纵向压应力和局横向部压应力。

对于梁受压翼缘与纵向加劲肋之间的区格即上区格，可能有纵向偏心压应力、剪应力及局部横向压应力共同作用。这种情况下的板的局部稳定验算公式如下：

$$\left(\frac{\sigma}{\sigma_{cr1}}\right)^2 + \frac{\sigma}{\sigma_{c,cr1}} + \left(\frac{\tau}{\tau_{cr1}}\right)^2 \leqslant 1 \tag{5.36}$$

式中 σ_{cr1}、$\sigma_{c,cr1}$、τ_{cr1}——上区格中在纵向弯应力、局部横向压应力及剪应力单独作用时的局部稳定临界应力，其计算方法可由《钢结构设计规范》查得。

对于梁受拉翼缘与纵向加劲肋之间的区格即下区格，可能有纵向应力、剪应力及局部横向压应力作用。这种情况下的板的局部稳定验算公式如下

$$\left(\frac{\sigma}{\sigma_{cr2}}\right)^2 + \frac{\sigma}{\sigma_{c,cr2}} + \left(\frac{\tau}{\tau_{cr2}}\right)^2 \leqslant 1 \tag{5.37}$$

式中 σ_{cr2}、$\sigma_{c,cr2}$、τ_{cr2}——下区格中各项应力单独作用时局部稳定临界应力，其计算方法可由《钢结构设计规范》查得。

实际腹板各区格的弯矩、剪力是变化的，剪应力在腹板上呈抛物线分布。式（5.32）～式（5.34）中取区格的平均弯矩、平均剪力计算，剪应力亦按腹板平均剪应力取值，《钢结构设计规范》采取这种近似的算法，是因为式中各种局部稳定临界应力是由区格内弯矩、剪力为常数，剪应力沿截面均匀分布的情况确定的，同时这样计算较为简单。

5.6.6 加劲肋的截面选择及构造要求

加劲肋按其作用可分为两种：一种是为了把腹板分隔成几个区格，以提高腹板的局部稳定性，称为间隔加劲肋；另一类除了上述的作用外，还有传递固定集中荷载或支座反力的作

用，称为支承加劲肋。

加劲肋宜在腹板两侧成对配置，也允许单侧配置，但支承加劲肋和重级工作制吊车梁的加劲肋不应单侧配置。加劲肋可以采用钢板或型钢。

横向加劲肋的最小间距为 $0.5h_0$，最大间距为 $2h_0$（对无局部压应力的梁，当 $h_0/t_w \leqslant 100$ 时，可采用 $2.5h_0$）。

加劲肋应有足够的刚度，使其成为腹板的不动支承。

在腹板两侧成对配置的钢板横向加劲肋，其截面尺寸应按下列公式确定：

外伸宽度

$$b_s \geqslant \frac{h_0}{30} + 40\text{mm} \tag{5.38}$$

厚度

$$t_s \geqslant \frac{b_s}{15} \tag{5.39}$$

在腹板的一侧配置的钢板横向加劲肋，其外伸宽度应大于按上述公式算得的 1.2 倍，厚度应不小于其外伸宽度的 1/15。

在同时用横向加劲肋和纵向加劲肋加强的腹板中，横向加劲肋的截面尺寸除应符合上述规定外，其截面惯性矩 I_x 应满足式（5.40）的要求

$$I_x \geqslant 3h_0 t_w^3 \tag{5.40}$$

纵向加劲肋对腹板竖直轴的截面惯性矩 I_y 应满足下式的要求：

当 $\dfrac{a}{h_0} \leqslant 0.85$ 时

$$I_y \geqslant 1.5h_0 t_w^3 \tag{5.41}$$

当 $\dfrac{a}{h_0} > 0.85$ 时

$$I_y \geqslant \left(2.5 - 0.45\frac{a}{h_0}\right)\left(\frac{a}{h_0}\right)^2 h_0 t_w^3 \tag{5.42}$$

上面所用的 z 轴和 y 轴，当加劲肋在两侧成对配置时，取腹板的轴线 ［图 5.23 （b）、(d)、(e)］；当加劲肋在腹板的一侧配置时，取与加劲肋相连的腹板边缘线 ［图 5.23 （c）、(f)、(g)］。

短向加劲肋最小间距为 $0.75h_1$，h_1 的意义如图 5.20 所示。钢板短向加劲肋的外伸宽度应取横向加劲肋外伸宽度的 0.7～1.0 倍，厚度不应小于短加劲肋外伸宽度的 1/15。

用型钢做成的加劲肋，其截面惯性矩不得小于相应钢板加劲肋的惯性矩。

横向加劲肋与上下翼缘焊牢能增加梁的抗扭刚度，但会降低疲劳强度。吊车梁横向加劲肋的上端应与上翼缘刨平顶紧（当为焊接吊车梁时，还应焊牢）。中间横向加劲肋的下端不应与受拉翼缘焊牢，一般在距受拉翼缘 50～100mm 处断开，［图 5.24 （a）］。为了提高梁的抗扭刚度，也可另加短角钢与加劲肋下端焊牢，或抵紧于受拉翼缘而不焊 ［图 5.24 （b）］。

为了避免焊缝的集中和交叉以及减小焊接应力，焊接梁的横向加劲肋于翼缘连接处，应做成切角，当切成斜角时，其宽度约为 $b_s/3$（但不大于 40mm），高约为 $b_s/2$（但不大于 60mm）如图 5.25 所示，b_s 为加劲肋的宽度。

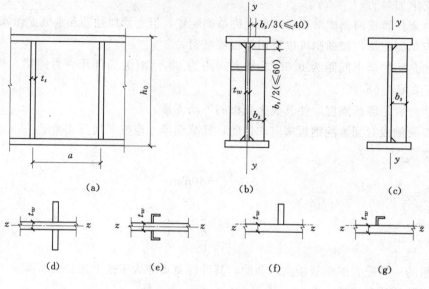

图 5.23　腹板加劲肋的构造

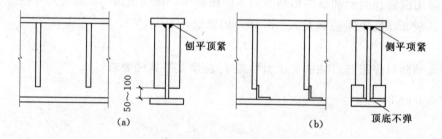

图 5.24　吊车梁横向加劲肋的构造

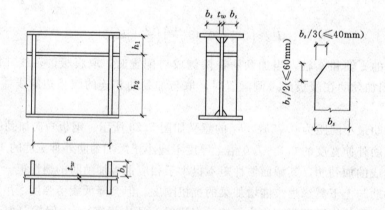

图 5.25　腹板加劲肋的构造

5.6.7　支承加劲肋的构造及计算

支承加劲肋一般用成对两侧布置的钢板做成 ［图 5.26 （a）］，也可以用凸缘式加劲肋，其凸缘长度不得大于其厚度的 2 倍 ［图 5.26 （b）］。

支承加劲肋除保证腹板局部稳定外，还要将支反力或固定集中力传递到支座或梁截面内，因此支承加劲肋的截面除满足学习情境 5.6 各项要求外，还应按传递支反力或集中力的轴心压杆进行计算，其截面常常比一般加劲肋截面稍大一些。支承加劲肋的计算内容如下。

5.6.7.1 腹板平面外稳定性计算

为了保证支承加劲肋能安全传递支反力或集中荷载 N，近似将它视为一根两端铰接、计算长度为 h_0 的轴心压杆。其截面积包括加劲肋截面和每侧宽度为 $15t_w\sqrt{\dfrac{235}{f_y}}$ 范围内的腹板截面（梁端处若腹板长度不足时，按实际长度取值，如图 5.26 中阴影部分）。由于梁腹板是一个整体，支承加劲肋作为一个轴心压杆不可能先在腹板平面内失稳，因此仅需验算它在腹板平面外的稳定性，由项目 4 的内容可知，其稳定计算公式为

$$\frac{N}{\varphi A}\leqslant f \tag{5.43}$$

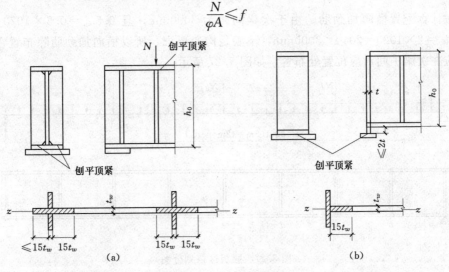

图 5.26 支承加劲肋

式中 N——支承加劲肋所承受的支座反力或集中荷载；

A——加劲肋和加劲肋每侧 $15t_w\sqrt{\dfrac{235}{f_y}}$（$t_w$ 为腹板厚度）范围内腹板的面积；

φ——轴心受压稳定系数，由 $\lambda\sqrt{\dfrac{f_y}{235}}=\dfrac{h_0}{i_z}\sqrt{\dfrac{f_y}{235}}$ 按 b 类（端部突缘式加劲肋为 c 类）截面查附表取值；

i_z——绕腹板水平轴（即图 5.26 z 轴）的回转半径，$i_z=\sqrt{I_z/A}$。

5.6.7.2 端面承压应力计算

当支承加劲肋端部刨平顶紧于梁翼缘或柱顶时，其端面承压应力按式（5.44）计算：

$$\sigma_{ce}=\frac{N}{A_{ce}}\leqslant f_{ce} \tag{5.44}$$

式中 A_{ce}——端面承压面积，即支承加劲肋与翼缘板或柱顶接触面的面积；

f_{ce}——钢材的端面承压（刨平顶紧）强度设计值。

5.6.7.3 支承加劲肋与腹板的连接焊缝计算

支承加劲肋端部也可以不用刨平顶紧，而用焊缝连接传力。如端部为焊接时，应计算其

焊缝应力。计算时可假定应力沿焊缝全长均匀分布。

【例题 5.6】 将［例题 5.5］的工作平台主梁按照［例题 5.5］的设计结果，配置加劲肋并验算其局部稳定性，绘制该梁的设计图。

【解】

（1）主梁腹板中间加劲肋设计。

1）确定加劲肋配置方式。

腹板高厚比 $\dfrac{h_0}{t_w} = \dfrac{1020}{10} = 102$

主梁受压翼缘侧移未受到约束，则 $80 < \dfrac{h_0}{t_w} = 113.3 < 150$

应按计算配置横向加劲肋。由于次梁间距为 3000mm，且 $0.5h_0 = 0.5 \times 1020 = 510 < 3000$；$2h_0 = 2 \times 1020 = 2040 < 3000$mm，不满足构造要求，所以横向加劲肋除布置在次梁处外，还应在次梁中间对应位置处布置，如图 5.27 所示。

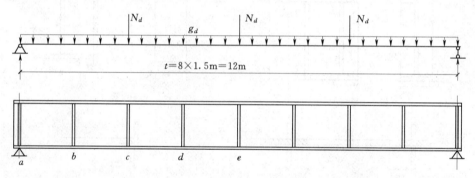

图 5.27 腹板区格划分图

2）腹板局部稳定性验算。

由于次梁连接在主梁的横向加劲肋上，因此腹板计算高度边缘的局部压应力 $\sigma_c = 0$，σ_c 单独作用下的临界应力 $\sigma_{c,\sigma}$ 不必计算。

验算条件 $\left(\dfrac{\sigma}{\sigma_\sigma}\right)^2 + \dfrac{\sigma_c}{\sigma_{c,\sigma}} + \left(\dfrac{\tau}{\tau_\sigma}\right)^2 \leqslant 1$

a）各种应力单独作用下的临界应力。

弯曲临界应力 σ_σ：

用于腹板受弯计算时的通用高厚比为

$$\lambda_b = \dfrac{2h_c/t_w}{153}\sqrt{\dfrac{f_y}{235}} = \dfrac{1020/12}{153} = 0.67 < 0.85$$

故 $\sigma_\sigma = f = 215\text{N/mm}^2$

剪切临界应力 τ_σ：

$\dfrac{a}{h_0} = 3000/1020 = 1.47 > 1.0$，故

$$\lambda_s = \dfrac{h_0/t_w}{41\sqrt{5.34 + 4\left(\dfrac{h_0}{a}\right)^2}}\sqrt{\dfrac{f_y}{235}} = \dfrac{1020/10}{41\sqrt{5.34 + 4\left(\dfrac{3000}{1020}\right)^2}} = 0.93 > 0.8$$

故 $\tau_{cr}=[1-0.59(\lambda_s-0.8)]f_v=[1-0.59(0.93-0.8)]\times125=115.4(\text{N/mm}^2)$

b）区格 bc 局部稳定验算。

区格 bc 的平均弯矩 $\overline{M}_2$ 和平均剪力 $\overline{V}_2$：

$$\overline{M}_2=\frac{1}{2}(M_2+M_3)=\frac{1}{2}(518.7+1032)=775.4(\text{kN}\cdot\text{m})$$

$$\overline{V}_2=\frac{1}{2}(V_2+V_3)=\frac{1}{2}(344+340.4)=342.2(\text{kN})$$

$$\sigma=\frac{\overline{M}_1h_0/2}{I_x}=\frac{775.4\times10^6\times1020/2}{346046\times10^4}=114.3(\text{N/mm}^2)$$

$$\sigma=\frac{\overline{M}_1h_0/2}{I_x}=\frac{775.4\times10^6\times1020/2}{346046\times10^4}=114.3(\text{N/mm}^2)$$

$$\left(\frac{\sigma}{\sigma_{cr}}\right)^2+\frac{\sigma_c}{\sigma_{c,cr}}+\left(\frac{\tau}{\tau_{cr}}\right)^2=\left(\frac{114.3}{215}\right)^2+0+\left(\frac{33.5}{115.4}\right)^2=0.367\leqslant1$$

满足要求，因此 ab 区格也满足要求。

c）区格 de 局部稳定验算。

区格 de 的平均弯矩 $\overline{M}_4$ 和平均剪力 $\overline{V}_4$：

$$\overline{M}_4=\frac{1}{2}(M_4+M_5)=\frac{1}{2}(1206.8+1376.1)=1291.5(\text{kN}\cdot\text{m})$$

$$\overline{V}_4=\frac{1}{2}(V_4+V_5)=\frac{1}{2}(114.7+111.1)=112.9(\text{kN})$$

$$\sigma=\frac{\overline{M}_4h_0/2}{I_x}=\frac{1291.5\times10^6\times1020/2}{346046\times10^4}=190.3(\text{N/mm}^2)$$

$$\tau=\frac{\overline{V}_4}{h_wt_w}=\frac{112.9\times10^3}{1020\times10}=11.1(\text{N/mm}^2)$$

$$\left(\frac{\sigma}{\sigma_{cr}}\right)^2+\frac{\sigma_c}{\sigma_{c,cr}}+\left(\frac{\tau}{\tau_{cr}}\right)^2=\left(\frac{190.3}{215}\right)^2+0+\left(\frac{11.1}{115.4}\right)^2=0.793\leqslant1$$

满足要求，因此 cd 区格也满足要求。

（2）主梁支承加劲肋设计。

1）加劲肋截面的构造要求。

外伸宽度 $\qquad b_s\geqslant\dfrac{h_0}{30}+40=\dfrac{1020}{30}+40=74(\text{mm})$

厚度 $\qquad t_s\geqslant\dfrac{b_s}{15}=\dfrac{80}{15}=5.3(\text{mm})$

2）梁支座处的支承加劲肋。

构造要求加劲肋宽度不小于 74mm，但考虑到梁宽 300mm，故取支座处加劲肋宽度 120mm。

a）端面承压计算。

加劲肋每侧宽度 120mm，切角宽 20mm，净宽 100mm（图 5.28），下端支承面处刨平顶紧，端面承压设计强度 $f_{ce}=320\text{N/mm}^2$。需要加劲肋厚度为

$$t_{se}=\frac{R}{f_{ce}\sum b_s}=444.2\times10^3/(320\times100\times2)=6.9(\text{mm})$$

按构造要求 $t_x \geqslant \dfrac{120}{15} = 8(\text{mm})$，故取支座处加劲肋厚度为 10mm。

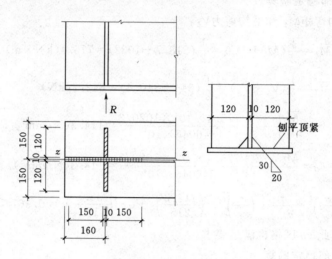

图 5.28 支座加劲肋

b）加劲肋整体稳定计算。

$$b_w = t_s + 2 \times 15 t_w \sqrt{\frac{235}{f_y}} = 10 + 2 \times 15 \times 10 = 310(\text{mm})$$

$$A_s = 2 \times 120 \times 10 + 310 \times 10 = 4300(\text{mm}^2)$$

$$I_z = [10 \times 250^3 + (310 - 10) \times 12^3]/12 = 1.30 \times 10^7 \ (\text{mm}^4)$$

$$i_z = \sqrt{I_z/A_s} = \sqrt{1.30 \times 10^7/4300} = 55.0(\text{mm})$$

$$\lambda_z = \frac{h_0}{i_z} = 1020/55.0 = 18.5$$

由 λ_z 查稳定系数表（Q235 钢，b 类截面），得 $\varphi = 0.975$

$$\sigma = \frac{R}{\varphi A_s} = 444.2 \times 10^3/(0.975 \times 4300) = 106(\text{N/mm}^2) < f = 215\text{N/mm}^2，满足要求。$$

c）加劲肋与腹板连接角焊缝计算。

构造要求 $h_{f\min} = 1.5 \sqrt{t_{\max}} = 1.5 \sqrt{10} = 4.7(\text{mm})$，取 $h_f = 6\text{mm}$。

E43 型焊条、手工焊 $f_f^w = 160\text{N/mm}^2$，加劲肋与腹板连接共 4 条角焊缝，焊脚尺寸 h_f。腹板高 $h_0 = 1020\text{mm}$，加劲肋上下端切角各 30mm 高，再扣除焊口 $2h_f = 12\text{mm}$ 后每条焊缝计算长度 948mm。所需焊脚尺寸为：

$$\tau_f = R/(4 \times 0.7 l_w h_f) = 444.2 \times 10^3/(4 \times 0.7 \times 948 \times 6) = 27.9(\text{N/mm}^2) < f_f^w = 160\text{N/mm}^2$$

满足设计要求。

3）连接次梁的支撑加劲肋。

根据构造要求，取加劲肋宽 80mm，厚度 6mm。主、次梁等高连接，次梁从主梁侧面连接于腹板加劲肋，故不需将加劲肋上端刨平顶紧，上端角焊缝也不需计算。下面验算加劲肋的整体稳定性并设计连接焊缝。次梁传给加劲肋的集中荷载 $F = 222.1\text{kN}$。

a）加劲肋整体稳定计算。

$$b_w = t_s + 2 \times 15 t_w \sqrt{\frac{235}{f_y}} = 6 + 2 \times 15 \times 10 \times \sqrt{\frac{235}{235}} = 306 \ (\text{mm})$$

$$A_s = 2 \times 80 \times 6 + 306 \times 10 = 4020 \ (\text{mm}^2)$$

$$I_z[6 \times 170^3 + (306-6) \times 10^3]/12 = 2.48 \times 10^6 \ (\text{mm}^4)$$

$$i_z = \sqrt{\frac{I_z}{A_s}} = \sqrt{\frac{2.48 \times 10^6}{4020}} = 24.8 \ (\text{mm})$$

$$\lambda_z = \frac{h_0}{i_z} = 1020/24.8 = 41.13$$

由 λ_z 查稳定系数表（Q235 钢，b 类截面），得 $\varphi = 0.894$。

$$\sigma = \frac{F}{\varphi A_s} = \frac{222.1 \times 10^3}{0.894 \times 4020} = 61.8(\text{N/mm}^2) < f = 215\text{N/mm}^2 \text{，满足要求。}$$

b）加劲肋与腹板连接角焊缝计算。

构造要求 $h_{f\min} = 1.5 \sqrt{t_{\max}} = 1.5\sqrt{6} = 3.7(\text{mm})$，取 $h_f = 6\text{mm}$。

所需焊脚尺寸与支座处加劲肋相同。

次梁中间处对应位置的加劲肋构造与连接次梁的支撑加劲肋相同，不必再验算。

主梁构造图如图 5.29 所示。

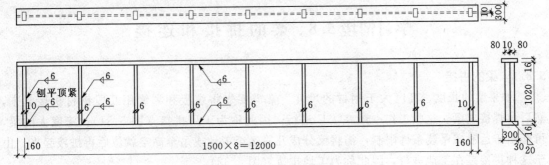

图 5.29　主梁设计图（单位：mm）

学习情境 5.7　组合梁腹板的屈曲后强度

压杆一旦屈曲或梁一旦弯扭屈曲，则构件垮塌或破坏，因此它们的屈曲荷载也就是破坏荷载；四边支承的薄板则不同，这种板发生凹凸变形屈曲后，板件并不立即破坏，其荷载还可以继续增加直至破坏，这个荷载就是薄板的屈曲后强度。

为什么四边支承的板具有屈曲后强度？可以通过图 5.30 所示的四边简支薄板的应力分析说明。图 5.30 所示为四边简支薄板，受均匀分布纵向压力作用，当压应力 σ 超过屈曲临界应力 σ_{cr} 时，薄板产生凹凸变形（出现平面挠度），如果这时继续增加荷载，使 σ 增大，由于板四边有支承，板中部凹凸变形会受到两纵边支承的牵制，产生横向拉应力（即产生薄膜拉力场），这种牵制作用可提高板的纵向承载力，随着荷载增加，板两侧部分纵向应力 σ 可以超过临界应力 σ_{cr} 达到材料屈服强度 f_y，而板的中间部分基本保持为 σ_{cr}，板的应力由图 5.30 （a）的均匀分布变成图 5.30 （b）的马鞍形分布，同时板两纵边也出现自相平衡的应力。屈曲后能继续增加的荷载大部分由板边缘部分承受。

对于组合梁的腹板，可视为支承于上下翼缘和左右两侧横向加劲肋之间的四边支承板。如果支承较强，当腹板屈曲发生凹凸变形时，同样会受到四边支承的牵制产生拉应力（即薄

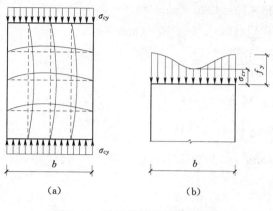

(a)	(b)

图 5.30 受压板件的屈曲后强度

膜拉力场），使梁能继续承受更大荷载，直至腹板屈服或四边支承破坏。这就是腹板的屈曲后强度。

利用腹板屈曲后强度可放宽梁腹板高厚比的限制，从而获得经济效益。

按腹板屈曲后强度进行设计时，一般可以不设纵向加劲肋，这时首先只在支座和上翼缘有较大固定集中荷载处布置支承加劲肋，然后按规定公式进行屈曲后强度验算，如果不满足要求，则在适当位置配置中间加劲肋，再进行验算，直到满足要求为止。此外，按屈曲后强度设计时，还要对加劲肋进行计算，以保证加劲肋不仅能阻止腹板凹凸变形和（或）承受集中荷载，同时还能承受薄膜张力场的作用。有关腹板按屈曲后强度设计的具体方法，可参看《钢结构设计规范》规定。

学习情境 5.8 梁的拼接和连接

5.8.1 梁的拼接

如果梁的长度、高度大于钢材的尺寸，常需要先将腹板和翼缘用几段钢材拼接起来，然后再焊接成梁。这些工作一般在工厂进行，因此称为工厂拼接（图 5.31）；跨度大的梁，可能由于运输或吊装条件限制，需将梁分成几段运至工地或吊至高空就位后再拼接起来。由于这种拼接是在工地进行，因此称为工地拼接（图 5.32）。

5.8.1.1 工厂拼接

工厂拼接常采用焊接方法。施工时，先将梁翼缘和腹板分别接长，然后再焊接成梁。拼接位置一般由材料尺寸并考虑梁的受力确定。翼缘和腹板的拼接位置最好错开，并避免与加劲肋以及次梁的连接处重合，以防焊缝密集与交叉。腹板的拼接焊缝与平行它的加劲肋间和次梁连接位置至少相距 $10t_w$（图 5.31）。

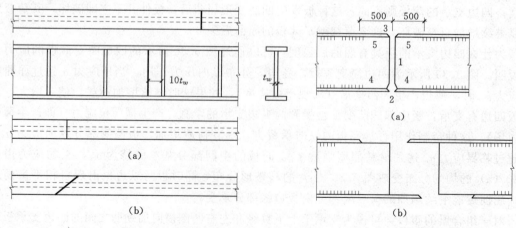

图 5.31 焊接梁的工厂拼接	图 5.32 焊接梁的工地拼接

腹板和翼缘宜采用对接焊缝拼接,并用引弧板。对一、二级质量检验级别的焊缝不需进行焊缝验算。当采用三级焊缝时,因焊缝抗拉强度低于钢材的强度,可采用斜缝或将拼接位置布置在应力较小的区域。斜焊缝连接比较费工费料,特别是对于较宽的腹板不宜采用。

5.8.1.2 工地拼接

工地拼接位置主要由运输及安装条件确定,但最好在弯曲应力较小处,一般应使翼缘和腹板在同一截面和接近于同一截面处断开,以便分段运输。当在同一截面断开时〔图 5.32(a)〕,端部平齐,运输时不易碰损,但同一截面拼接会导致薄弱位置集中。为提高焊缝质量,上下翼缘要做成向上的 V 形坡口,以便俯焊。为使焊缝收缩比较自由,减少焊缝残余应力,靠近拼接处的翼缘板要预留出 500mm 长度在工厂不焊,到工地焊接时再按照图 5.32(a)所示序号施焊。

图 5.32(b)为翼缘和腹板拼接位置相互错开的拼接方式。这种拼接受力较好,但端部突出部分在运输中易碰损,要注意保护。

对于需要在高空拼接的梁,常常考虑高空焊接操作困难,采用摩擦型高强度螺栓连接。对于较重要的或承受动荷载的大型组合梁,考虑工地焊接条件差,焊接质量不易保证,也可采用摩擦型高强度螺栓做梁的拼接。这时梁的腹板和翼缘在同一截面断开,吊装就位后用拼接板和螺栓连接(图 5.33)。设计时取拼接处的剪力 V 全部由腹板承担,弯矩 M 则由腹板和翼缘共同承担,并按各自刚度成比例分配。

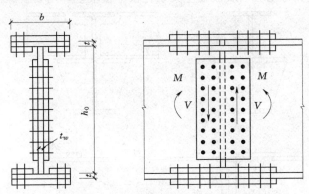

图 5.33 梁的高强度螺栓工地拼接

5.8.2 次梁与主梁的连接

5.8.2.1 简支次梁与主梁连接

此连接的形式有叠接和侧面连接两种。连接的特点是次梁只有支座反力传递给主梁。叠接(图 5.34)时,次梁直接搁置在主梁上,用螺栓和焊缝固定,这种形式构造简单,但占用建筑高度大,连接刚性差一些。侧面连接(图 5.35)是将次梁端部上翼缘切去,端部下翼缘则切去一边,然后将次梁端部与主梁加劲肋用螺栓相连。这如果次梁支座反力较大时,若螺栓承载力不够,可用围焊缝(角焊缝)将次梁端部腹板与加劲肋连牢传递反力,这时螺栓只作安装定位用。实际设计时,考虑连接偏心,计算焊缝或螺栓时通常将反力增大 20%～30%。

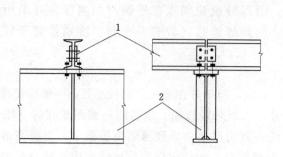

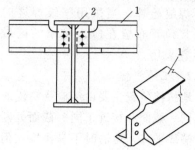

图 5.34 简支次梁与主梁叠接
1—次梁；2—主梁

图 5.35 简支次梁与主梁侧面连接
1—次梁；2—主梁

5.8.2.2 连续次梁与主梁连接

连续次梁与主梁的连接也分叠接和侧面连接两种形式。叠接时，次梁在主梁处不断开，直接搁置于主梁并用螺栓或焊缝固定，次梁只有支座反力传给主梁。侧面连接时，次梁在主梁处要断开，分别连于主梁两侧，除支座反力传给主梁外，连续次梁在主梁支座处的左右弯矩也要通过主梁传递，因此构造稍复杂一些。常用的形式如图 5.36 所示。按图中构造，先在主梁上次梁相应位置处焊上承托，承托由竖板及水平顶板组成，如图 5.36（a）所示。安装时先将次梁端部上翼缘切去后安放在主梁承托水平顶板上，用安装螺栓定位，再将次梁下

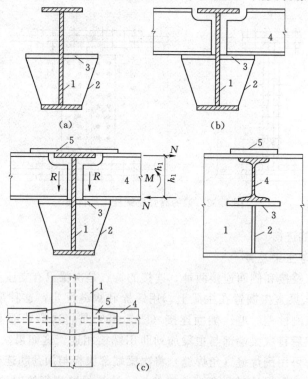

图 5.36 连续次梁与主梁连接的安装过程
1—主梁；2—承托竖板；3—承托顶板；4—次梁；5—连接盖板

翼缘与顶板焊牢，如图 5.36 （b）所示，最后用连接盖板将主次梁上翼缘用焊缝连接起来，如图 5.36 （c）所示。为避免仰焊，连接盖板的宽度应比次梁上翼缘稍窄，承托顶板的宽度则应比次梁下翼缘稍宽。

在图 5.36 的连接中，次梁支座反力 R 直接传递给承托顶板，通过承托竖板再传至主梁。左右次梁的支座负弯矩则分解为上翼缘的拉力和下翼缘的压力组成的力偶。上翼缘的拉力由连接盖板传递，下翼缘的压力则传给承托顶板后，再由承托顶板传给主梁腹板。这样，次梁上翼缘与连接盖板之间的焊缝、次梁下翼缘与承托顶板之间的焊缝以及承托顶板与主梁腹板之间的焊缝应按各自传递的拉力或压力设计。

设计次梁与主梁连接时，若次梁截面较大时，需采取构造措施防止支承处截面扭转。

钢结构各种构件连接设计时，要分析连接的传力途径，研究其传力是否安全可靠，同时注意构造布置合理和施工方便，从而做出合理的设计。

项 目 小 结

（1）钢结构中最常用的梁有型钢梁和组合梁。其计算包括强度（抗弯强度、抗剪强度、局部承压强度和折算应力）、刚度、整体稳定和局部稳定等。

（2）型钢梁若截面无太大削弱可不计算 τ 和 σ_{eq}，同时若无较大集中力作用可不计算 σ_c，局部稳定也不必计算。因此，型钢梁一般只需计算抗弯强度、刚度、整体稳定。

（3）组合梁在固定集中荷载处如设有支承加劲肋可不计算 σ_c，σ_{eq} 只在同时受有较大正应力 σ 和剪应力 τ 或者还有局部应力 σ_c 的部位才作计算。

（4）梁的抗弯强度计算公式中系数 γ_x 和 γ_y 用以考虑允许部分截面苏醒发展到一定深度，使承载力提高的影响。对于直接承受动力荷载且须计算疲劳的梁，或者翼缘宽厚比值较大的梁，取 $\gamma_x = \gamma_y = 0$。

（5）梁的抗剪强度计算中 τ、σ_c、σ_{eq} 分别按式（5.5）、式（5.6）和式（5.7）计算。

（6）进行梁的刚度计算时，其标准荷载取值应与《钢结构设计规范》规定的容许挠度相对应。

（7）《钢结构设计规范》对梁的整体稳定计算方法，是按第一类稳定问题取理想直梁按弹性二阶分析方法算出临界弯矩 M_{cr} 然后以此为依据制定出设计式（5.11）和式（5.12），式中 $\varphi_b \leqslant 1.0$ 为梁的整体稳定系数。焊接工字形等截面简支梁（含 H 型钢）、轧制普通工字钢简支梁 φ_b 有不同的计算。由于临界弯矩 M_{cr} 和式（5.11）是按弹性分析结果制定的，因此当 $\varphi_b > 0.6$ 时，应当考虑塑性影响，按式（5.14）进行修正。

（8）提高梁的整体稳定性的关键是，增强梁的抵抗侧向弯曲和扭转变形的能力。

（9）当有密铺的铺板与梁的受压翼缘连牢并能阻止受压翼缘扭转和侧向位移时，或者梁的 l_1/b_1 比值不超过表中的规定时，可不验算梁的整体稳定。

（10）组合梁的翼缘板局部稳定由控制翼缘板宽厚比来保证，要求其 $\dfrac{b_1}{t} \leqslant 15 \sqrt{\dfrac{235}{f_y}}$，若考虑其塑性发展，则要求 $\dfrac{b_1}{t} \leqslant 13 \sqrt{\dfrac{235}{f_y}}$。

（11）对于直接承受动荷载的吊车梁及类似构件，由控制腹板宽厚比、设置加劲肋以及必要时进行计算来保证腹板局部稳定。对于 $\sigma_c = 0$ 的梁，根据 h_0/t_w 的大小分别设置横向加劲肋、纵向加劲肋、短加劲肋。对于 σ_c 较大的梁，加劲肋的布置详见《钢结构设计规范》。

习　题

一、思考题

1. 钢梁的强度计算包括哪些内容？什么情况下须计算梁的局部压应力和折算应力？如何计算？

2. 截面形状系数 F 和塑性发展系数 γ 有何区别？

3. 梁发生强度破坏与丧失整体稳定有何区别？影响钢梁整体稳定的主要因素有哪些？提高钢梁整体稳定性的有效措施有哪些？

4. 试比较型钢梁和组合梁在截面选择方法上的异同。

5. 梁的整体稳定系数 φ_b 是如何确定的？当 $\varphi_b > 0.6$ 时为什么要用 φ_b' 代替？

6. 设计型钢梁时，应计算哪些内容？

7. 组合梁的腹板和翼缘可能发生哪些形式的局部失稳？《钢结构设计规范》采取哪些措施防止发生这些形式的局部失稳？

8. 什么是腹板的屈曲后强度？何种梁可以利用腹板的屈曲后强度？

9. 为什么组合梁的翼缘设计不考虑屈曲后强度？

10. 钢梁的拼接、主次梁连接各有哪些方式？其主要设计原则是什么？

二、选择题

1. 在主平面内受弯的工字形截面组合梁，在抗弯强度计算中，允许考虑截面部分发展塑性变形时，绕 x 轴和 y 轴的截面塑性发展系数 γ_x 和 γ_y 分别为_____。

A. 1.05，1.05　　　　B. 1.2，1.2　　　　C. 1.15，1.15　　　　D. 1.05，1.2

2. 钢结构梁的计算公式 $\sigma = \dfrac{M_x}{\gamma_x W_{nx}}$ 中的 γ_x _____。

A. 与材料强度有关　　　　　　　　B. 是极限弯矩与边缘屈服弯矩之比

C. 表示截面部分进入塑性　　　　　D. 与梁所受荷载有关

3. 单向受弯梁失去整体稳定时是_____形式的失稳。

A. 弯曲　　　　　B. 扭转　　　　　C. 弯扭　　　　　D. 双向弯曲

4. 焊接工字形截面简支梁，其他条件均相同的情况下，当_____时，梁的整体稳定性最好。

A. 加强梁的受压翼缘宽度　　　　　B. 加强梁受拉翼缘宽度

C. 受压翼缘与受拉翼缘宽度相同　　D. 在距支座 $l/6$（l 为跨度）减小受压翼缘宽度

5. 焊接工字形等截面简支梁，在其他条件均相同的情况下，当_____时，梁的整体稳定性最差（按各种情况下最大弯矩数值相同比较）。

A. 两端有相等弯矩作用（纯弯矩作用）

B. 满跨均布荷载作用

C. 跨度中点有集中荷载作用

D. 在离支座 $l/4$（l 为跨度）处有相同集中力

6. 为了提高梁的整体稳定性，_____是最经济有效的办法。

A. 增大截面   B. 增加侧向支撑点

C. 设置横向加劲肋   D. 改变翼缘的厚度

7. 梁的支承加劲肋应设置在_____。

A. 弯曲应力大的区段

B. 剪应力大的区段

C. 上翼缘或下翼缘有固定荷载作用的部位

D. 有吊车轮压的部位

8. 确定梁的经济高度的原则是_____。

A. 制造时间最短   B. 用钢量最省

C. 最便于施工   D. 免于变截面的麻烦

9. 在充分发挥材料强度的前提下，Q235 钢梁的最小高度 h_{min} _____ Q345 钢梁的 h_{min}（其他条件均相同）。

A. 大于   B. 小于   C. 等于   D. 不确定

10. 梁的最小高度是由_____控制的。

A. 强度   B. 建筑要求   C. 刚度   D. 整体稳定

三、计算题

1. 跨度为 9m 的工作平台简支梁，受均布荷载 g_k 为 35kN/m，分项系数为 1.2，q_k 为 36kN/m（分项系数为 1.4），采用 Q235—F 钢，截面尺寸如图 5.37 所示。试验算其强度。

2. 某焊接工字形简支梁，荷载设计值及截面情况如图 5.38 所示。材料为 Q235—F，$F = 300$kN，集中力位置处设置侧向支承。试验算其强度、整体稳定是否满足要求。

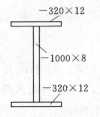
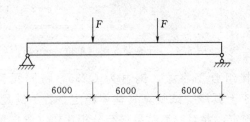
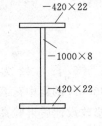

图 5.37   计算题 1 图   图 5.38   计算题 2 图（单位：mm）

（单位：mm）

3. 图 5.39 所示简支梁，不计自重，Q235 钢，不考虑塑性发展，密铺板牢固连接于上翼缘，均布荷载设计值为 45kN/m。问是否满足正应力强度及刚度要求，并判断是否需要进行梁的整体稳定验算。

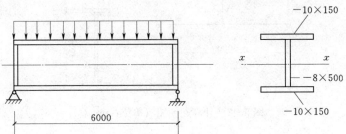

图 5.39   计算题 3 图（单位：mm）

169

4. 简支梁受力及支承如图 5.40 所示，荷载标准值 $P=180$kN，不计自重，Q235 钢。

（1）验算该梁的强度。

（2）如不需验算该梁的整体稳定，问需设几道侧向支承？

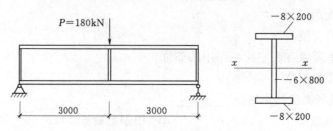

图 5.40　计算题 4 图（单位：mm）

5. 焊接工字形截面简支梁，截面如图所示，钢材 Q235，跨中设置一道侧向支撑，梁承受均布荷载的设计值为 $q=60$kN/m（包括自重），验算此梁的抗弯、抗剪强度和整体稳定是否满足设计要求。若整体稳定不满足要求，在不改变梁截面尺寸的情况下采取什么措施可提高梁的整体稳定性？

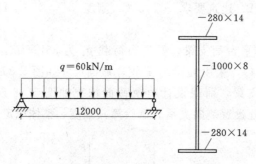

图 5.41　计算题 5 图（单位：mm）

6. 图 5.42 为一焊接组合工字梁，钢材为 Q235，跨间无侧向支撑，跨中设计值为 300kN 的集中荷载作用于上翼缘。试验算其整体稳定。若不满足要求，请按下列各项措施修改设计后再验算整体稳定，并对验算结果进行分析比较（梁自重忽略不计）。

（1）改用 Q345 钢；

（2）改用加强受压翼缘截面，保持原截面面积不变，将上翼缘加宽为 $b_1=34$cm，下翼缘缩窄为 $b_2=26$cm；

（3）采取构造措施将集中荷载作用点移至下翼缘。

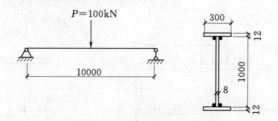

图 5.42　计算题 6 图（单位：mm）

7. 焊接工字形简支梁（图 5.43），跨度 $l=4$m，钢材 Q235，承受均布荷载设计值为 p

（包括自重）。假定该梁局部稳定和强度以及刚度能满足要求，试求该梁能承受的荷载 p。

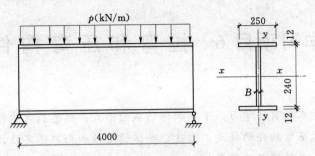

图 5.43　计算题 7 图（单位：mm）

8. 工字形简支主梁，Q235—F 钢，承受两个次梁传来的集中力 $P=250\text{kN}$ 作用（设计值），次梁作为主梁的侧向支承，不计主梁自重，荷载作用点设支承加劲肋，不考虑局部压应力的作用。试验算腹板的局部稳定，计算出加劲肋间距，并在图中示出。

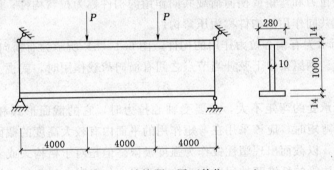

图 5.44　计算题 8 图（单位：mm）

学习项目 6 拉弯和压弯构件

学习目标：通过本项目的学习，了解构件的截面形式；熟悉压弯构件的柱脚的构造和设计，熟练掌握实腹式压弯构件的强度、刚度、整体稳定性和局部稳定性计算；掌握格构式压弯构件的整体稳定和单肢稳定的验算。

学习情境 6.1 拉弯和压弯构件的类型和应用

同时承受轴向拉力和弯矩或横向荷载共同作用的构件称为拉弯构件；同时承受轴向压力和弯矩或横向荷载共同作用的构件称为压弯构件。

图 6.1（a）所示为有偏心拉力作用的构件，图 6.1（b）所示为有横向荷载作用的拉杆，它们都是拉弯构件。钢屋架中下弦杆当节点之间有横向荷载作用时，就视为拉弯构件，如图 6.3 所示。

当拉弯构件所承受的弯矩不大，主要受轴心拉力时，它的截面形式和一般轴心拉杆一样；当承受很大的弯矩时，应该采用在弯矩作用的平面内有较大高度的截面。

对于拉弯构件，以截面出现塑性铰作为强度极限。但是对于格构式或者冷弯薄壁型钢的拉弯构件，以截面边缘的纤维开始屈服作为达到了强度的极限。对于轴心拉力较小而弯矩很大的拉弯构件，由于有弯矩引起的压应力，也可能和受弯构件一样会出现弯扭屈曲；在拉弯构件受压部分的板件也存在局部屈曲的可能性，此时应按受弯构件要求核算其整体和局部稳定。

图 6.2（a）中承受偏心压力作用的构件和图 6.2（b）中有横向荷载作用的压杆，都属于压弯构件。

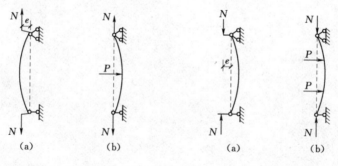

图 6.1 拉弯构件　　　　　图 6.2 压弯构件

压弯构件在钢结构中的应用十分广泛，例如，有节间荷载作用的屋架的上弦杆（图 6.3），厂房的框架柱（图 6.4），以及高层建筑的框架柱和海洋平台的立柱等大多都是压弯构件。

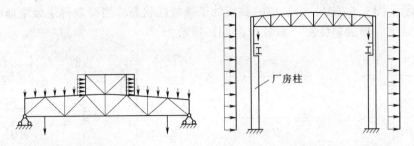

| 图 6.3 屋架中的压弯构件和拉弯构件 | 图 6.4 单层工业厂房框架柱 |

压弯构件当承受的弯矩很小而轴心压力却很大时，可采用轴心受压构件的截面形式，如图 6.5 所示；当只有一个方向的弯矩较大时，可采用如图 6.5 所示的截面并使弯矩绕强轴（x 轴）作用，若采用如图 6.5（b）所示的单轴对称截面，还应使较大翼缘位于受压一侧。

压弯构件的破坏形式有：① 强度破坏；② 在弯矩作用的平面内发生弯曲失稳破坏，发生这种破坏的构件变形形式没有改变，仍为弯矩作用平面内的弯曲变形；③ 弯矩作用平面外失稳破坏，这种破坏除了在弯矩作用方向存在弯曲变形外，垂直于弯矩作用的方向也会突然产生弯曲变形，同时截面还会绕杆轴发生扭转；④ 局部失稳破坏。

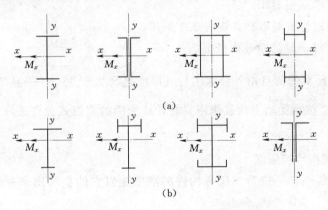

(a)

(b)

图 6.5 弯矩较大的实腹式压弯构件截面

与轴心受力构件一样，拉弯构件和压弯构件除应满足承载力极限状态要求外，还应满足正常使用极限状态要求，即刚度要求。后者是通过限制其长细比来实现的。

学习情境 6.2 拉弯和压弯构件的强度和刚度

6.2.1 拉弯和压弯构件的强度

对于承受静力荷载作用的实腹式拉弯或压弯构件，当截面出现塑性铰时达到其强度极限状态。

图 6.6 所示是一承受轴心压力 N 和弯矩 M 共同作用的矩形截面构件，当荷载较小，在截面边缘纤维的压应力还小于钢材的屈服强度时，整个截面都处于弹性状态，如图 6.6（a）所示。荷载继续增加，截面受压区进入塑性状态，如图 6.6（b）所示。若荷载再继续增加，使截面的另一边纤维的拉应力也达到屈服强度时，部分受拉区的材料也进入塑性状态，如图

6.6（c）所示。图 6.6（b）、（c）中的截面处于弹塑性状态。当荷载再继续增加时，整个截面进入塑性状态，形成塑性铰，如图 6.6（d）所示。

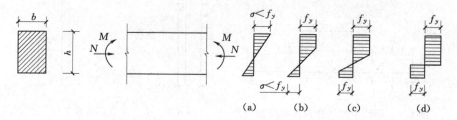

图 6.6　压弯构件截面的受力状态

单向拉弯、压弯构件的强度条件应考虑轴向力和弯矩的共同作用，可按式（6.1）计算

$$\frac{N}{A_n} \pm \frac{M_x}{\gamma_x W_{nx}} \leqslant f \tag{6.1}$$

对于双向拉弯或压弯构件，可采用与式（6.1）类似的式（6.2）计算

$$\frac{N}{A_n} \pm \frac{M_x}{\gamma_x W_{nx}} + \frac{M_x}{\gamma_y W_{ny}} \leqslant f \tag{6.2}$$

式中　A_n——构件净截面面积；

　　γ_x、γ_y——截面塑性发展系数，按表 5.1 采用；

W_{nx}、W_{ny}——构件对 x 轴的净截面抵抗矩。

当压弯构件受压翼缘的自由外伸宽度与其厚度之比大于 $13\sqrt{\frac{235}{f_y}}$ 且不超过 $15\sqrt{\frac{235}{f_y}}$ 时，取 $\gamma_x = 1.0$。对于直接承受动力荷载作用且需计算疲劳的实腹式拉弯或压弯构件，不考虑塑性发展，取 $\gamma_x = \gamma_y = 0$。

6.2.2　拉弯、压弯构件的刚度

同轴心受压构件一样，拉弯、压弯构件的刚度是以它的长细比来控制的。对刚度的要求是

$$\lambda_{max} \leqslant [\lambda] \tag{6.3}$$

式中　λ_{max}——构件最不利方向的长细比最大值，一般为两主轴方向长细比的较大值；

　　$[\lambda]$——构件容许长细比，按表 4.1、表 4.2 选用。

当弯矩较大而轴力较小，或有其他特殊需要时，还须验算拉弯构件或压弯构件的挠度或变形条件是否满足要求。

【例题 6.1】　如图 6.7 所示拉弯构件，承受横向均布荷载设计值 $q = 12\text{kN/m}$，轴向拉力设计值 $N = 340\text{kN}$，截面为 I22a，无削弱，试验算其强度和刚度条件。

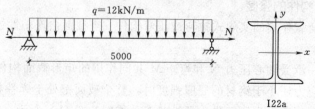

图 6.7　[例题 6.1] 图

【解】

查附表 7 可知 I 22a 的截面特征：$A=42.1\text{cm}^2$，$W_z=30.96\text{cm}^3$，$i_z=8.99\text{cm}$，$i_y=2.32\text{cm}$。查表 5.1 得 $\gamma_x=1.05$。

构件的最大弯矩设计值为

$$M_{\max}=\frac{1}{8}ql^2=\frac{12\times5.0^2}{8}=37.5(\text{kN}\cdot\text{m})$$

强度验算

$$\frac{N}{A}+\frac{M}{\gamma_x W_x}=\frac{340\times10^3}{42.1\times10^2}+\frac{37.5\times10^6}{1.05\times309.6\times10^3}=196.1(\text{N/mm}^2)<f=215\text{Nmm}^2 \text{ 满足要求。}$$

刚度验算

$$\lambda_y=\frac{l_{oy}}{i_y}=\frac{5000}{23.2}=216<[\lambda]=350$$

满足要求。

学习情境 6.3　实腹式压弯构件的整体稳定

单向压弯构件的破坏形式较复杂，对于截面有严重削弱或短粗的构件可能产生强度破坏，对于钢结构中的大多数压弯构件来说，最危险的是整体失稳破坏。单向压弯构件可能在弯矩作用平面内弯曲失稳，如果构件在非弯曲方向没有足够的支承，也可能产生侧向位移和扭转的弯扭失稳破坏形式，即弯矩作用平面外的失稳破坏。

6.3.1　在弯矩作用平面内的整体稳定

压弯构件在弯矩作用平面内的稳定问题应按构件受力的弹塑性阶段考虑，其承载能力与截面形状、尺寸、初始缺陷、残余应力分布及失稳方向等因素有关，弯矩作用平面内稳定极限承载力的精确计算较困难。与轴心受压构件相似，GB 50017—2003《钢结构设计规范》采用简化计算方法——稳定系数法。

《钢结构设计规范》规定：对弯矩作用在对称轴内（假设为绕 x 轴）的实腹式压弯构件，其在弯矩作用平面内的稳定条件按式（6.4）进行验算

$$\frac{N}{\varphi_x A}+\frac{\beta_{mx}M_x}{\gamma_{1x}W_{1x}\left(1-0.8\dfrac{N}{N'_{Ex}}\right)}\leqslant f \tag{6.4}$$

其中

$$N'_{Ex}=\frac{\pi^2 EA}{1.1\lambda_{0x}^2}$$

式中　N——所计算构件段范围内的轴心压力；

φ_x——在弯矩作用平面内，不计弯矩作用时，轴心受压构件的稳定系数，由附表 2 查取；

A——构件毛截面面积；

M_x——所计算构件段范围内的最大弯矩；

N'_{Ex}——考虑抗力分项系数的欧拉临界力；

λ_x——对 x 轴的长细比；

W_{1x}——弯矩作用平面内截面的最大受压纤维的毛截面模量；

γ_{1x}——与相应的 W_{1x} 截面塑性发展系数；

β_{mx}——等效弯矩系数，按下列规定采用。

由式（6.4）计算时，《钢结构设计规范》规定等效弯矩系数 β_{mx} 按以下规定计算。

1. 框架柱和两端支承的构件

（1）无横向荷载作用时，$\beta_{mx} = 0.65 + 0.35\dfrac{M_2}{M_1}$（计算值小于 0.4 时取 0.4）。$M_1$ 和 M_2 为端弯矩，使构件产生同向曲率（无反弯点）时取正号，产生反向曲率（有反弯点）时取异号，$|M_1| \geqslant |M_2|$。

（2）有端弯矩和横向荷载同时作用时：

使构件产生同向曲率时

$$\beta_{mx} = 1.0$$

使构件产生反向曲率时

$$\beta_{mx} = 0.85$$

（3）无端弯矩但有横向荷载时

$$\beta_{mx} = 1.0$$

2. 悬臂构件

$$\beta_{mx} = 1.0$$

对于单轴对称截面，如 T 形、槽形截面的压弯构件，其两翼面积相差较大，当弯矩作用在对称平面内且使较大翼缘受压时，有可能在较小翼缘一侧因受拉区塑性发展过大而导致构件破坏，对这类构件，除按式（6.4）验算其稳定性外，还应按式（6.5）进行补充计算：

$$\left| \frac{N}{A} - \frac{\beta_{mx}M_x}{\gamma_{2x}W_{2x}\left(1 - 1.25\dfrac{N}{N_{Ex}}\right)} \right| \leqslant f \tag{6.5}$$

式中　W_{2x}——弯矩作用平面内对较小翼缘的毛截面模量；

　　　γ_{2x}——与相应的 W_{2x} 截面塑性发展系数。

6.3.2　实腹式压弯构件在弯矩作用平面外的整体稳定

当弯矩作用于压弯构件的最大刚度平面内时，如果构件抗扭刚度和垂直于弯矩作用平面的抗弯刚度不大而侧向又没有足够的支承以阻止构件的侧移和扭转，构件就有可能发生弯矩作用平面外的失稳破坏（图6.8）。

《钢结构设计规范》规定弯矩作用平面外的稳定性验算按式（6.6）计算

$$\frac{N}{\varphi_y A} + \eta\frac{\beta_{tx}M_x}{\varphi_b W_{1x}} \leqslant f \tag{6.6}$$

式中　φ_y——弯矩作用平面外的轴心受压构件稳定系数；

　　　M_x——所计算构件段范围内的最大弯矩；

　　　η——调整系数，箱形截面 $\eta = 0.7$，其他截面 $\eta = 1.0$；

　　　β_{tx}——弯矩作用平面外等效弯矩系数，应根据

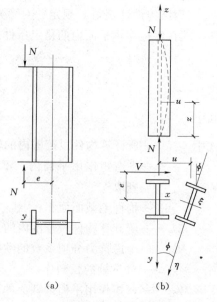

图 6.8　弯矩作用平面外的弯扭屈曲

计算段内弯矩作用平面外方向的支承情况及荷载和内力情况确定，取值方法与弯矩作用平面内等效弯矩系数 β_{mx} 相同；

φ_b——均匀弯曲的受弯构件整体稳定系数，对于闭口截面取 $\varphi_b=1.0$，其余情况按学习项目 5 相关内容所述计算，但对于非悬臂的工字形（包括 H 型钢）和 T 形截面构件，当 $\lambda_y \leqslant 120\sqrt{\dfrac{235}{f_y}}$ 时，可按下列近似公式计算。

1. 工字形截面（含 H 型钢）

双轴对称时

$$\varphi_b=1.07-\frac{\lambda_y^z}{44000}\frac{f_y}{235}\leqslant 1 \tag{6.7a}$$

单轴对称时

$$\varphi_b=1.07-\frac{W_{1x}}{(2a_b+0.1)Ah}\frac{\lambda_y^2}{14000}\frac{f_y}{235}\leqslant 1 \tag{6.7b}$$

$a_b=\dfrac{I_1}{I_1+I_2}$（I_1、I_2 分别为受压翼缘和受拉翼缘对 y 轴的惯性矩）。

2. 对于 T 形截面（弯矩作用在对称轴平面，绕 x 轴）

（1）当弯矩使翼缘受压时。

双角钢 T 形截面

$$\varphi_b=1-0.0017\lambda_y\sqrt{\frac{f_y}{235}}\leqslant 1 \tag{6.8a}$$

剖分 T 型钢和两板组合 T 形截面

$$\varphi_b=1-0.0022\lambda_y\sqrt{\frac{f_y}{235}}\leqslant 1 \tag{6.8b}$$

（2）当弯矩使翼缘受拉时。

$$\varphi_b=1.0 \tag{6.8c}$$

3. 箱形截面

箱形截面取 $\qquad\qquad \varphi_b=1.0$

上述近似公式是针对 $\lambda_y \leqslant 120\sqrt{\dfrac{235}{f_y}}$ 的构件，失稳时均处于弹塑性范围，根据这种情况，《钢结构设计规范》将学习项目 5 导出的 φ_b 公式作了进一步简化，得出式（6.7a）～式（6.8c），以方便设计使用，当所得的 $\varphi_b>0.6$ 时，也不再作 φ_b' 的换算。

【例题 6.2】 如图 6.9 所示的两端铰接的压弯构件，构件长为 3kN，承受荷载设计值有：轴向压力 N =80kN，弯矩 $M=30$kN·m，构件截面为 I20a，钢材为 Q235，试验算该构件在弯矩作用平面外的整体稳定性。

【解】

查附表 7 得 I20a 的截面特性为

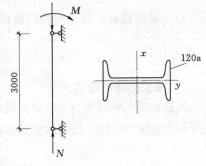

图 6.9 ［例题 6.3］图

$$A=35.58\text{cm}^2,\frac{b}{h}=\frac{100}{200}<0.8$$

$$W_x=237\text{cm}^3,i_x=8.15\text{cm},i_y=2.12\text{cm}$$

$$\lambda_x=\frac{l_{0y}}{i_y}=\frac{5000}{23.2}=216<[\lambda]=350$$

$$\lambda_y=\frac{l_{0y}}{i_y}=\frac{300}{2.12}=141.5$$

按 b 类截面由 λ_y 查附表 2.2 得 $\varphi_y=0.339$。

$$\varphi_b=1.07-\frac{\lambda_y^2}{44000}\frac{f_y}{235}=0.615$$

$$\beta_{tx}=0.65+0.35\frac{M_2}{M_1}=0.65$$

$$\eta=1.0(\text{工字形截面})$$

$$\frac{N}{\varphi_y A}+\eta\frac{\beta_{tx}M_x}{\varphi_b W_{1x}}=\frac{80\times10^3}{0.339\times35.58\times10^2}+1.0\times\frac{0.65\times30\times10^6}{0.615\times237\times10^3}=200.1\ (\text{kN/mm}^2)\leqslant f$$

满足要求。

学习情境 6.4　实腹式压弯构件的局部稳定

6.4.1　翼缘的局部稳定

对实腹式压弯构件，翼缘与腹板的局部稳定条件，《钢结构设计规范》以板件屈曲为失稳准则，不允许利用超屈曲强度，也不考虑残余应力和初弯曲的影响。

压弯构件的翼缘受力情况可近似视为承受均匀压应力的作用，与轴心受压构件的翼缘类似，《钢结构设计规范》采用限制其宽厚比的方法来保证翼缘的局部稳定，规定压弯构件翼缘板自由外伸宽度 b_1 与其厚度 t 之比，应符合下列要求：

允许截面发展部分塑性时

$$(\gamma_x>1.0)\quad \frac{b_1}{t}\leqslant13\sqrt{\frac{235}{f_y}} \tag{6.9a}$$

按弹性计算时（$\gamma_x=1.0$）

$$\frac{b_1}{t}\leqslant15\sqrt{\frac{235}{f_y}} \tag{6.9b}$$

对于箱形截面，压弯构件两腹板之间的受压翼缘部分的宽厚比限制为

$$\frac{b_1}{t}\leqslant40\sqrt{\frac{235}{f_y}} \tag{6.9c}$$

6.4.2　腹板的局部稳定

实腹式压弯构件当为工字形截面时，其腹板是四边支承的不均匀受压构件，同时板件四边还受均布剪应力作用。根据弹性力学板的稳定理论可以得到腹板弹塑性屈曲应力的近似公式：

$$\sigma_{cr}=k\frac{\pi^2 E}{12(1-\upsilon^2)}\left(\frac{t_w}{h_0}\right)^2 \tag{6.10}$$

式中　k——屈曲系数。

υ——泊松比。

《钢结构设计规范》根据等稳定条件，要求局部稳定的临界应力 σ_{cr}，不小于整体稳定的条件，推得保证腹板局部稳定的宽厚比限制条件如下。

当（$0 \leqslant \alpha_0 \leqslant 1.6$）时

$$\frac{h_0}{t_w} \leqslant (16\alpha_0 + 0.5\lambda + 25)\sqrt{\frac{235}{f_y}} \tag{6.11a}$$

当（$1.6 < \alpha_0 \leqslant 2.0$）时

$$\frac{h_0}{t_w} \leqslant \left(48\alpha_0 + 0.5\lambda - 26.2\sqrt{\frac{235}{f_y}}\right) \tag{6.11b}$$

其中

$$\alpha_0 = \frac{\sigma_{max} - \sigma_{min}}{\sigma_{max}}$$

式中　α_0——应力梯度；

　　σ_{max}——腹板计算高度边缘的最大应力，计算时不考虑构件的稳定系数和截面发展系数；

　　σ_{min}——腹板计算高度另一边缘相应的应力，压应力取正值，拉应力取负值；

　　λ——构件在弯矩作用平面内的长细比：当 $\lambda < 30$ 时，取 $\lambda = 30$；当 $\lambda > 100$ 时，取 $\lambda = 100$。

对 H 形、工字形截面受压构件的腹板，其高度比不符合式（6.11a）或式（6.11b）的要求时，可用纵向加劲肋的方式加强，或在计算构件的强度和稳定性时将腹板的截面仅考虑计算高度边缘范围内两侧宽度各为 $20t_w\sqrt{235/f_y}$ 部分的有效面积（计算构件的稳定系数时，仍用全部截面）。

用纵向加劲肋加强的腹板，其在受压较大翼缘与纵向加劲肋之间的高厚比，应符合式（6.11a）或式（6.11b）的要求。

纵向加劲肋宜在腹板两侧成对配置，其一侧外伸宽度不应小于 $10t_w$，厚度不应小于 $0.75t_w$，其中 $a = 20t_w\sqrt{\dfrac{235}{f_y}}$，如图 4.12 所示。

学习情境 6.5　压弯构件及框架柱的计算长度

《钢结构设计规范》规定，一般情况下，尤其是单层框架均可采用一阶分析方法设计。

计算长度的概念来自理想轴心受压构件的弹性屈曲（见学习情境 4.3）。计算长度 $l_0 = \mu l$ 的几何意义是：任意支承情况杆件弯曲屈曲后挠度曲线两反弯点间的长度；它的物理意义是：将不同支承情况的杆件按稳定承载力等效为长度等于 l_0 的两端铰接的理想轴心压杆。

一阶分析的框架设计方法中，l_0（或 μ）值的大小与杆件支承情况有关，对于端部为理想铰接或理想固接的杆件，μ 值可按弹性稳定理论推导求得，其值见表 4.3。但对于框架柱，其支承情况与各柱两端相连的杆件（包括左右横梁和上下相连的柱）的刚度，以及基础的情况有关，要精确计算比较复杂。一般采用的方法是按平面框架体系进行框架弹性整体稳定分析，以确定框架柱在框架平面内的计算长度 l_{0x}；框架柱在框架平面外的计算长度 l_{0y} 则按框架平面外的支承点的距离来确定。

进行框架弹性整体稳定分析时，按框架的失稳形态将框架柱分为两类：无侧移框架柱和有侧移框架柱。无侧移框架柱是指框架中由于设有支撑架、剪力墙、电梯井等横向支撑结构，且其抗侧移刚度足够大，致使失稳时柱顶无侧向位移者，如图 6.10 所示。有侧移框架柱是指框架中未设上述横向支撑结构，框架失稳时柱顶有侧向位移者，如图 6.11 所示。

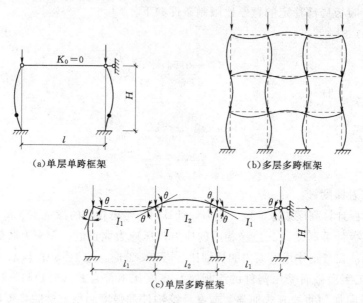

(a)单层单跨框架　　　　　　(b)多层多跨框架

(c)单层多跨框架

图 6.10　无侧移失稳形式

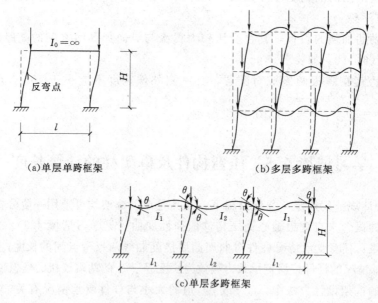

(a)单层单跨框架　　　　　　(b)多层多跨框架

(c)单层多跨框架

图 6.11　有侧移失稳形式

6.5.1　框架柱在框架平面内的计算长度

6.5.1.1　框架柱平面内计算长度

《钢结构设计规范》规定，单层或多层框架等截面柱，在框架平面内的计算长度等于该层柱的高度乘以计算长度系数 μ，即柱的计算长度为 $H_0 = \mu H$。H 为框架柱的实际长度。计算长度系数 μ 可根据系数 K_1、K_2 在附表 4 中查取，K_1、K_2 分别为相交于柱上端和下端的横梁线刚度之和与柱线刚度之和的比值，其特殊计算规定见附表 4 中的注。对于有侧移框架柱的计算长度系数 μ 按附表 4.1 确定；对于无侧移框架柱的计算长度系数 μ 按附表 4.2 确定。

6.5.1.2　《钢结构设计规范》对框架分类及各类框架柱计算长度的规定

《钢结构设计规范》将框架分为无支撑的纯框架和有支撑框架，其中有支撑框架又分为强支撑框架和弱支撑框架。它们是按支撑结构（支撑桁架、剪力墙、电梯井等）的侧移刚度的大小来区分的，但实际工程中，有支撑框架大多为强支撑框架。

《钢结构设计规范》规定：

（1）无支撑纯框架采用一阶弹性分析方法计算内力时，框架柱的计算长度系数 μ 按附表 4.1 有侧移框架柱的计算长度系数确定。

（2）强支撑框架柱的计算长度系数 μ 按附表 4.2 无侧移框架柱的计算长度系数确定。

（3）弱支撑框架的失稳形式介于前述有侧移失稳和无侧移失稳形式之间，因此其框架柱的轴压杆稳定系数 φ 也介于有侧移和无侧移的框架柱的 φ 值之间。具体计算方法见《钢结构设计规范》。

6.5.2　框架柱在框架平面外的计算长度

在框架平面外，柱与纵梁或纵向支撑构件一般是铰接，当框架在框架平面外失稳时，可假定侧向支承点是其变形曲线的反弯点。这样，柱在框架平面外的计算长度等于侧向支承点之间的距离，如图 6.12（a）所示；若无侧向支承，则为柱的全长 H，如图 6.12（b）所示。对于多层框架柱，在框架平面外的计算长度可能就是该柱的全长。

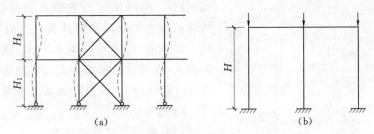

图 6.12　框架柱在框架平面外的计算长度

学习情境 6.6　实腹式压弯构件的截面设计

实腹式压弯构件在截面设计时首先要根据压弯构件受力的大小、使用要求和构造要求，选择适当的截面形式。当弯矩较小或可能出现正负弯矩但其绝对值相差较小时，可采用对称截面；当正负弯矩绝对值相差较大时，应采用不对称翼缘的截面，使截面的一侧翼缘加大。在满足局部稳定、使用要求和构造要求的同时，截面应尽量做成轮廓尺寸稍大而板件稍薄，使截面的面积分布尽量远离截面轴线。这样，相同的截面面积能得到较大的惯性矩和回转半径，充分发挥钢材的有效性从而节省钢材。应根据弯矩的大小，使截面高度适当大于截面宽度，减少弯曲应力；尽量使弯矩作用平面内和平面外的整体稳定性接近。

当压弯构件无较大截面削弱时，其截面尺寸通常受弯矩平面内、外两个方向的整体稳定计算控制。由于稳定计算公式涉及截面多项几何特性，很难直接由公式算出截面尺寸。实际设计时，大多参照已有设计资料的数据及设计经验，先假定出截面尺寸，然后进行验算，然后通过多次验算修正，最后得到合理的截面形式和截面尺寸。

实腹式压弯构件的截面设计步骤如下。

1. 初选截面

初选截面可根据类似工程设计经验并作必要的估算，假定构件的截面型式、组成和具体尺寸。假设截面应尽量做成肢宽板薄，截面高度略大于宽度；弯矩作用平面内和平面外的整体稳定性相近，板件的局部稳定满足构造和使用要求

2. 截面验算

（1）强度验算。强度应按式（6.1）或式（6.2）验算，当 N、M 的取值和整体稳定验算取值相同且截面无削弱时，不必进行验算。

（2）刚度验算。按式（6.3）验算。

（3）整体稳定验算。弯矩作用平面内整体稳定按式（6.4）验算；当为单轴对称截面，偏心压力位于较大翼缘一边时，还应按式（6.5）验算；对于弯矩作用平面外的整体稳定则按式（6.6）验算。

（4）局部稳定验算。翼缘的局部稳定按式（6.9a）或式（6.9b）或式（6.9c）验算。腹板的局部稳定按式（6.11a）或式（6.11b）验算。

通过验算、调整、再验算，直至选出合理的截面形式和截面尺寸完成截面设计。

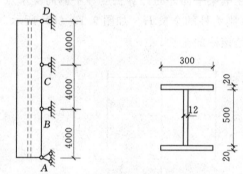

图 6.13 ［例题 6.3］图

【例题 6.3】 工字形截面压弯构件，两端铰接，采用钢材为 Q235，构件两端用偏心压力 $F=1200kN$，两端作用力的偏心距都是 $e=375mm$，构件长度为 12m，在构件长三点处各有一侧向支承，翼缘宽 300mm，厚 20mm，腹板高 500mm，如图 6.13 所示，翼缘为火焰切割边，构件容许长细比 ［λ］＝150。试验算截面是否满足要求。

【解】

（1）截面几何特性计算。

$$A=30\times2\times2+50\times1.2=180(cm^2)$$

$$I_x=\frac{1}{12}\times1.2\times50^2+30\times2\times\left(\frac{50+2}{2}\right)^2\times2$$
$$=93620(cm^4)$$

$$I_y=\frac{1}{12}\times2\times30^3\times2=9000(cm^4)$$

$$i_x=\sqrt{\frac{I_x}{A}}=\sqrt{\frac{93620}{180}}=22.8(cm)$$

$$i_y=\sqrt{\frac{I_y}{A}}=\sqrt{\frac{9000}{180}}=7.07(cm)$$

$$W_{1x}=\frac{2I_x}{h}=\frac{2\times93620}{54}=3467.4(cm^3)$$

$$\lambda_x=\frac{l_{0x}}{i_x}=\frac{1200}{22.8}=52.6$$

$$\lambda_y=\frac{l_{0y}}{i_y}=\frac{400}{7.07}=56.6$$

对 x 轴、y 轴截面都属于 b 类，再由附表 2.2 查得

$$\varphi_x = 0.844, \varphi_y = 0.825$$

（2）强度计算。

$$M_x = Fe = 1200 \times 0.375 = 450 \text{(kN·m)}$$

查表得 $\gamma_x = 1.05$，$f = 215 \text{N/mm}^2$，$N = F = 1200 \text{kN}$

$$\frac{N}{A_n} + \frac{M_x}{\gamma_x W_{1x}} = \frac{1200 \times 10^3}{180 \times 10^2} + \frac{450 \times 10^6}{1.05 \times 3467.4 \times 10^3} = 190.3 \text{(N/mm}^2) < f = 215 \text{N/mm}^2 \text{ 满足}$$

要求。

（3）刚度验算。

$$\lambda_{max} = \lambda_y = 56.6 < [\lambda] = 150$$

满足要求。

（4）弯矩作用平面内整体稳定计算。

$$\beta_{mx} = 0.65 + 0.35 \frac{M_2}{M_1} = 0.65 + 0.35 = 1$$

$$N'_{Ex} = \frac{\pi^2 EA}{1.1\lambda_x^2} = \frac{\pi^2 \times 206 \times 10^3 \times 180 \times 10^2}{1.1 \times 52.6^2} = 12012.5 \text{ (kN)}$$

$$\frac{N}{\varphi_x A} + \frac{\beta_{mx} M_x}{\gamma_{1x} W_{1x}\left(1 - 0.8\frac{N}{N'_{Ex}}\right)}$$

$$= \frac{1200 \times 10^3}{0.844 \times 180 \times 10^2} + \frac{1.0 \times 450 \times 10^6}{1.05 \times 3467.4 \times 10^3 \times \left(1 - 0.8\frac{1200 \times 10^3}{12012.5 \times 10^3}\right)}$$

$$= 213 \text{(N/mm}^2) < f = 215 \text{N/mm}^2$$

满足要求。

（5）弯矩作用平面外整体稳定计算。

$$\eta = 1.0 \text{ （工字形截面）}$$

$$\beta_{tx} = 0.65 + 0.35 \frac{M_2}{M_1} = 0.65 + 0.35 = 1$$

$$\varphi_b = 1.07 - \frac{\lambda_y^2}{44000} \frac{f_y}{235} = 1.07 - \frac{56.6^2}{44000} \times \frac{235}{235} = 0.997$$

$$\frac{N}{\varphi_y A} + \eta \frac{\beta_{tx} M_x}{\varphi_b W_{1x}} = \frac{1200 \times 10^3}{0.825 \times 180 \times 10^2} + 1.0 \times \frac{1.0 \times 450 \times 10^6}{0.997 \times 3467.4 \times 10^3}$$

$$= 211 \text{(N/mm}^2) < f = 215 \text{N/mm}^2$$

满足要求。

（6）局部稳定计算。

翼缘
$$\frac{b_1}{t} = \frac{(300-12)/2}{20} = 7.2 < 13\sqrt{\frac{235}{f_y}} = 13$$

满足要求。

腹板
$$\sigma_{max} = \frac{F}{A} + \frac{M_x}{W_{1x}} = \frac{1200 \times 10^3}{180 \times 10^2} + \frac{450 \times 10^6}{3467.4 \times 10^3} = 196.4 \text{(N/mm}^2)$$

$$\sigma_{\min}=\frac{F}{A}-\frac{M_x}{W_{2x}}=\frac{1200\times10^3}{180\times10^2}-\frac{450\times10^6}{3467.4\times10^3}=-63.1(\text{N/mm}^2)$$

$$\alpha_0=\frac{\sigma_{\max}-\sigma_{\min}}{\sigma_{\max}}=\frac{196.4+63.1}{196.4}=1.32<1.6$$

$$\frac{h_0}{t_w}=\frac{500}{12}=41.7<(16\alpha_0+0.5\lambda+25)\sqrt{\frac{235}{f_y}}=(16\times1.32+0.5\times56.6+25)\times1=74.4$$

满足要求。

经以上验算，该截面构件设计安全。

学习情境6.7 格构式压弯构件的设计

格构式压弯构件常用于厂房的框架柱和高大的独立支柱。由于格构式截面的材料集

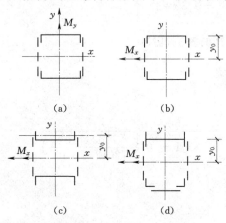

图6.14 格构式压弯构件截面

中在远离形心的分肢，使截面惯性矩增大，从而可以节约材料，提高截面的抗弯刚度和稳定性。可根据弯矩作用的大小和方向，选用双轴对称和单轴对称的截面，如图6.14所示。图6.14（a）所示为弯矩绕实轴作用，图6.14（b）、图6.14（c）、图6.14（d）为弯矩绕虚轴作用。

格构式压弯构件由于构件分肢间距一般较大，常常采用缀条连接。

6.7.1 格构式压弯构件的整体稳定

6.7.1.1 弯矩作用平面内的稳定性

1. 弯矩绕实轴作用

对于弯矩绕实轴作用的格构式压弯构件，在弯矩作用平面内的稳定计算与实腹式压弯构件相同，同样采用式（6.5）计算，但式中 x 轴是指格构式截面的实轴，即式中 x 轴为图6.14中的 y 轴。

2. 弯矩绕虚轴作用

对于弯矩绕虚轴的格构式压弯构件，在弯矩作用平面内的稳定计算采用按截面边缘纤维开始屈服的弹性理论确定的计算公式为

$$\frac{N}{\varphi_x A}+\frac{\beta_{mx}M_x}{W_{1x}\left(1-\varphi_x\dfrac{N}{N'_{Ex}}\right)}\leqslant f \qquad (6.12)$$

其中 $$W_{1x}=I_x/y_0$$

式中 φ_x、N'_{Ex}——均按虚轴换算长细比 λ_{ox} 确定；

I_x——对 x 轴的毛截面惯性矩；

y_0——由 x 轴到压力较大分肢轴线的距离，或者到压力分肢腹板边缘的距离，取两者中较大者；

β_{mx}——计算同实腹式压弯构件。

6.7.1.2　弯矩作用平面外的稳定性

1. 弯矩绕实轴作用

对于弯矩绕实轴作用的格构式截面，在弯矩作用平面外的稳定计算仍可采用与实腹式压弯构件相同的公式，但式（6.6）中的 φ_y 应按虚轴换算长细比 λ_{0x} 查表确定，λ_{0x} 的计算同格构式轴心受压构件。并应取 $\varphi_b=1.0$，因为一般情况下截面在弯矩作用平面内的刚度较大。

2. 弯矩绕虚轴作用

对于弯矩绕虚轴作用的格构式压弯构件，要保证构件在弯矩作用平面外的稳定，主要是要求两个分肢在弯矩作用平面外都要保持稳定，也就是说组成压弯构件的两个肢件在弯矩作用平面外可以通过分肢稳定计算来加以保证，所以不必再计算整个构件在弯矩作用平面外的稳定性。

6.7.2　格构式压弯构件单肢的稳定性

格构式压弯构件压弯构件的每个分肢在弯矩作用平面内和弯矩作用平面外都应保持稳定。对于弯矩绕虚轴作用的双肢缀条式压弯构件，可把分肢视为桁架的弦杆来计算每个分肢的轴心压力，并按轴心受压构件计算每个分肢的稳定性，计算简图如图 6.15 所示。每个分肢的轴心压力可按下式确定。

分肢 1　　　　　$N_1=\dfrac{M_x}{a}+\dfrac{Nz_2}{a}$　　　　（6.13）

分肢 2　　　　　$N_2=N-N_1$　　　　（6.14）

计算分肢稳定时，分肢在弯矩作用平面的计算长度取相邻缀条节点间的距离；在弯矩作用平面外的计算长度取整个侧向支撑点间的距离。

计算缀板式压弯构件的分肢稳定时，除轴心压力外，还应计入由剪力引起的局部弯矩，其剪力取构件荷载引起的实际剪力和按学习项目 4 中公式 $V=\dfrac{Af}{85}\sqrt{\dfrac{f_y}{235}}$ 计算剪力两者中的较大值，因此它的分肢稳定按实腹式压弯构件进行验算。

6.7.3　缀材的计算和构造要求

格构式压弯构件的缀材计算时应取构件的实际剪力和按式 $V=\dfrac{Af}{85}\sqrt{\dfrac{f_y}{235}}$ 计算，得到的剪力取两者中的较大者。计算方法与格构式轴心受压构件缀材的计算相同。

格构式压弯构件和格构式轴心受压构件一样，为了提高构件的整体刚度，保证构件截面的形状不变，在受有较大的水平力处和在运输单元的端部设置横隔，横隔的间距不得大于柱截面较大宽度的 9 倍和不得大于 8m。横隔可用钢板或角钢做成。

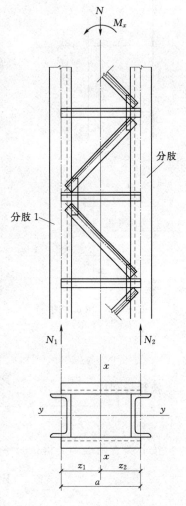

图 6.15　格构式压弯构件
分肢计算图

6.7.4　格构式压弯构件的强度计算

格构式压弯构件的强度按式（6.1）和式（6.2）计算，其中当弯矩绕虚轴（x 轴）作用时，不考虑塑性变形在截面上发展，取 $\gamma_x = 1.0$。

【例题6.4】　如图 6.16 所示，某格构式压弯柱长度为 10m，柱子上端自由，下端固定，某截面和缀条布置如图所示。柱子承受轴向压力设计值 $N = 1500\text{kN}$，绕 x 轴弯矩设计值 $M_x = 1000\text{kN}\cdot\text{m}$，剪力设计值 $V = 200\text{kN}$。截面由两个 I50a 组成，缀条为 L100×10，钢材采用 Q235，验算该柱承载力。

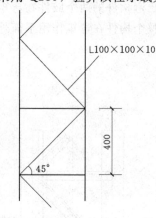

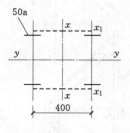

图 6.16　例 6.4 图

【解】

（1）截面几何特性。

分肢 I50a

$$A = 2 \times 119.25 = 238.5(\text{cm}^2)$$

$$I_{x1} = 1121.5\text{cm}^4$$

$$i_{x1} = 3.07\text{cm}$$

$$I_{y1} = 4647\text{cm}^4$$

$$i_{y1} = 19.74\text{cm}$$

缀条 L100×10

$$A_{x1} = 19.26\text{cm}^2$$

$$y_1 = y_2 = \frac{80}{2} = 40(\text{cm})$$

$$I_x = 2 \times 1121.5 + 119.25 \times 40^2 = 383843(\text{cm}^4)$$

$$i = \sqrt{\frac{I_x}{A}} = \sqrt{\frac{383843}{238.5}} = 40.12(\text{cm})$$

（2）弯矩作用平面内整体稳定验算。

$$l_{0x} = 2 \times 1000 = 2000(\text{cm})$$

$$\lambda_x = \frac{l_{0x}}{i_x} = \frac{2000}{40.12} = 49.85$$

换算长细比

$$\lambda_{0x} = \sqrt{\lambda_x^2 + 27\frac{A}{A_{1x}}} = \sqrt{49.85^2 + 27 \times \frac{238.5}{2 \times 19.26}} = 51.5$$

按 b 类查附表 2.2 得：$\varphi_x = 0.849$。

$$W_{1x} = \frac{I_x}{y_1} = \frac{383843}{40} = 9596(\text{cm}^3)$$

$$N'_{Ex} = \frac{\pi^2 EA}{1.1\lambda_{0x}^2} = \frac{\pi^2 \times 206 \times 10^3 \times 2385 \times 10^2}{1.1 \times 51.5^2}$$

$$= 16620.6(\text{kN})$$

悬臂构件的等效弯矩系数 $\beta_{mx} = 1.0$。

$$\frac{N}{\varphi A}+\frac{\beta_{mx}M_x}{W_{1x}\left(1-\varphi_x\dfrac{N}{N'_{Ex}}\right)}=\frac{1500\times10^3}{0.849\times238.5\times10^2}+\frac{1\times1000\times10^6}{9596\times10^3\left(1-0.849\times\dfrac{1500}{16620.6}\right)}$$

$$=74.1+112=187(N/mm^2)<f=215N/mm^2$$

满足要求。

（3）单肢稳定性验算。

$$N_1=\frac{M_x}{a}+\frac{Ny_2}{a}=\frac{1000}{0.8}+\frac{1500\times0.4}{0.8}=2000(kN)$$

$$N_2=N-N_1=1500-2000=-500(kN)（拉力）$$

$$l_{0x1}=80cm$$

$$i_{x1}=3.07cm$$

$$\lambda_{x1}=\frac{l_{0x1}}{i_{x1}}=\frac{80}{3.07}=26.06$$

按 b 类截面得 $\varphi_x=0.95$

$$l_{0y1}=10000cm$$

$$i_{y1}=19.74cm$$

$$\lambda_{y1}=\frac{l_{0y1}}{i_{y1}}=\frac{1000}{19.74}=50.66$$

按 a 类截面查附表 2.1 得 $\varphi_{y1}=0.913$

所以 $\varphi_{min}=0.913$。

$$\frac{N}{\varphi_{min}A}=\frac{2000\times10^3}{0.913\times119.25\times10^2}=183.7(N/mm^2)<f=215N/mm^2$$

满足要求。

（4）缀条截面验算。

剪力 $$V=\frac{Af}{85}\sqrt{\frac{f_y}{235}}=\frac{238.5\times10^2\times215}{85}=60326(N)=60.326kN$$

实际剪力 $V=200kN$。缀条长度为 80mm，$\alpha=45°$。

$$N_t=\frac{V}{n\cos\alpha}=\frac{200\times10^3}{2\times\cos45}=141.4(kN)$$

$$l_1=\frac{80}{\cos45}=113.15(cm)$$

用单肢角钢 ∟100×10，$A_{x1}=19.26cm^2$，$i_{min}=1.96cm$。

$$\lambda=\frac{l_2}{i_{min}}=\frac{113.15}{1.96}=57.7<[\lambda]=150$$

按 b 类截面查附表 2.2 得 $\varphi=0.817$。

单角钢单面连接的设计强度折减系数为

$$\psi=0.6+0.0015\lambda=0.6+0.0015\times57.7=0.687$$

验算缀条稳定

$$\frac{N_t}{\varphi A}=\frac{141.4\times10^3}{0.817\times19.26\times10^2}=89.9(\text{N/mm}^2)<\psi f$$
$$=0.687\times215=147.7(\text{N/mm}^2)$$

满足要求。

学习情境6.8 框架梁与柱的连接

压弯构件柱头的作用是使柱子能与上部构件可靠的连接并将其内力传给柱身，所以要求构造简单，传力明确。

实腹式压弯构件的柱头构造同样分为铰接和刚接两种形式。

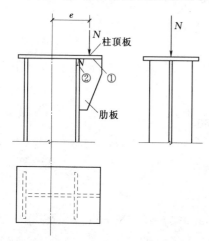

图6.17 铰接柱头构造

图6.17所示是一种铰接柱头构造形式，较为简单，梁与柱为铰接，梁端支座将压力 N 通过柱顶板端面承压或由焊缝传给肋板，再由肋板通过焊缝将内力传给柱身。顶板厚度不小于14mm，肋板尺寸及焊缝则由计算确定。

图6.18是梁与柱刚接的构造形式，刚接的连接不仅可传递竖向反力，还可传递梁端弯矩，但其制作、施工较复杂。

图6.18（a）中，梁与柱连接前，事先在柱身侧面连接位置处焊上衬板（垫板），将梁翼缘端部作成剖口，并在梁腹板端部留出槽口，上槽口是为了让出衬板位置，下槽口供焊缝通过。梁吊装就位后，梁腹板与柱翼缘用角焊缝相连，梁翼缘与柱翼缘用剖口对接焊缝相连。这种连接的优点是构造简单、省工省料，缺点是要求构件尺寸加工精确、且需高空施焊。

为了克服图6.18（a）的缺点，可采用图6.18（b）的连接形式。这种形式在梁与柱连接前，先在柱身侧面梁上下翼缘连接位置处分别焊上下两个支托，同时在梁端上翼缘及腹板处留出槽口。梁吊装就位后，梁腹板与柱身上支托竖板用安装螺栓相连定位，梁下翼缘与柱身下支托水平板用角焊缝相连。梁上翼缘与上支托水平板则用另一块短板通过角焊缝连接起来。梁端弯矩所形成的上下拉压轴力由梁翼缘传给上下支托水平板，再传给柱身。梁端剪力通过下支托传给柱身。这种连接比图6.18（a）构造稍微复杂一些，但安装时对中就位比较方便。

图6.18（c）也是对图6.18（a）的一种改进。这种连接将梁在跨间内力较小处断开，靠近柱的一段梁在工厂制造时即焊在柱上形成一悬臂短梁段。安装时将跨间一段梁吊装就位后，用摩擦型高强度螺栓将它与悬臂短梁段连接起来。这种连接的优点是连接处内力小，所需螺栓数相应较少，安装时对中就位比较方便，同时不需高空施焊。

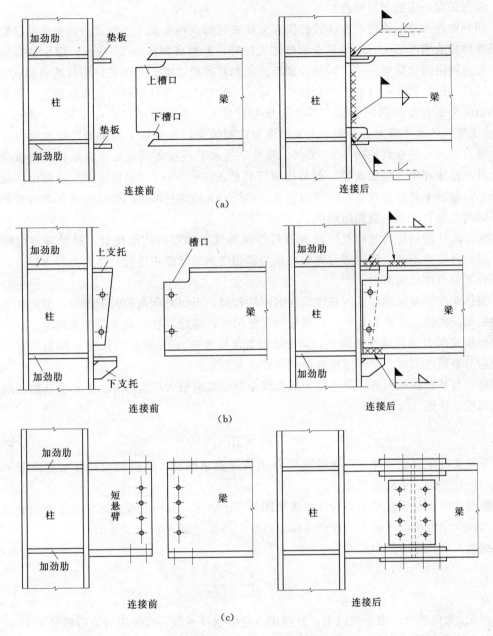

图 6.18 梁与柱的刚性连接

学习情境 6.9 柱 脚 设 计

　　框架柱的柱脚根据受力情况可以作成铰接或刚接。铰接柱脚只传递轴心压力和剪力，它的计算和构造与轴心受压柱相同。刚接柱脚分整体式和分离式两种，一般实腹柱和分肢距离较小的格构柱多采用整体式，而分肢距离较大的格构柱则采用分离式柱脚较为经济。分离式柱脚中，对格构柱各分肢按轴心受压柱布置成铰接柱脚，然后用缀材将各分肢柱脚连接起来，以保证有一定的空间刚度。

压弯构件的柱脚构造有整体式柱脚和分离式柱脚两种形式。实腹式压弯构件的柱脚采用的是整体式的构造形式，本书只介绍整体式柱脚，其组成如图6.16所示。图中柱身置于底板，柱两侧由两块靴梁夹住，靴梁分别与柱翼缘和底板焊牢。为保证柱脚与基础形成刚性连接，柱脚一般布置4个（或更多）锚栓，锚栓不像中心受压柱那样固定在底板上，而是在靴梁侧面每个锚栓处焊两块肋板，并在肋板上设置水平板，组成"锚栓支架"，锚栓固定在"锚栓支架"的水平板上。为便于安装时调整柱脚位置，水平板上的锚栓孔（也可以作成缺口）的直径应是锚栓直径的1.5~2倍。锚栓穿过水平板准确就位后，再用有孔垫板套住锚栓，并与锚栓焊牢。垫板孔径一般只比锚栓直径大1~2mm。"锚栓支架"应伸出底板范围之外，使锚栓不必穿过底板，以方便安装。此外，为增加柱脚的刚性，还常常在柱身两侧两个"锚栓支架"之间布置竖向隔板。

整体式柱脚的传力过程是：柱身通过焊缝将轴力和弯矩传给靴梁，靴梁再将力传给底板，最后再传给基础。柱端剪力则由底板与基础之间的摩擦力传递，当剪力较大时，应在底板下设置剪力键传递剪力。

整体式柱脚要求设计成与基础固接的刚性柱脚，可以将压弯构件的轴力、剪力和弯矩传递给基础。整体式柱脚的计算，一般包括底板尺寸、锚栓直径、靴梁尺寸及焊缝。

底板宽度 B 由构造要求确定，其中悬臂宽度取2~5cm。底板的长度 L 则由底板下基础的压应力不超过混凝土抗压强度设计值的要求来确定。

底板与基础接触面的压应力假定成直线分布，要求最大压应力 $\sigma_{\max}$ 不大于基础混凝土的抗压强度设计值 f_{cc}。即

$$\sigma_{\max}=\frac{N}{BL}+\frac{6M}{BL^2}\leqslant f_{cc} \tag{6.15}$$

一般先确定底板宽度 B，底板宽度 B 由构造要求确定，其中底板悬臂宽度取2~5cm，由式（6.15）可求得底板长度 L。

底板的厚度可采用和轴心受压柱脚相同的方法确定，其中底板各区格单位面积上的压应力 q 可偏安全地取该区格下的最大压应力，底板厚度一般不小于20mm。

底板另一边缘的最小应力为

$$\sigma_{\min}=\frac{N}{BL}-\frac{6M}{BL^2} \tag{6.16}$$

当 $\sigma_{\min}$ 为负值时，则为拉应力，此拉应力应由锚栓承担，底板应力分布如图6.19所示。

单个锚栓所需的净截面面积应满足

$$A_n=\frac{Z}{nf_t^a} \tag{6.17}$$

其中

$$Z=\frac{M-N(L/2-x/3)}{L-c-x/3}$$

$$x=\frac{\sigma_{\max}}{\sigma_{\max}-|\sigma_{\min}|}L$$

式中　f_t^a——锚栓抗拉强度设计值，见附表1.3。

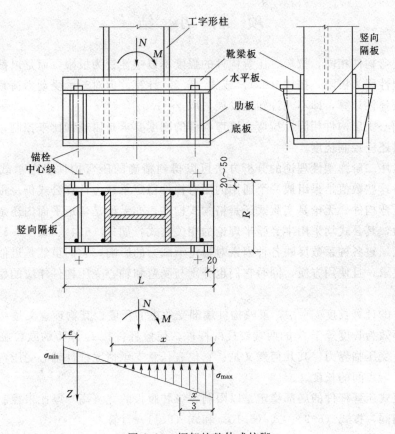

图 6.19　框架柱整体式柱脚

　　Z——拉应力合力；

　　x——底板受压区长度；

　　c——锚栓中心到底板边缘的距离；

　　n——柱身一侧柱脚锚栓的数目。

　　由此选定锚栓的直径，构造要求锚栓直径不小于 20mm。

　　计算锚栓拉力 Z 时，应选取使其产生最大拉力的内力组合，通常是 M 偏大、N 偏小的一组。

　　上述计算锚栓拉力的方法偏于保守，算得的锚栓拉力偏大。当采用此法算得锚栓直径大于 60mm 时，应考虑采用其他方法重新计算。

　　锚栓上端通过模板将拉力传给两边肋板，再由肋板传给靴梁，肋板应按悬臂梁设计。

　　靴梁计算与轴心受压柱柱脚相同，其高度根据靴梁与柱连接所需焊缝长度确定，靴梁按支于柱边缘的悬伸梁来验算截面强度，靴梁与底板的连接焊缝布置要注意因柱身范围内不便施焊，此处焊缝仅布置在柱身及靴梁外侧。该焊缝偏保守地按最大地基反力计算。

　　隔板计算与轴心受压柱柱脚相同。它所承受的基础反力偏安全地按该计算段内最大值计算。

项 目 小 结

（1）与受弯构件相同，拉弯、压弯构件的强度不以塑性铰为极限，而是以截面仅有部分区域发展成塑性区为极限，按式（6.1）或式（6.2）计算。但对于承受动力荷载且须计算疲劳的构件则按弹性计算，即不允许塑性发展，取 $\gamma=1.0$。

（2）与轴心受压构件相同，拉弯、压弯构件的刚度要求是以长细比来控制，按式（6.3）计算，必要时还应控制挠度。

（3）虽然用二阶弹塑性理论的分析方法可以得到精确的压弯构件稳定承载力的数值结果，但是要将这些数值结果组成一个通用的压弯构件稳定承载力计算公式仍是很困难的。因此，现行的压弯构件，无论是实腹式还是格构式构件，亦无论是弯矩平面内还是弯矩平面外的稳定承载力，其公式均采用半经验半理论的相关公式，如式（6.4）、式（6.5）、式（6.6）等。这些公式通过各种系数反映各种因素对稳定承载力的影响，它们虽然是近似的，但能满足工程精度要求，且使用方便，同时它们也分别与受弯和轴心受压构件相应的稳定计算公式相衔接。

（4）构件的计算长度 $l_0=\mu l$，反映构件端部受约束的程度。其物理意义是：将不同支承情况的杆件等效为长度等于 l_0 的两端铰接的杆件，使该杆件按 l_0 算得的欧拉临界力即为该杆件理想轴心受压临界力。其几何意义是：它代表任意支承情况杆件轴心受压弯曲屈曲后挠度曲线中两反弯点间的长度。

（5）实腹式压弯杆件的局部稳定是以限制翼缘和腹板的宽（高）厚比来控制的。其限值与受弯杆件相同，按式（6.9）、式（6.10）和式（6.11）计算。

（6）压弯（拉弯）杆件与梁的连接或与柱的连接（柱脚），视杆端内力情况分为刚性连接和铰接。铰接与轴心受压柱的连接相同。刚性连接除传递轴力和剪力之外，还要传递弯矩，因此其构造布置和计算方面比铰接稍复杂，其设计同样要求传力明确，构造简单，便于制造安装。

习 题

一、思考题

1. 压弯构件的受力有什么特征？

2. 计算长度的几何意义、物理意义是什么？一个构件的计算长度与该构件所受荷载是否有关？

3. 简述压弯构件失稳的形式及计算的方法。

4. 格构式构件考虑塑性开展吗？

5. 梁与柱的刚性连接应能传递哪些内力？梁柱刚性连接中，这些内力如何传递？

6. 铰接柱脚与刚接柱脚中锚栓的作用有何区别？

二、选择题

1. 钢结构实腹式压弯构件的设计一般应进行的计算的内容为_____。

A. 强度、刚度、弯矩作用平面内稳定性、局部稳定、变形

B. 弯矩作用平面内的稳定性、局部稳定、变形、长细比

C. 强度、刚度、弯矩作用平面内及平面外稳定性、局部稳定、变形

D. 强度、刚度、弯矩作用平面内及平面外稳定性、局部稳定、长细比

2. 承受静力荷载或间接承受动力荷载的工字形截面，绕强轴弯曲的压弯构件，其强度计算公式中，塑性发展系数 γ_x 取_____。

A. 1.2

B. 1.5

C. 1.05

D. 1.0

3. 单轴对称截面的压弯构件，一般宜使弯矩_____。

A. 绕非对称轴作用

B. 绕对称轴作用

C. 绕任意轴作用

D. 视情况绕对称轴或非对称轴作用

4. 实腹式偏心受压构件在弯矩作用平面内整体稳定验算公式中的 γ_x 主要是考虑_____。

A. 截面塑性发展对承载力的影响

B. 残余应力的影响

C. 初偏心的影响

D. 初弯矩的影响

5. 单轴对称截面的压弯构件，当弯矩作用在对称轴平面内，且使较大翼缘受压时，构件达到临界状态的应力分布_____。

A. 可能在拉、压侧都出现塑性

B. 只在受压侧出现塑性

C. 只在受拉侧出现塑性

D. 拉、压侧都不会出现塑性

6. 单轴对称的实腹式压弯构件整体稳定计算公式 $\dfrac{N}{\varphi_x} + \dfrac{\beta_{mx} M_x}{\gamma_x W_{1x}\left(1 - 0.8\dfrac{N}{N'_{Ex}}\right)} \leqslant f$ 和

$$\left| \frac{N}{A} - \frac{\beta_{mx} M_x}{\gamma_x W_{2x}\left(1 - 1.25\dfrac{N}{N'_{Ex}}\right)} \right| \leqslant f \text{ 中的 } \gamma_x \text{、} W_{1x} \text{、} W_{2x} \text{为} _____ \text{。}$$

A. W_{1x} 和 W_{2x} 为单轴对称截面绕非对称轴较大和较小翼缘最外边缘的毛截面模量，γ_x 值不同

B. W_{1x} 和 W_{2x} 为较大和较小翼缘最外边缘的毛截面模量，γ_x 值不同

C. W_{1x} 和 W_{2x} 为较大和较小翼缘最外边缘的毛截面模量，γ_x 值相同

D. W_{1x} 和 W_{2x} 为单轴对称截面绕非对称轴较大和较小翼缘最外边缘的毛截面模量，γ_x 值相同

7. 弯矩作用在实轴平面内的双肢格构式压弯构件应进行_____和缀材的计算。

A. 强度、刚度、弯矩作用平面内稳定性、弯矩作用平面外的稳定性、单肢稳定性

B. 弯矩作用平面内的稳定性、单肢稳定性

C. 弯矩作用平面内稳定性、弯矩作用平面外的稳定性

D. 强度、刚度、弯矩作用平面内稳定性、单肢稳定性

8. 计算格构式压弯构件的缀材时，剪力应取_____。

A. 构件实际剪力设计值

B. 由公式 $V=\dfrac{Af}{85}\sqrt{\dfrac{f_y}{235}}$ 计算的剪力

C. 构件实际剪力设计值和由公式 $V=\dfrac{Af}{85}\sqrt{\dfrac{f_y}{235}}$ 计算的剪力两者中较大值

D. $V=\mathrm{d}M/\mathrm{d}x$ 的计算值

三、计算题

1. 如图 6.20 所示压弯构件长 12m，承受轴心拉力设计值 $N=1600\mathrm{kN}$，构件中央作用横向设计值 $F=520\mathrm{kN}$，弯矩作用平面外有两个侧向支撑，构件采用 Q235 钢，翼缘为火焰切割边，验算该构件在弯矩作用平面内和平面外的整体稳定性。

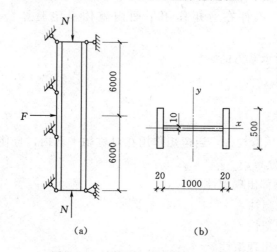

图 6.20 计算题 1 图（单位：mm）

2. 图 6.21 所示 I20a 工字钢构件，承受轴心拉力设计值 $N=500\mathrm{kN}$，长 4.5m，两端铰接，在跨中 1/3 处作用着集中荷载 F，钢材为 Q235，试问该构件能承受的最大横向荷载 F 为多少？

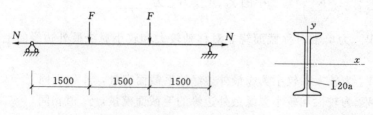

图 6.21 计算题 2 图（单位：mm）

3. 验算计算题 6.3 构件在弯矩作用平面外的整体稳定性。

4. 一格构式压弯构件，两端铰接，计算长度 $l_{0x}=l_{0y}=600\mathrm{cm}$。构件截面及缀条布置如图 6.22 所示。缀条采用角钢 ∟70×70×4，缀条倾角为 45°。构件承受轴心压力设计值 $N=$

450kN，弯矩绕虚轴作用，钢材采用 Q235。试计算该构件所能承受的最大弯矩设计值。

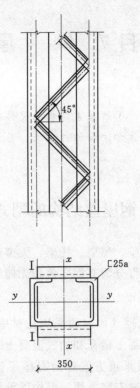

图 6.22　计算题 4 图（单位：mm）

学习项目7 钢 屋 盖

学习目标：通过本项目的学习，了解屋盖结构的整体构造和结构组成，了解支撑体系的类型及其布置；熟悉檩条的设计计算方法和构造要求，熟练识读钢屋盖施工图；掌握普通钢屋架的设计方法。

学习情境7.1 钢屋盖结构的型式、组成及布置

钢屋盖结构主要由屋面板、檩条、屋架、托架、天窗架和屋盖支撑系统等构件组成。根据屋面所用材料的不同，屋盖结构可分为有檩屋盖和无檩屋盖。

7.1.1 有檩屋盖

有檩屋盖一般用于屋面材料较轻（如屋面采用瓦材屋面、瓦楞铁皮屋面、压型钢板屋面、钢丝网水泥槽形板、预应力混凝土槽瓦和加气混凝土屋面板等轻型材料）时的情况，屋面荷载由檩条传给屋架，这种屋盖承重方案称为有檩屋盖结构体系，如图7.1（a）所示。有檩屋盖构件自重轻，用料省，运输安装方便，但构件种类和数量较多，构造复杂，安装周期长，屋盖横向刚度较差。

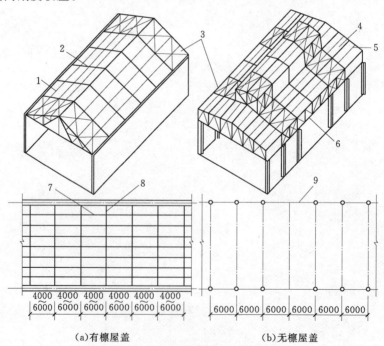

(a)有檩屋盖 　　　　(b)无檩屋盖

图7.1 屋盖结构组成与柱网布置

1、7—檩条；2、5、8—屋架；3—支撑；4—屋面板；6、9—托架

有檩屋盖屋架间距和跨度较为灵活，屋架间距为檩条跨度，通常为 6m，较经济的间距为 4~6m；当屋架间距为 12~18m 时，宜将檩条直接支承在钢屋架上；当屋架间距大于 18m 时，以纵横方向的次桁架来支撑檩条较好。

7.1.2 无檩屋盖

无檩屋盖一般用于预应力钢筋混凝土大型屋面板，屋面板直接放在屋架或天窗架上，屋面荷载通过大型屋面板直接传给屋架。这种屋盖承重方案称为无檩屋盖结构体系，如图 7.1 (b) 所示。

无檩屋盖构件种类和数量都少，安装效率高，施工速度快，易于铺设保温层，屋盖横向刚度大，整体性和耐久性好，在工业厂房中应用广泛。但由于无檩屋盖大型屋面板自重大使下部结构用料增多，对抗震不利，运输和安装不便。

无檩屋盖的屋架间距为大型屋面板的跨度，一般为 6m 或 6m 的倍数，屋架的跨度和间距需结合柱网布置确定。

7.1.3 托架

托架是支承中间屋架的桁架。一般采用平行弦桁架，属于屋盖系统中的支承结构。托架的高度根据所支承的屋架端部高度、刚度要求、经济要求及节点构造来确定。托架的高度，一般为其跨度的 1/5~1/10，托架的节间长度一般为 2m 或 3m。

7.1.4 天窗架

为了满足室内采光和通风的要求，屋盖上常需设置天窗。天窗的形式有纵向天窗、横向天窗和井式天窗，一般多采用纵向天窗。天窗架一般是支承并固定于屋架上弦节点的桁架。纵向天窗的天窗架形式有：多竖杆式、三铰拱式和三点支承式等，如图 7.2 所示。有时为了更好地组织通风，避免外面气流的干扰，对纵向天窗还设置挡风板。

　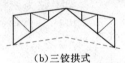　

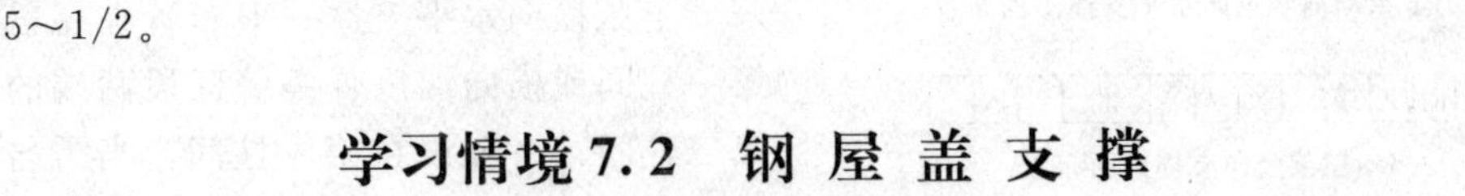

(a)多竖杆式　　　　　(b)三铰拱式　　　　　(c)三点支承式

图 7.2　天窗架的形式

天窗架的宽度和高度应根据工艺和建筑要求确定，为厂房跨度的 1/3 左右，高度为其宽度的 1/5~1/2。

学习情境 7.2　钢屋盖支撑

钢屋架是屋盖的主要承重结构，在其自身平面内需具有足够的强度和刚度，来承受屋架平面内的各种荷载。但在垂直于屋架平面方向的强度和刚度很小，各个屋架之间若仅靠檩条或大型屋面板联系，而没有其他必要的支撑，则屋盖结构在空间上是不能保持其几何不变的，也容易侧向失稳破坏，为使屋架形成稳定的空间结构体系，必须在相邻两屋架间、屋架和山墙之间加设上弦横向水平支撑、下弦横向水平支撑和垂直支撑，如图 7.3 所示。

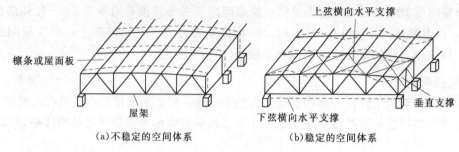

（a）不稳定的空间体系　　　（b）稳定的空间体系

图 7.3　屋盖的支撑

7.2.1　支撑的作用

（1）保证钢屋盖结构的空间稳定性，即形状不变。

（2）保证钢屋盖结构的空间刚度和空间整体性。

（3）为屋架弦杆提供必要的侧向支撑点，保证屋架上下弦平面外的稳定性。

（4）承受并传递水平荷载，包括纵向和横向水平荷载（如风载、吊车水平制动或震动荷载、地震荷载等）都通过支撑体系传到屋架支座。

（5）保证屋架结构安装和架设过程中的稳定性和施工方便。

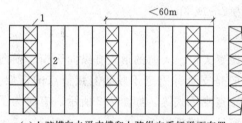

（a）上弦横向水平支撑和上弦纵向系杆平面布置

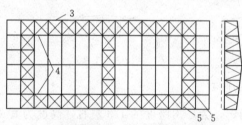

（b）下弦横向和纵向水平支撑平面布置

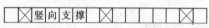

（c）屋架竖向支撑剖面布置

图 7.4　屋盖支撑布置示意图

1—上弦横向水平支撑；2—上弦纵向系杆；
3—下弦纵向水平支撑；4—下弦纵向系杆；
5—下弦横向水平支撑

7.2.2　支撑的类型和布置

钢屋盖的支撑主要分为上弦横向水平支撑、下弦横向水平支撑、下弦纵向水平支撑、竖向支撑和系杆五种，如图 7.4 所示。

7.2.2.1　上弦横向水平支撑

上弦横向水平支撑是在两榀屋架之间以桁架上弦为弦杆，并在其中加设交叉斜撑和刚性横杆，形成一个水平设置的桁架体系，如图 7.4（a）所示。它可以减小屋架上弦杆垂直于屋架方向的计算长度，提高上弦杆的侧向稳定性，并作为山墙抗风柱的上部支承点，保证荷载的有效传递。

上弦横向水平支撑一般布置在屋盖两端的第一柱间或横向温度伸缩缝区段两端的第一或第二柱间，一般设在第一柱间，当需与天窗架上的支撑配合时，也可设在第二柱间，但必须用刚性系杆将端屋架与横向水平支撑桁架的节点连接，保证端屋架上弦杆的稳定和把端屋架受到的风荷载传递到横向水平支撑桁架的节点上。两道横向水平支撑的间距不宜大于 60m，当温度区段较大时，在区段中间尚应增设横向水平支撑。

7.2.2.2　下弦横向水平支撑

下弦横向水平支撑一般和上弦横向水平支撑对应地布置在同一柱间内，以形成稳定的空间体系。下弦横向水平支撑的形式与上弦横向水平支撑基本相同，不同的是它以两榀屋架的下弦作为支撑的弦杆，如图 7.4（b）所示。下弦横向水平支撑作用是承受并传递水平风荷载、悬挂吊车的水平力和地震引起的水平力，减小下弦的计算长度及减少下弦杆的振动。

下列情况宜设置下弦横向水平支撑：

（1）屋架跨度大于 18m。

（2）屋架下弦设有悬挂吊车，厂房内有吨位较大的桥式吊车或有振动设备。

（3）采用下弦弯折的屋架以及山墙抗风柱支承于屋架下弦。

7.2.2.3　下弦纵向水平支撑

下弦纵向水平支撑一般沿纵向设置在屋架下弦的端节点，三角形屋架有时也可设置在上弦的两端节间的平面内。它的作用是与下弦横向水平支撑一起形成封闭的支撑体系，增强房屋的整体空间刚度，保证托架的稳定，可承受和传递纵墙水平风荷载和地震荷载，如图 7.4（b）所示。

下弦纵向水平支撑一般在设有托架、大吨位吊车、有较大振动设备以及房屋较高、跨度较大时设置。

7.2.2.4　垂直支撑

垂直支撑在相邻两屋架间和天窗架间设置，是与上、下弦横向水平支撑相对应的垂直支撑，以确保屋盖结构为几何不变体系。竖向支撑一般布置在上、下弦横向支撑的柱间内，如图 7.4（c）所示。采用三角形屋架且跨度不大于 24m 时，只在屋架跨度中央布置一道。当跨度大于 24m 时，宜在屋架大约 1/3 的跨度处各布置一道。当采用梯形屋架且跨度不大于 30m 时，在屋架两端及跨度中央均应设置竖向支撑；当跨度大于 30m 时，除两端设置外，应在跨中 1/3 处各设置一道；当屋架两端有托架时，可用托架代替。

7.2.2.5　系杆

系杆是沿房屋纵长方向在上、下水平面内设置的钢杆，沿房屋纵向通长布置，它将各屋架加以联系。它的作用是保证无支撑处屋架的稳定和传递水平荷载，并减小屋架上、下弦杆平面外的计算长度；在安装过程中可起到架立屋架的作用。系杆必须与横向水平支撑的节点相连，以便将力传至横向水平支撑。

系杆分刚性系杆和柔性系杆两种。能承受压力且截面较大的系杆称刚性系杆，设计时可按容许长细比$[\lambda = 350]$控制，多由两个角钢组成；只受拉力的截面较小的系杆称柔性系杆，设计时可按容许长细比$[\lambda = 200]$控制，常由单角钢或圆钢组成。一般在屋架下弦端部及上弦屋脊处需设置刚性系杆，其他可设柔性系杆。

系杆按下列原则设置：

（1）在竖向支撑的上、下弦节点处应设置通长刚性或柔件系杆。

（2）有天窗时，在屋脊处设置通长的刚性系杆。

（3）当横向水平支撑布置在第二柱间时，在第一柱间应设置刚性系杆，并与山墙抗风柱相连接。

（4）在屋架支座节点处，设置刚性系杆，如有圈梁或托架时可以不设置。

（5）如为有檩屋盖或将大型屋面板与屋架三点焊牢固时，可不设上弦系杆。

在天窗架上亦应按上述原则布置各种支撑。天窗架的竖向支撑一般布置在天窗架两端，当天窗宽度大于 12m 时，应在天窗架中间再加设一道。

学习情境 7.3 钢 檩 条

檩条是有檩屋盖结构体系和墙架结构中的主要构件。采用有檩体系的钢屋盖结构，檩条的用钢量在屋盖总用钢量中占很大的比重，一般占到 50% 左右。因此，要降低屋盖系统的用钢量应首先从檩条着手。当房屋的柱距确定后，檩条的用钢量主要取决于屋面材料和檩条间距。檩距愈小，用钢量愈大；相反，檩距愈大，用钢量愈小。改进檩条的形式也是节约檩条材料用量的重要途径。因此，在发展轻型钢结构的同时，必须重视大檩距轻型瓦材的研制和应用。

7.3.1 檩条的截面形式

檩条常用的截面形式有实腹式和桁架式两种。其中，桁架式檩条制造费工，应用较少。

7.3.1.1 实腹式檩条

实腹式檩条常用截面如图 7.5 所示。其中冷弯 C 形钢 [图 7.5 (c)、(d)] 及冷弯 S 形钢 [图 7.5 (b)] 最适用于轻型屋面及墙面，而 S 形钢更是屋面檩条的最合理形式，但因材料供应条件等原因，目前应用还不普遍。热轧槽钢 [图 7.5 (a)]、轧制 H 型钢 [图 7.5 (e)] 及焊接工字钢 [图 7.5 (f)] 的用量较大，适用于重型屋面或大跨度檩条。

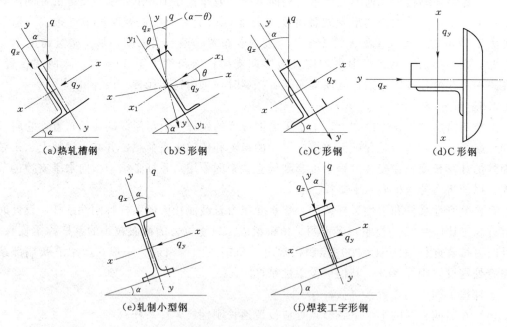

(a)热轧槽钢　(b)S形钢　(c)C形钢　(d)C形钢

(e)轧制小型钢　(f)焊接工字形钢

图 7.5 实腹式钢檩条

7.3.1.2 桁架式檩条

桁架式檩条分为平面桁架式檩条和空间桁架式檩条两大类。

1. 平面桁架式檩条

平面桁架式檩条分两类：一类多用圆钢、角钢和钢管等材料制成，特点是取材方便，适用屋面荷载或檩距较小的石棉瓦或平瓦屋面。由于其侧向刚度差，檩距小，施工麻烦，已较少采用。另一类为薄壁型钢檩条，适用于屋架间距及檩距较大的屋面，其用钢量较省，受力明确，平面内外刚度较大。

2. 空间桁架式檩条

空间桁架式檩条虽然制作较费工，但结构较合理，受力明确，整体刚度较大，可不设置拉条，安装方便。适用于轻型屋面的大跨度（$l=9\sim12\mathrm{m}$）檩条。

7.3.2 檩条荷载

1. 恒荷载

屋面围护的材料重量、支撑及檩条自重。

2. 活荷载

屋面均布活荷载或雪荷载、积灰荷载；挡风架或墙架檩条还应考虑水平风荷载。

3. 荷载组合

（1）对于檩距小于 1m 的檩条，当雪载（或活荷载）小于 $0.5\mathrm{kN/mm^2}$ 时，尚应验算有 $F=0.8\mathrm{kN}$ 集中荷载作用于檩条跨中时的构件强度。但此时不再考虑均部活荷载（或雪载）。

（2）一般荷载组合按恒荷载＋活荷载（取雪载或活荷载两者中的较大值）考虑。

7.3.3 实腹式檩条计算

7.3.3.1 内力计算

将屋面或墙面荷载折算为沿檩条长度分布的均布线荷载 q，并按檩条形心主轴分解得到沿两个主轴作用的线荷载的分量

$$q_x = \cos\alpha \tag{7.1}$$

$$q_y = \sin\alpha \tag{7.2}$$

式中 α——屋面坡度，从而可根据檩条在两个方向是简支或连续梁的条件计算得到最大的弯矩 M_x、M_y。

7.3.3.2 强度及稳定性计算

1. 强度计算

在檩条的强度计算中抗剪强度和局部承压强度一般不必验算。檩条的抗弯强度计算应按双向弯曲梁考虑，即按式（7.3）计算

$$\frac{M_x}{\gamma_x W_{nx}} + \frac{M_y}{\gamma_y W_{ny}} \leqslant f \tag{7.3}$$

檩条仅承受单向弯曲时

$$\frac{M_x}{\gamma_x W_{nx}} \leqslant f \tag{7.4}$$

式中 M_x、M_y——檩条刚度最大面（绕 x 轴）和刚度最小面（绕 y 轴）的弯矩。单跨简支檩条当无拉条或有一根拉条时采用跨度中央的弯矩；有两根位于 1/3 的拉条，当 $q_x<q_y/3.5$ 时采用跨中的弯矩；当 $q_x>q_y/3.5$ 时采用跨度 1/3 处的弯矩；双跨连续檩条采用中央支座处的弯矩；

γ_x、γ_y——截面塑性发展系数。对槽形和工字形截面，$\gamma_x=1.05$，$\gamma_y=1.2$；采用冷弯薄壁型钢时 $\gamma_x=\gamma_y=1.0$；

W_{nx}、W_{ny}——对 x 轴和 y 轴的净截面抵抗矩；

f——钢材强度设计值。

2. 稳定计算

型钢檩条的整体稳定性，一般采用下列方法予以保证：

（1）檩条与屋面围护材料有可靠的连接，借助屋面材料提供侧向的支持作用。

（2）设置檩间拉条。

（3）檩条端部支撑处的连接构造，应能阻止截面的扭转。

当檩条之间未设置拉条且屋面材料刚性较差，在构造上不能阻止檩条受压翼缘侧向位移时，应按照项目 5 中整体稳定公式（5.11）和式（5.12）验算檩条的整体稳定。若檩条之间设置拉条，则可不验算整体稳定。

7.3.3.3 刚度计算

为保证屋面平整，檩条应有足够的刚度。计算挠度时，荷载应取标准值。

1. 设置拉条

设置拉条时，檩条的刚度计算，一般只考虑垂直屋面方向的最大挠度 w 不超过容许挠度 $[w]$。

（1）对槽形和工字形截面檩条

$$w = \frac{5}{384} \frac{q_{ky} l^4}{EI_x} \leqslant [w] \tag{7.5}$$

（2）对 S 形截面檩条

$$w = \frac{5}{384} \frac{q_{ky} l^4}{EI_{x1}} \leqslant [w] \tag{7.6}$$

2. 不设拉条

不设拉条时，需计算总挠度

$$w = \sqrt{w_x^2 + w_y^2} \leqslant [w] \tag{7.7}$$

式中　q_{ky}——屋面均布线荷载沿 y 轴分解的线荷载分量；

I_x、I_{x1}——x 轴和 x_1 轴的惯性矩；

$[w]$——檩条的容许挠度限值；

w_x、w_y——由 q_{kx} 和 q_{ky} 引起的沿两个主轴 x 和 y 方向的分挠度。

7.3.4 檩条的连接与构造要求

（1）檩条与屋面板材应牢固连接。

（2）檩条端部与屋架的连接宜用檩托，以防止檩条在支座处扭转变形和倾覆，檩条与檩托用两个螺栓连接。

（3）实腹式檩条截面宜垂直于屋架上弦杆设置，槽钢或 S 形钢翼缘肢尖应朝向屋脊方向，以减小屋面荷载偏心引起扭矩。

（4）对于侧向刚度较差的实腹式檩条和平面桁架式檩条，需在檩间设置拉条，作为侧向支承点，用以减少檩条平行屋面方向的跨度，防止侧向变形和扭曲。拉条的设置数量 n 取决于檩条的跨度 l，当 $l = 4 \sim 6m$ 时，宜取 $n = 1$；当 $l > 6m$ 时，宜取 $n = 2$。对有天窗屋盖，还应在天窗侧边两檩条间设置斜拉条和撑杆。拉条一般采用 $\phi 8 \sim \phi 12$ 的圆钢，撑杆应采用角钢按容许长细比为 200 选用截面。拉条的位置应靠近檩条的上翼缘约 $30 \sim 40mm$，并用腹板两侧的螺母固定在檩条上；撑杆则用普通螺栓和焊在檩条上的角钢固定，如图 7.6 所示。

（5）桁架式檩条节间划分和腹杆布置构造要求：

1）桁架式檩条上弦杆节间长度可根据弯矩值由计算确定。一般上、下弦杆节间长度取 400～800mm。

2）腹杆根据受力大小和制造条件，采用整根连续弯折圆钢或分段弯折成 V 形或 W 形的圆钢，腹杆的倾角 α 为 40°～60°。当荷载较大时，腹杆可采用圆钢。

3）桁架式檩条受拉杆容许长细比不大于［350］，受压杆容许长细比不大于［150］。

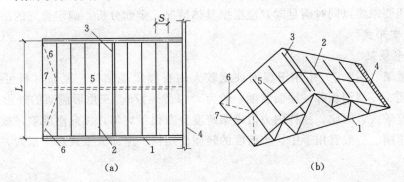

图7.6 屋盖的檩条、拉条和撑杆的布置
1—屋架；2—檩条；3—屋脊；4—圈梁；5—直拉条；6—斜拉条；7—撑杆

学习情境7.4 普通钢屋架设计

屋架是由各种直杆相互连接组成的一种平面桁架。钢屋架可分为普通钢屋架和轻型钢屋架。

普通钢屋架由普通角钢和节点板焊接而成。这种屋架受力性能好、构造简单、施工方便，广泛应用于工业和民用建筑的屋盖结构中。

轻型钢屋架指由小角钢（小于∟45×4 或∟56×36×4）、圆钢组成的屋架以及冷弯薄壁型钢屋架。其屋面荷载较轻，因此杆件截面小、轻薄、取材方便、用料省，当跨度及屋面荷载均较小时，采用轻型钢屋架可获得显著的经济效果。但不宜用于高温、高湿及强烈侵蚀性环境或直接承受动力荷载的结构。

本节主要介绍普通钢屋架的设计方法。

7.4.1 屋架的形式和主要尺寸

屋架按外形可分为三角形屋架、梯形屋架和平行弦屋架三种形式。

7.4.1.1 屋架的形式选择原则

屋架结构的选型主要取决所采用屋面覆盖材料及建筑物的使用要求。对屋架外形的选择、弦杆节间的划分和腹杆布置，应按下列原则综合考虑。

1. 满足使用要求

如满足排水坡度、建筑净空、天窗、天棚以及悬挂吊车的要求。

2. 受力合理

应在制造简单的情况下使屋架外形与弯矩图形相近，杆件受力均匀，短杆受压，长杆受拉；荷载尽量布置在节点上，以减少弦杆局部弯矩；屋架中部应有足够的高度，以满足刚度要求。

3. 便于施工

屋架杆件的类型和数量宜少，节点的构造要简单合理，各杆之间的夹角应控制在30°～60°。

4. 满足运输要求

必要时将屋架分为若干个尺寸较小的运送单元。

以上各项要求难以同时满足时，应根据具体情况，全面分析，确定合理的结构形式。

7.4.1.2 屋架形式

1. 三角形屋架

三角形屋架（图7.7）多用于屋面坡度较大的有檩屋盖结构，屋面材料可为波形石棉瓦、玻璃钢瓦、压型钢板等，屋面坡度一般为$i=1/2\sim1/6$。三角形屋架的外形与均布荷载的弯矩图相差较大，因此，弦杆内力沿屋架跨度分布很不均匀，横向刚度差，故弦杆截面不能充分发挥作用。一般宜用于中、小跨度的轻屋面结构。屋面太重或跨度很大，采用三角形屋架不经济。

(a)芬克式屋架　　　　(b)人字式屋架　　　　(c)单斜杆式屋架

图7.7　三角形钢屋架

三角形屋架的腹杆布置有芬克式［图7.7（a）］、人字式［图7.7（b）］和单斜杆式［图7.7（c）］三种。芬克式屋架的腹杆受力合理，长腹杆受拉，短腹杆受压，且可分为两小榀屋架制造，运输方便，故应用较广。人字式的杆件和节点都较少，但受压腹杆较长，只适用于跨度小于18m的屋架。单斜杆式的腹杆和节点数量都较多，只适用于下弦设置天棚的屋架。

三角形屋架的缺点是：上下弦内力分布不均匀，支座处内力最大，而跨中较小；上下弦交角过小，使支座节点的构造复杂。当前此类屋架的应用已逐渐减少。

2. 梯形屋架

梯形屋架（图7.8）多用于屋面坡度较小（$i=1/8\sim1/12$）的无檩屋盖结构，屋面材料可采用压型钢板或大型屋面板。梯形屋架的外形与弯矩图接近，内力分布均匀（受力情况较三角形屋架好），用料经济，因而梯形屋架已成为工业厂房屋盖结构的基本形式。

梯形屋架中腹杆多采用人字式，当端斜杆与弦杆组成的支承点在下弦时称为下承式，反之为上承式。梯形屋架上弦节间长度应与屋面板的尺寸相配合，使荷载作用于节点上，图7.8（a）所示屋架上弦节间距可做到3m，目前大型屋面板宽多为1.5m。当上弦节间太长时，应采用再分式腹杆形式，如图7.8（b）所示，将节间距减少至1.5m。

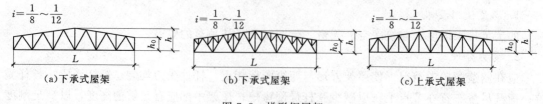

(a)下承式屋架　　　　(b)下承式屋架　　　　(c)上承式屋架

图7.8　梯形钢屋架

3. 平行弦屋架

当屋架的上、下弦杆相平行时称为平行弦屋架，如图 7.9 所示，它可用于各种坡度屋面，由于其节间划分统一，节点类型少，制作简便，符合工业化制造要求，故应用较多。平行弦屋架多用于托架、吊车自动桁架或支撑体系。平行弦屋架的不足是弦杆内力分布不均匀。

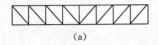 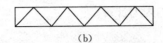 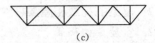

| (a) | (b) | (c) |

图 7.9 平行弦钢屋架

7.4.1.3 屋架的主要尺寸

屋架的主要尺寸是指屋架的跨度和跨中高度，对梯形屋架尚有端部高度。

1. 屋架的跨度

屋架的跨度取决于柱网布置，应根据生产工艺和建筑使用要求确定，同时应考虑结构布置的经济合理性。柱网横向轴线的间距就是屋架的标志跨度，通常为 18m、21m、24m、27m、30m、36m 等，其尺寸以 3m 为模数。

屋架的计算跨度 l_0 是两端支承反力的距离。当屋架简支于钢筋混凝土柱或砖柱上，且柱网采用封闭结合时，考虑屋架支座处需一定的构造尺寸，一般可取 $l_0 = l - (300 \sim 400)$ mm；当屋架支承于钢筋混凝土柱上，而柱网采用非封闭结合时，计算跨度等于标志跨度，即 $l_0 = l$；当屋架与钢柱刚接时，其计算跨度取钢柱内侧面之间的间距。如图 7.10 所示。

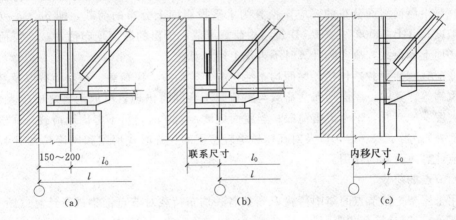

| (a) | (b) | (c) |

图 7.10 屋架的计算简图

2. 屋架的高度

屋架的高度取决于建筑要求、屋面坡度、运输界限、刚度条件和经济高度等因素。屋架的最大高度不能超过运输界限；最小高度应满足容许挠度 $[w] = l/500$ 的要求；经济高度则根据上、下弦杆及腹杆的总重为最小来确定。

三角形屋架的跨中高度一般取 $h = (1/6 \sim 1/4)l$，l 为屋架跨度。

梯形屋架的跨中高度一般取 $h = (1/10 \sim 1/6)l$。梯形屋架的端部高度 h_0，当屋架与柱铰接时，取 $h_0 = (1/10 \sim 1/16)l$；当屋架与柱铰接时，取 $h_0 \geqslant l/18$；平坡梯形屋架的端部高度 h_0 取 $1800 \sim 2100$mm；陡坡梯形屋架的端部高度 h_0 取 $500 \sim 1000$mm，且 $h_0 \geqslant l/18$。当跨度较小时，取下限，屋架跨度越大，h_0 越大。

设计屋架尺寸时，首先应根据屋架形式和工程经验确定端部尺寸 h_0，然后根据屋面材料和屋面坡度确定屋架跨中高度，最后综合考虑各种因素，确定屋架的高度。

屋架的跨度和高度确定之后，桁架各杆件的几何尺寸即可根据三角函数或投影关系求得。一般常用桁架各杆件的几何长度可查阅有关设计手册或图集。

7.4.2 屋架的荷载和屋架杆件的内力计算

7.4.2.1 屋架的荷载

1. 屋架的荷载计算

（1）屋架上的荷载。

作用于屋架上的荷载有永久荷载和可变荷载两大类。

永久荷载（恒荷载）包括：防水层、保温层、屋面板等屋面材料及檩条、屋架、支撑、天窗架、吊顶等结构的自重。

屋架及支撑自重可按经验公式（7.8）估算

$$g_{WK} = 0.12 + 0.011l \tag{7.8}$$

式中　g_{WK}——屋架和支撑的自重，g_{WK} 按屋面的水平投影面分布。当屋架仅作用于有上弦节点的荷载时，应将 g_{WK} 全部合并为上弦节点荷载。当屋架还有下弦荷载（如吊顶、悬挂管道等）时，应将 g_{WK} 按上、下弦平均分配；

　　　　l——屋架跨度。

屋面的均布永久荷载按屋面水平投影面上分布的荷载计算 q_K。对于某些恒荷载（如屋面自重）是沿屋面斜面分布的，应该换算为水平投影面上分布的荷载，即 $q_K = q_{aK}/\cos\alpha$（α 为屋面坡度）。GB 50009—2001《建筑结构荷载规范》给出的屋面均布活荷载、雪荷载均为水平投影面上的荷载，故实际计算时不再作上述计算。

可变荷载（活荷载）包括：屋面均布活荷载、雪荷载、风荷载、积灰荷载以及悬挂吊车荷载和重物等。其中，屋面均布活荷载与雪荷载不会同时出现，可取两者之中较大值计算。当屋面坡度 $\alpha \geqslant 50°$ 时，不考虑雪荷载；当屋面坡度 $\alpha \leqslant 30°$ 时，可不考虑风荷载（瓦楞铁等轻型屋面除外）；当 $\alpha > 30°$ 时，以及对瓦楞铁等轻型屋面、开敞式房屋和风荷载大于 $49kN/m^2$ 时，均应计算风荷载的作用。

（2）节点的荷载。

作用于屋架上弦节点的集中荷载 P 可按各种均布荷载对节点汇集进行计算（图 7.11 所示阴影部分），其计算公式为

$$P = \sum \gamma_{(G,Q)} q_K as \tag{7.9}$$

式中　P——节点荷载设计值；

　　　q_K——屋面水平投影面上的荷载标准值；

　　$\gamma_{(G,Q)}$——荷载分项系数；

　　　s——屋架间距；

　　　a——屋架上弦节点的水平投影长度，m。

2. 屋架的荷载组合

屋面均布活荷载、屋面积灰荷载、雪荷载等可变荷载，应按全跨和半跨均匀分布两种情况考虑，因为荷载作用于半跨时对桁架的中间斜腹杆的内力可能产生不利影响。

屋架杆件内力应根据使用和施工过程中可能出现的最不利荷载组合计算。在屋架设计时

应考虑以下三种不利荷载组合：

第一种：全跨永久荷载＋全跨可变荷载；

第二种：全跨永久荷载＋半跨可变荷载；

第三种：全跨屋架、支撑和天窗架自重＋半跨屋面板自重＋半跨屋面活荷载。

在考虑荷载组合时，屋面的活荷载和雪荷载不考虑其同时作用，可取两者中的较大值计算。

屋架上、下弦杆和靠近支座的腹杆按第一种荷载组合计算，而跨中附近的腹杆在第

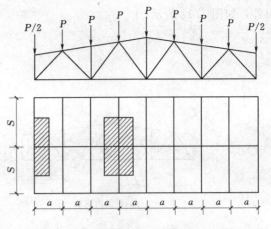

图 7.11　屋架节点荷载汇集及计算简图

二、第三种荷载组合下可能的内力为最大，且可能变号。一般情况下，屋架杆件截面受第一及第三种荷载组合控制，第二种组合往往因左右半跨的节点荷载相差不大，而且两者都比第一种组合小，不起控制作用。

7.4.2.2　屋架杆件内力计算

屋架的内力主要包括所有杆件的轴心力。当上弦有集中荷载或均布荷载作用于节间时，还需对节间弦杆进行局部弯矩的计算。下弦若有吊挂荷载时可尽量把它布置在节点上。

屋架杆件内力计算采用下列假定：

（1）各节点均为铰接。

（2）所有杆件的轴线均位于同一平面内，且同心汇交于节点。

（3）荷载均作用于桁架平面内的节点上，因此各杆只受轴向力作用。当弦杆节间内有荷载时，应将其分配在相邻的左、右节点上，但计算上弦杆时，应考虑局部弯矩的影响。

1. 轴心力

分别采用上述三种荷载组合，计算出左右半跨的节点荷载后，即可对三角形屋架及梯形屋架采用图解法求解杆件内力，也可采用节点法等其他方法。

2. 局部弯矩

上弦节间作用的集中荷载、均布荷载等所产生的弯矩，使上弦杆成为压弯杆件。对于产生的局部弯矩，因上弦节点板对杆件的约束作用，可减小节间弯矩，因此，屋架上弦杆可视为弹性支座上的连续梁，可采用如下近似计算法：

（1）对于无天窗架的屋架，端节间的跨中正弯矩和节点负弯矩均取 $0.8M_0$；其他间的正弯矩及负弯矩均取 $0.6M_0$。M_0 为跨度等于节间长度的简支梁最大弯矩。当只有一个节间荷载 P 作用在节间中点时，$M_0 = Pa/4$，a 是屋架上弦节点的水平投影长度。

（2）节间所受的荷载按作用于其上的檩条传来的荷载计算，如算出的相邻节间跨中弯矩不相等，则节点负弯矩应取其中最大值。

（3）对于有天窗架的屋架，所有节间正弯矩和节间负弯矩均取 $0.8M_0$。

7.4.3　屋架杆件设计

7.4.3.1　屋架杆件计算长度

屋架杆件在轴向压力作用下的纵向弯曲，可能发生在屋架平面内，也可能发生在屋架平

面外，如图7.12所示。

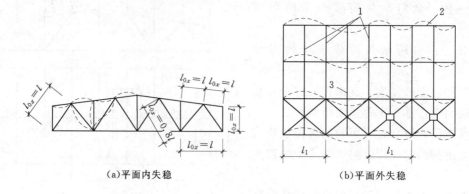

（a）平面内失稳　　　　　　　　（b）平面外失稳

图7.12　屋架杆件计算长度
1—支撑（承杆）；2—屋架；3—檩条

1. 在屋架平面内的计算长度［图7.12（a）］

（1）对本身线刚度较大，而两端节点嵌固程度较低的杆件，如上弦杆、下弦杆、支座竖杆及端斜杆可按两端铰接的杆件考虑，取：$l_{0x}=l$。

（2）对两端或一端嵌固程度较大的杆件，如中间腹杆，取：$l_{0x}=0.8l$。

l 为节间轴线长度。

2. 在屋架平面外的计算长度（图7.12b）

（1）上弦杆在屋架平面外的计算长度：在有檩屋盖体系中，若檩条与支承的交点不相连时，取弦杆侧向水平支撑点间的距离，$l_{0y}=l_1$；若檩条与支承的交点相连时，取檩距 $l_{0y}=l_1/2$。在无檩屋盖体系中，若不能保证大型屋面板有三点与屋架焊牢，取支承节点间的距离，即 $l_{0y}=l_1$；若能保证屋面板与屋架有三点焊牢时，可取两块屋面板的宽度，但应不大于3m。

（2）下弦杆在桁架平面外的计算长度：视有无纵向水平支撑确定，一般取纵向水平支撑节点与系杆或系杆与系杆之间的距离。按下弦的支撑或系杆的设置而定，$l_{0y}=l_1$，l_1 为下弦支撑节点间或系杆间的距离。

（3）腹杆在屋架平面外的计算长度：取本身的几何长度，即 $l_{0y}=l$。

（4）当受压弦杆侧向支撑节点间的距离 l_1 为屋架间节长度的2倍，且此两节间杆件内力 N_1 和 N_2 不等时（图7.13），设 $N_1>N_2$，对这样的弦杆在平面外的稳定，应取杆件内较大的轴心力 N_1 计算。因此，为考虑它的有利因素，其平面外的计算长度适当减小，按式（7.10）确定

$$l_{0y}=l_1(0.75+0.25N_2/N_1) \tag{7.10}$$

式中　l_{0y}——平面外的计算长度，当 $l_{0y}<0.5l_1$ 时，取 $l_{0y}=0.5l_1$；

N_1——较大的压力，计算取正值；

N_2——较小的压力或拉力，计算时压力取正值，拉力取负值。

（5）再分式屋架的受压主斜杆及K形腹杆体系的竖杆等，亦按式（7.10）计算（受拉主斜杆取 l_1）。但当纵向弯曲发生在屋架平面内时，仍取其两节点间的几何长度（图7.14），即 $l_{0y}=l$。

3. 在斜平面内的计算长度

单面连接的单角钢腹杆及双角钢组成的十字形截面腹杆，因截面的两主轴均不在屋架的平面

内，当杆件绕最小主轴失稳时，发生在斜平面内，情形介于屋架平面内和屋架平面外之间，杆件两端的节点具有弱于平面内的嵌固作用。因此，其腹杆斜平面内的计算长度取 $l_0 = 0.9l$。

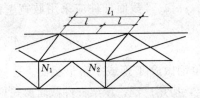

图 7.13 桁架弦杆计算长度

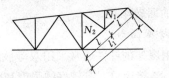

图 7.14 再分式屋架杆计算长度

综合上述，桁架弦杆和单系腹杆的计算长度按表 7.1 选用。

表 7.1 桁架弦杆和单系腹杆的计算长度 l_0

序号	弯曲方向	弦杆	腹杆		
			支座斜杆和支座竖杆	其他腹杆	
				有节点板	无节点板
1	在桁架平面内	l	l	$0.8l$	l
2	在桁架平面外	l_1	l	l	l
3	在斜平面内	—		$0.9l$	l

注 1. l 为构件的几何长度（节点中心间距离）；l_1 为桁架弦杆侧向支承点之间的距离。

2. 斜平面系指与桁架平面斜交的平面，适用于构件截面两主轴均不在桁架平面内的单角钢腹杆和双角钢十字形截面腹杆。

3. 无节点板的腹杆计算长度在任意平面内均取其几何长度。

7.4.3.2 容许长细比

钢屋架的杆件截面都较小，长细比较大，这样钢屋架杆件在运输、安装及使用阶段都易因刚度不够而发生破坏。因此，《钢结构设计规范》对屋架中的拉、压杆规定了容许最大长细比，即 $\lambda \leqslant [\lambda]$，$[\lambda]$ 见表 7.2。

表 7.2 桁架杆件的容许长细比

杆件名称	压杆	拉杆		直接承受动力荷载的结构
		承受静力荷载或间接承受动力荷载的结构		
		无吊车和有轻、中级工作制吊车的厂房	有重级工作制吊车的厂房	
普通钢屋架的杆件			250	250
轻型钢屋架的主要杆件	150	350	—	—
天窗结构			—	—
屋盖支撑杆件	200	400	350	—
轻型钢屋架的其他杆件		350		—

注 1. 承受静力荷载的结构中，可只计算受拉杆件在竖向平面内的长细比。

2. 在直接或间接承受动力荷载的结构中，计算单角钢受拉杆件的长细比时，应采用角钢的最小回转半径；在计算单角钢交叉受拉杆件平面外的长细比时，应采用与角钢肢边平行轴的回转半径。

3. 受拉杆件在永久荷载与风荷载组合作用下受压时，长细比不宜超过 250。

4. 张紧的圆钢拉杆和张紧的圆钢支撑，长细比不受限制。

5. 桁架（包括空间桁架）的受压腹杆，当其内力不大于承载能力的 50% 时，容许长细比可取为 200。

7.4.3.3 杆件截面形式的确定

屋架杆件截面形式，应根据用料经济、连接构造简单和具有必要的强度、刚度等要求确定。屋架各杆宜使两主轴方向具有等稳定性，即 $\lambda_x = \lambda_y$，截面杆件应采用肢宽壁薄的形式，即有较大的回转半径。

1. 选择截面形式

普通钢屋架的杆件通常采用双等肢和不等肢角钢做成 T 形或十字形截面。这些截面具有取材方便、连接简单、有较好的强度和刚度的优点，应用广泛。屋架杆件截面形式见表 7.3。

表 7.3 　　　　　　　　　　　　　　屋架杆件截面形式

项次	杆件截面组合方式	截面形式	回转半径的比值	用　途
1	两个不等边角钢短肢相并		$\dfrac{i_y}{i_x} \approx 2.6 \sim 2.9$	计算长度 l_{0y} 较大上、下弦杆
2	两个不等边角钢长肢相并		$\dfrac{i_y}{i_x} \approx 0.75 \sim 1.0$	端斜杆、端竖杆、受较大弯矩作用的弦杆
3	两个等边角钢相并		$\dfrac{i_y}{i_x} \approx 1.3 \sim 1.5$	其余腹杆、下弦杆
4	两个等边角钢组成的十字形截面		$\dfrac{i_y}{i_x} \approx 1.0$	与竖向支撑相连的屋架竖杆
5	单角钢			轻型钢屋架中内力较小的杆件
6	钢管		各方向都相等	轻型钢屋架中的杆件

（1）屋架上弦杆。

屋架上弦杆在无节间荷载时，屋架平面外计算长度等于屋架平面内计算长度的两倍，即 $I_{0y} = 2I_{0x}$，为满足 $\lambda_x = \lambda_y$，必须使 $i_y = 2i_x$，此时宜采用不等肢角钢短肢相并的 T 形截面。在有节间荷载时，为了增强屋架平面外的抗弯刚度，宜采用不等肢角钢长肢相并的 T 形截面或双等肢角钢组成的 T 形截面。

（2）屋架下弦杆。

屋架下弦杆截面应满足强度、容许长细比的要求，并尽量增大屋架平面外的刚度，以满足运输和吊装对屋架刚度的要求。因此，下弦杆可采用双等肢角钢或两不等肢角钢短肢相并的 T 形截面，以提高侧向刚度，且便于与支撑连接。

（3）屋架端斜杆。

屋架端斜杆在屋架平面内和平面外的计算长度相等，当截面的 $i_x = i_y$ 时，才能满足等稳定性条件，因此采用两不等肢角钢长边相并的 T 形截面比较合适。

（4）屋架的其他腹杆。

腹杆在屋架平面内的计算长度 l_{0x} 等于在屋架平面外的计算长度 l_{0y} 的 0.8 倍，为满足等稳定性条件要求，宜采用双等肢角钢组成的 T 形截面。连接竖向支撑的腹杆，为使传力时不发生偏心，便于连接支撑，可采用两个等肢角钢组成的十字形截面。受力较小的腹杆，可采用单角钢截面，对称于节点板的切槽连接。

2. 填板的设置

当采用双肢角钢组成的 T 形或十字形截面时，为了确保两个角钢能够共同工作，应在两角钢间每隔一定距离焊上一块填板（也叫垫板）。填板宽度一般取 50～80mm；填板长度，对于 T 形截面应比角钢肢大 15～20mm，对于十字形截面应从角钢肢尖缩进 10～15mm，以便施焊；填板的厚度应与节点板厚度相同。

填板间距 l_d：对压杆取 $l_d \leqslant 40i$，对拉杆取 $l_d \leqslant 80i$（i 为回转半径）。对 T 形截面，i 为一个角钢对平行于填板的自身形心轴的回转半径；对十字形截面，i 为一个角钢的最小回转半径，填板应沿两个方向纵横交错放置（图 7.15）。填板数在压杆的两个侧向支承点间不应少于 2 块。

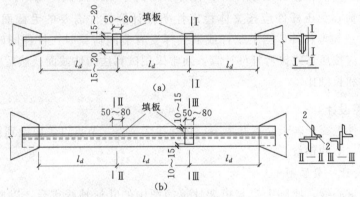

图 7.15 屋架杆件的填板（单位：mm）

3. 节点板厚度

节点板内应力大小与所连构件内力大小有关，设计时一般不做计算。在同一榀屋架中，所有中间节点板均采用同一种厚度，支座节点板由于受力大且很重要，厚度比中间的增大 2mm。节点板的厚度对于梯形普通钢屋架可按受力最大的腹杆内力确定，对于三角形普通钢屋架则按其弦杆最大内力确定，其值见表 7.4。

表 7.4 单节点板桁架和屋架节点板厚度

梯形桁架腹杆最大内力或三角形桁架弦杆最大内力（kN）	<170	171～290	291～510	511～680	681～910
中间节点板厚度（mm）	6	8	10	12	14
支座节点板厚度（mm）	8	10	12	14	16

4. 杆件截面选择的一般原则

截面选择时应遵循下列原则：

（1）优先选用肢宽而壁薄的角钢，角钢规格不宜小于 ∟ 45×4 或 ∟ 56×36×4，最薄不能小于 4mm。

（2）同一屋架的角钢规格尽量统一，不宜超过 6～9 种。在同一榀屋架中，应避免选用肢宽相同而厚度不同的角钢，若必须选用，则其厚度相差应不小于 2mm，以便识别。

（3）大跨度屋架，其上下弦截面一般沿长度保持不变，但当跨度不小于 24m 时，弦杆可根据内力的变化改变截面，但半跨内一般只改变一次。变截面的位置宜在节点处或其附近。改变截面通常是改变肢宽而保持厚度不变，以利于拼接节点的构造处理。

（4）角钢杆件或 T 型钢的悬伸肢宽应不小于 45mm。直接与支撑或系杆相连的最小肢宽，应根据连接螺栓的直径确定（按表 7.5 选用）。

表 7.5   用螺栓与支撑或系杆相连的角钢最小肢宽

螺栓直径 d（mm）	常用孔径 d_0（mm）	最小肢宽（mm）
16	17.5	63
18	19.5	70
20	21.5	75

（5）采用大型屋面板时，上弦杆的角钢伸出肢宽应不小于 70mm。

5. 杆件截面计算

对轴心受拉杆件应根据强度条件计算杆件所需的净截面面积：$A_n = N/f$；同时应满足长细比要求；对轴心受压杆件应按整体稳定性条件计算杆件需要的毛截面面积：$A_n = N/(\varphi f)$；压弯杆件或拉弯杆件，当上弦杆或下弦杆受有节间荷载时，杆件同时承受轴心力和局部弯矩作用，应按压弯或拉弯杆件计算，通常采用试算法初估截面，然后验算强度、整体稳定、局部稳定和长细比。

7.4.4 屋架节点设计

屋架的各杆件汇交于若干交点并由节点板焊接为节点，节点设计应做到构件合理、连接可靠、制造简便、节约钢材。

7.4.4.1 节点设计一般原则

（1）节点的重心线，原则上应与桁架计算简图中的几何轴线重合，以避免杆件偏心受力，但为制造方便，实际焊接桁架中通常把角钢肢背或 T 型钢肢背至轴线的距离取为 5mm 的倍数。当弦杆改变截面时，应使角钢肢背齐平，此时取两杆件重心线为轴线，如轴线变动不超过较大弦杆截面高度的 5% 时，可不考虑其影响；当偏心距离 e 超过上述值，或者由于其他原因使节点处有较大偏心弯矩时，应根据交汇处各杆的线刚度，将此弯矩在弦杆截面改变时的轴线位置处分配于各杆（图 7.16）。

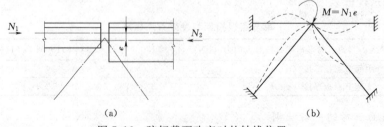

（a）   （b）

图 7.16 弦杆截面改变时的轴线位置

（2）在屋架节点处，腹杆与弦杆或腹杆与腹杆之间焊缝的净距，不宜小于 15mm，或者杆件之间的空隙不小于 15～20mm（图 7.17），以便拼接和施焊，还可避免焊缝过分密集，使钢材局部变脆。

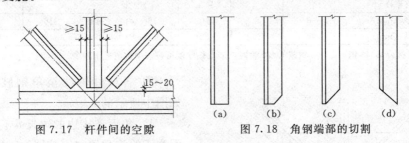

图 7.17　杆件间的空隙　　　　　图 7.18　角钢端部的切割

（3）角钢端部的切割面宜垂直于杆件轴线 [图 7.18（a）]。有时为了减小节点板尺寸，允许将其一肢斜切 [图 7.18（b）、（c）]。但不允许将一个肢完全切割的斜切 [图 7.18（d）]。

（4）节点板的尺寸，主要取决于所在连接杆件的大小和所设焊缝的长短。板的外形应力求简单而规则，至少有两边平行，如矩形、平行四边形和直角梯形等。节点板不许有凹角，以防产生严重的应力集中。节点板边缘与腹杆轴线的夹角不应小于 15°。斜腹杆与弦杆的夹角应在 30°～60°，沿焊缝长度方向应多留约 $2h_f$ 的长度，垂直于焊缝长度方向的节点板应伸出弦杆角钢肢背 10～15mm，以便施焊。对有檩屋架上弦节点，由于需设置短角钢支托檩条，应将节点板缩进角钢胶背 5～10mm，并采用塞焊焊接。

（5）节点板的自由边长度 l_f 与厚度 t 之比 $\dfrac{l_f}{t} \leqslant 60\sqrt{235/f_y}$，否则应沿自由边设加劲肋予以加强。支承大型混凝土屋面板的上弦杆，当支承处的总集中荷载（设计值）超过表 7.6 的数值时，弦杆的伸出肢易弯曲，应对其采用图 7.19 的做法之一进行加强。

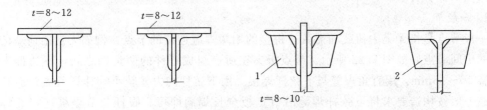

图 7.19　上弦角钢的加强

表 7.6　　　　　　　　　　　　　弦杆不加强的最大节点荷载

角钢（或 T 形钢翼缘板）厚度（mm）	钢材等级	Q235	8	10	12	14	16
		Q345、Q390	7	8	10	12	14
支撑处总集中荷载设计值（kN）			25	40	55	75	100

节点板的厚度，对单壁式屋架，可按表 7.7 选用；对双壁式屋架，则可按上述内力的 1/2，按表 7.7 选用。

（6）绘制节点大样（比例尺为 1/5～1/10），确定每一节点上需标明的节点尺寸，为绘制施工详图提供必要的依据（简单节点可不绘制）。节点上需标明的尺寸如下（图 7.20）：

1）每一腹杆端部至节点中心的距离，如图中所示的 l_1、l_2 和 l_3，单位为 mm。

2）节点板的平面尺寸。如图中所示的 b_1、b_2 和 h_1、h_2。

表 7.7 普通钢屋架节点板的厚度

梯形屋架腹杆最大 内力或三角形屋架弦 杆端节点内力（kN）	Q235 钢	≤170	171～ 290	291～ 510	511～ 680	681～ 910	911～ 1290	1291～ 1770	1771～ 3090
中间节点板厚（mm）		6	8	10	12	14	16	18	20
支座节点板厚（mm）		8	10	12	14	16	18	20	22

注 节点板钢材为 Q345 钢、Q 390 钢或 Q420 钢时，节点板厚度可按表中数值适当减少。

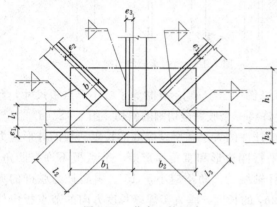

图 7.20 节点上的尺寸

3）各杆件轴线至角钢肢背的距离。如图中所示的 e_1、e_2。

4）角钢连接边的边长 b（只当杆件截面为正等边角钢时需注明）。

5）每条角焊缝的焊脚尺寸 h_f 和焊脚长度 l（当为螺栓连接时，应注意螺栓中心距和端距）。

7.4.4.2 节点的设计和计算

节点设计通常先按各杆件的截面形式确定节点的构造形式，再根据腹杆内力确定连接焊缝的焊脚尺寸和焊缝长度，然后再根据焊缝的长度与杆件之间的空隙和制造与装配误差，确定节点板的合理形状和尺寸，最后验算弦杆和节点板的连接焊缝。

屋架杆件与节点板间的连接，通常采用角焊缝连接形式，对角钢杆件一般采用角钢肢背和角钢肢尖部位的侧焊缝连接；有时也可采用三面围焊缝或 L 形焊缝连接。下面分别说明各类节点的计算方法。

1. 一般节点

一般节点是指无集中荷载和无弦杆拼接的用角焊缝连接的节点，例如无悬吊荷载的屋架下弦的中间节点，如图 7.22 所示。节点板夹在所有组成杆件的两角钢之间，下边伸出下弦杆肢背 10～15mm，用直角焊缝与下弦杆焊接。因下弦杆内力差较小，计算所需焊缝长度较短，故一般按构造要求将下弦杆焊缝沿节点板全长焊满即可。腹杆与节点板连接的焊缝长度，角钢肢背焊缝长度 l_{w1} 和肢尖焊缝长度 l_{w2} 按下列公式计算

$$l_{w1} \geqslant \frac{K_1 N}{2 \times 0.7 h_f f_f^w} \tag{7.11}$$

$$l_{w2} \geqslant \frac{K_2 N}{2 \times 0.7 h_f f_f^w} \tag{7.12}$$

式中 K_1、K_2——内力分配系数；

h_f——直角焊缝的焊脚尺寸；

f_f^w——角焊缝强度设计值。

2. 有集中荷载的节点

有集中荷载的上弦节点有两种情况：无檩屋架上弦节点和有檩屋架上弦节点。

（1）有檩屋架的上弦节点。有檩屋架（图 7.21）的上弦坡度较大，节点板与弦杆焊缝受有内力差 ΔN、节点集中荷载 P（通常不通过上弦杆焊缝的中心）及偏心弯矩作用。

1）肢背应力计算公式。

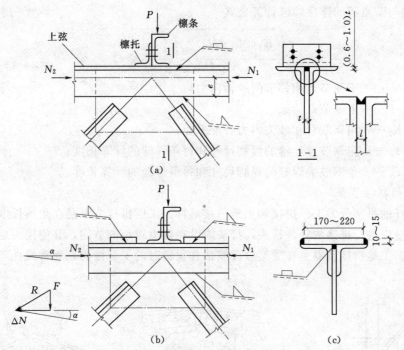

图 7.21 有檩屋架上弦节点构造

$$\tau_f = \frac{P\sin\alpha}{2\times0.7h_f'l_w'} \tag{7.13a}$$

$$\sigma_f = \frac{P\cos\alpha}{2\times0.7h_f'l_w'} + \frac{6M}{2\times0.7h_f'l_w'^2} \tag{7.13b}$$

$$\sqrt{\left(\frac{\sigma_f}{\beta_f}\right)^2 + \tau_f^2} \leqslant 0.8f_f^w \tag{7.13c}$$

若偏心距较小，则偏心弯矩可忽略不计；若梯形屋架的屋面坡度为 1/12 时，则式（7.13）可简化为

$$\frac{P}{2\times0.7h_f'l_w'} \leqslant 0.8f_f^w \tag{7.14}$$

2）肢尖应力计算公式。

$$\tau_f = \frac{\Delta N}{2\times0.7h_f'l_w'} \tag{7.15a}$$

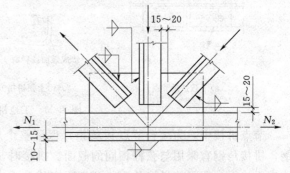

图 7.22 屋架下弦中间节点

$$\sigma_f = \frac{6\Delta M}{2\times0.7h_f'l_w'^2} \tag{7.15b}$$

$$\sqrt{\left(\frac{\sigma_f}{\beta_f}\right)^2 + \tau_f^2} \leqslant f_f^w \tag{7.15c}$$

（2）下弦节点。当下弦节点上有荷载时，肢背和肢尖与节点板的连接焊缝按如下公式计算。

1）肢背与节点板的连接焊缝计算公式

$$\frac{\sqrt{[K_1(N_1-N_2)]^2 + \dfrac{P/2}{1.22}}}{2\times0.7h_f'l_w'} \leqslant f_f^w \tag{7.16}$$

2) 肢尖与节点板的连接焊缝计算公式

$$\frac{\sqrt{[K_2(N_1-N_2)]^2+\dfrac{P/2}{1.22}}}{2\times0.7h''_fl''_w}\leq f^w_f \tag{7.17}$$

式中　N_1、N_2——下弦节点相邻节间的轴向力；

　　　　　P——下弦节点荷载；

　　　K_1、K_2——角钢肢背和肢尖内力分配系数；

　　　h'_f、l'_w——角钢肢背焊缝的焊脚尺寸和每条焊缝的计算长度；

　　　h''_f、l''_w——角钢肢尖焊缝的焊脚尺寸和每条焊缝的计算长度。

3. 弦杆的拼接节点

屋架弦杆的拼接分为工厂拼接和工地拼接两种。工厂拼接节点是在角钢长度不足或截面改变时在制造厂进行拼接的杆件接头，接头应设在内力较小的节间，并使接头处保持相同的强度和刚度。工地拼接节点是在屋架分段制造和运输时的安装接头，通常设在节点处，如图7.23所示。

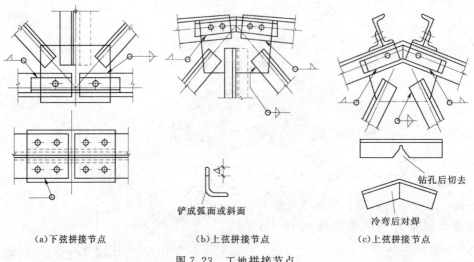

（a）下弦拼接节点　　　　（b）上弦拼接节点　　　　（c）上弦拼接节点

图7.23　工地拼接节点

节点拼接中，为减轻节点板负担，保证整个屋架平面外刚度，弦杆的拼接采用拼接角钢，拼接角钢宜采用与弦杆相同的截面。拼接时，通过安装螺栓定位和夹紧所连接的弦杆，然后再施焊。为了使拼接角钢与弦杆紧密相贴，应铲去拼接角钢肢背的棱角。为便于施焊，还应将拼接角钢的竖肢切去 Δl 长，$\Delta l=t+h_f+5$mm，式中 t 为连接角钢厚度，h_f 为拼接焊缝的焊脚尺寸，5mm 为余量。割棱切肢引起连接角钢截面的削弱，不宜超过原截面的15%，可以由节点板或角钢之间的填板来补偿。拼接角钢的长度应为 $l=2l_w+a$，a 为孔隙尺寸，考虑拼接点的刚度要求，l 应不小于 $400\sim600$mm。

屋脊节点处的拼接角钢，一般采用热弯成型。当屋面坡度较大且拼接角钢肢较宽时，可将角钢竖肢切成斜口，再弯折后焊牢 [图7.23（c）]。

（1）屋脊拼接角钢与弦杆拼接焊缝的计算。

拼接角钢与弦杆拼接焊缝中拼接角钢肢尖的四条焊缝，每条焊缝所需计算长度为

$$l_w = \frac{N}{4 \times 0.7 h_f f_f^w} \tag{7.18}$$

由此可得拼接角钢总长度为

$$l_s = 2(l_w + 2h_f) + \text{弦杆杆端间隙} \tag{7.19}$$

（2）上弦杆与节点板间连接焊缝的计算。

1）肢背处。计算上弦杆与节点板间连接焊缝时，可假定集中力 P 由上弦角钢肢背处的槽焊缝承受，则计算公式为

$$\frac{P\sin\alpha}{2 \times 0.7 h_f' l_w'} \leqslant 0.8 f_f^w$$

2）肢尖处。上弦角钢肢尖与节点板的连接焊缝按上弦内力的 15% 计算，计算公式为

$$\tau_f^N = \frac{0.15N}{2 \times 0.7 h_f l_w} \tag{7.20}$$

$$\sigma_f^N = \frac{6M}{2 \times 0.7 h_f l_w^2} \tag{7.21}$$

$$\sqrt{\left(\frac{\sigma_f^M}{1.22}\right)^2 + (\tau_f^N)^2} \leqslant 0.8 f_f^w \tag{7.22}$$

（3）下弦杆与节点板的连接焊缝的计算。

1）与下弦杆拼接的拼接角钢总长度。其计算公式为

$$l_s = 2\left(\frac{A_2 f}{4 \times 0.7 h_f f_f^w} + 2h_f\right) + (10 \sim 20)(\text{mm}) \tag{7.23}$$

式中 A_2——拼接两侧弦杆的较小截面面积。

2）下弦杆与节点板的连接角焊缝。下弦节点板的连接焊缝，按两侧下弦较大内力的 15% 和两侧下弦的内力差两者中的较大值来计算，但当拼接节点处有外荷载作用时，则应按此较大值与外荷载的合力进行计算。

4. 支座节点

支座节点由节点板、加劲肋、支座底板和锚栓等部件组成，用于固定屋架并传递支座反力。加劲肋设在支座节点的中心处，用来加强支座底板刚度，减小底板弯矩，均匀传递支座反力并增强支座节点板的侧向刚度；支座底板直接支撑于柱或墙上，作用是增加支座节点与柱顶的接触面积，把节点板和加劲肋传来的支座反力均匀地传递到柱顶上。为便于施焊，屋架下弦角钢肢背与支座底板的距离不宜小于下弦角钢伸出肢的宽度，也不宜小于 130mm。屋架与钢柱的连接可为铰接或刚接，图 7.24 为支座节点图。

（1）锚栓。屋架支座底板与柱顶用锚栓相连，锚栓预埋于柱顶，锚栓一般不需计算，直径通常为 20～25mm，为便于安装时调整屋架支座位置，底板上的锚栓孔径宜为锚栓直径的 2～2.5 倍，屋架就位后再加小垫板套住锚栓并用工地焊缝与底板焊牢。

（2）底板（相关内容的公式符号意义如图 7.24 所示）。支座底板的面积可根据锚栓孔的构造要求确定，见式（7.24）

$$A_n = (2a)(2b) - \text{锚栓孔缺口面积} \geqslant \frac{R}{f_c} \tag{7.24}$$

底板的平面尺寸取 cm 的整数倍。底板最小面积为 240mm×240mm 如采用矩形，平行于屋架方向的尺寸 L 取 250～300mm；垂直于屋架方向的尺寸 B（短边）取柱宽减去 20～40mm，且不小于 200mm。

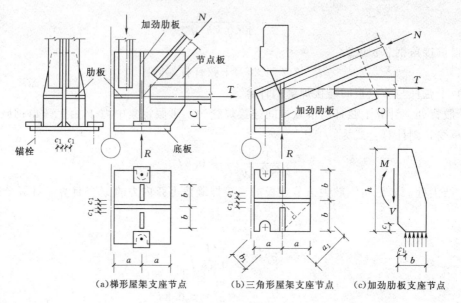

图 7.24　支座节点

支座底板不宜过薄，一般不小于 16mm。厚度 t 按式（7.25）计算

$$t=\sqrt{\frac{6M}{f}}$$　(7.25)

式中　M——两边为直角支承板时，单位板宽的最大弯矩，见学习项目 4 的底板计算。

底板与节点板、加劲肋板底端的角焊缝连接计算公式为

$$\sigma_f=\frac{R}{2\times0.7h_f\sum l_w}\leqslant\beta_f f_f^w$$　(7.26)

加劲肋的厚度可与节点板相同；其高度，对于梯形屋架由节点板尺寸确定，对于三角形屋架应使加劲肋紧靠上弦杆角钢水平肋，并焊牢。每块加劲肋两条垂直焊缝同时承受剪力 V 和弯矩 M 作用，应按角焊缝强度条件验算。

节点板、加劲肋与底板的水平焊缝可按均匀传递反力计算。

对于屋架节点板应按《规范》要求进行验算。

7.4.5　钢屋架施工图

钢屋架施工图是钢屋架加工制作和安装的主要依据，必须绘制正确、详尽清楚，一般按运输单元绘制。当屋架对称时，可仅绘制半榀屋架。

7.4.5.1　施工图的主要内容和绘制要求

（1）施工图一般包括屋架的正面详图，上、下弦杆的平面图，各重要部分的侧面图和剖面图，以及某些特殊零件图。

（2）在图纸的左上角绘制一整榀屋架简图，它的左半跨注明屋架几何尺寸，右半跨注明杆件内力的设计值。在图纸的右上角绘制材料表和说明。

（3）标注尺寸，要全部注明各杆件和零件的型号和尺寸，包括加工尺寸、定位尺寸、安装尺寸和孔洞位置等。加工尺寸是下料、加工的依据，包括杆件和零件的长度、宽度、切割要求和孔洞位置等；定位尺寸是杆件或零件对屋架几何轴线的相应位置；安装尺寸主要指屋

架和其他构件连接的相互关系，如连接支撑的螺栓孔的位置要和支撑构件配合，屋架支座处锚栓孔要和柱的定位尺寸线配合等内容。

腹杆应注明杆端至节点中心的距离，节点板应注明上、下两边至弦杆轴线的距离以及左、右两边至通过节点中心的垂线距离等。

（4）编号，在施工图中各杆件和零件要详细编号。编号的次序按主次、上下、左右顺序逐一进行。完全相同的零件用同一编号。如果组成杆件的两角钢型号和尺寸相同，仅因孔洞位置或斜切角等原因而成镜面对称时，亦采用同一编号，并在材料表中注明正、反字样，以示区别。

（5）编制材料表，施工图材料表包括各杆件和各零件的编号、规格尺寸、数量、质量及屋架的总质量。它主要用于配料和计算用钢指标，以及配备起重运输设备。

（6）施工图文字说明，它是对图上无法表示出来的内容和要求的补充。如选用的钢号、焊条的型号、焊接的方法、质量的要求、未注明的焊缝尺寸、螺栓的直径、防锈处理、运输安装和制造的要求等。

7.4.5.2　绘制施工图的一般步骤

绘制施工图时，首先应根据图纸内容合理布置和规划图面，再选择适当的比例绘制。轴线常用绘制比例为 1：20 或 1：30，杆件截面和节点板尺寸常用绘制比例为 1：10 或 1：15。

绘制施工图步骤如下：

（1）按适当比例先画出各杆件的轴线。

（2）画出杆件的轮廓线，使杆件截面重心线与屋架杆件几何轴线相重合，一般取角钢肢背到轴线的距离为 5mm 的倍数。

（3）杆件两端角钢与角钢之间留出 15～20mm 的间隙。

（4）根据计算所需的焊缝长度，绘出节点板的尺寸，节点板伸出弦杆角钢肢背 10～15mm。绘制节点板伸出弦杆角钢肢的厚度时，应以两条线表示清楚，可不按比例绘制。

（5）零件间的连接焊缝应注明焊脚尺寸和焊缝长度，焊缝标注方法应按规定进行。

（6）绘制零件详图，零件图比例可适当放大，清楚为准。

7.4.5.3　钢屋架通用图及其选用

钢屋架在设计、施工过程中，通常可采用钢屋架标准图集，即钢屋架通用图。根据钢屋架的类型、特点等，钢屋架标准图集分为多个单行本，如 05G511《梯形钢屋架》、05G515《轻型屋面梯形钢屋架》、05G517《轻型屋面三角形钢屋架》、05G513《钢托架》、05G512《钢天窗架》等。

在钢屋架的设计、施工中，可根据屋架类型、跨度、荷载、支撑布置、材料等情况，在相应的图集中选用最适合的钢屋架型号，进行引用，不需再进行计算，方便设计和施工。

普通钢屋架设计例题

1. 设计资料

梯形钢屋架跨度为 30m，长度 102m，柱距 6m。该车间内设有两台 20/50kN 中级工作制吊车，轨顶标高为 8.000m。采用 1.5m×6m 预应力混凝土大型屋面板，80mm 厚泡沫混凝土保温层，卷材屋面，屋面坡度 $i=1/10$。屋面活荷载标准值为 0.7kN/m²，雪荷载标准值为 0.5kN/m²，积灰荷载标准值为 0.6kN/m²。屋架铰支在钢筋混凝土柱上，上柱截面为 450mm×450mm，混凝土标号为 C25。钢材采用 Q235B 级，焊条采用 E43 型。要求设计钢屋架并绘制施工图。

屋架计算跨度 $l_0 = 30 - 2 \times 0.15 = 29.7(\text{m})$

跨中及端部高度：

屋架的中间高度 $h = 3.490\text{m}$

屋架在 29.7m 处两端的高度为 $h_0 = 2.005\text{m}$

屋架在 30m 轴线处端部高度 $h_0' = 1.990\text{m}$

屋架跨中起拱取 60mm，按 $L/500$ 考虑。

2. 结构型式与布置

梯形钢屋架形式及几何尺寸如图 7.25 所示。

梯形钢屋架支撑布置如图 7.26 所示。

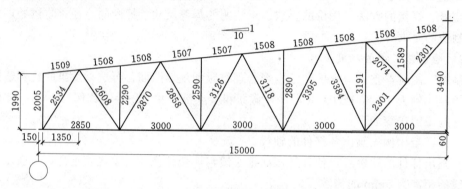

图 7.25 梯形钢屋架形式和几何尺寸

3. 荷载计算

屋面活荷载与雪荷载不会同时出现，计算时，取较大的荷载标准值进行计算。故取屋面活荷载 0.7kN/m² 进行计算。屋架沿水平投影面积分布的自重（包括支撑）按经验公式 $(P_w = 0.12\text{m} + 0.011 \times \text{跨度})$ 计算，跨度单位为 m。

表 7.8 荷 载 计 算 表

荷 载 名 称	标准值（kN/m²）	设计值（kN/m²）
预应力混凝土大型屋面板	1.4	1.4×1.35=1.89
三毡四油防水层	0.4	0.4×1.35=0.54
找平层（厚20mm）	0.02×20=0.4	0.4×1.35=0.54
80mm厚泡沫混凝土保温层	0.08×6=0.48	0.48×1.35=0.648
屋架和支撑自重	0.12+0.011×30=0.45	0.45×1.35=0.608
管道荷载	0.1	0.1×1.35=0.135
永久荷载总和	3.23	4.361
屋面活荷载	0.7	0.7×1.4=0.98
积灰荷载	0.6	0.6×1.4=0.84
可变荷载总和	1.3	1.82

设计屋架时，应考虑以下三种荷载组合。

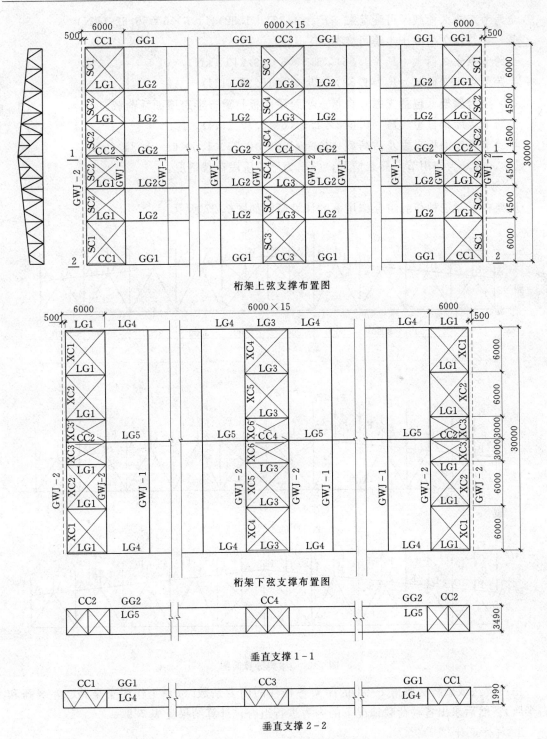

图 7.26　梯形钢屋架支撑布置

SC—上弦支撑；XC—下弦支撑；CC—垂直支撑；GG—刚性系杆；LG—柔性系杆

（1）全跨永久荷载＋全跨可变荷载。

全跨节点永久荷载及可变荷载 $F=(4.361+1.82)\times1.5\times6=55.629(\text{kN})$

（2）全跨永久荷载＋半跨可变荷载。

全跨节点永久荷载 $F_1=4.361\times1.5\times6=39.249$ （kN）

半跨节点可变荷载 $F_2=1.82\times1.5\times6=16.38$ （kN）

（3）全跨屋架（包括支撑）自重＋半跨屋面板自重＋半跨屋面活荷载。

全跨节点屋架自重 $F_3=0.608\times1.5\times6=5.47$ （kN）

半跨节点屋面板自重及活荷载 $F_4=(1.89+0.7)\times1.5\times6=23.31$ （kN）

（1）、（2）为使用节点荷载情况，（3）为施工阶段荷载情况。

4. 内力计算

屋架在上述三种荷载组合作用下的计算简图如图 7.27 所示。

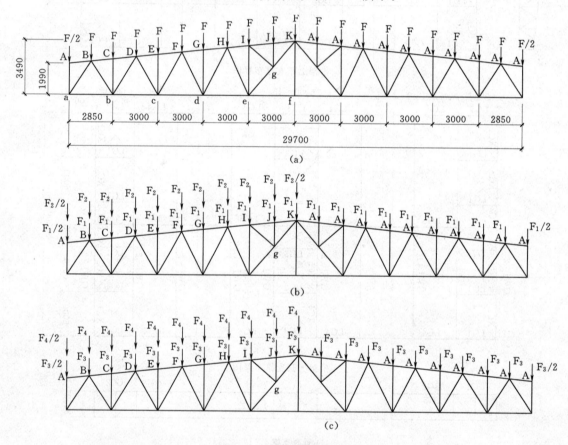

图 7.27 屋架计算简图

由图解法或数解法解得 $F=1$ 的屋架各杆件的内力系数（$F=1$ 作用于全跨、左半跨和右半跨）。然后求出各种荷载情况下的内力进行组合，计算结果见表 7.9。

5. 杆件设计

（1）上弦杆。整个上弦采用等截面，按 IJ、JK 杆件的最大设计内力设计。

$$N=-1264.45\text{N}$$

上弦杆计算长度：

表 7.9 屋架杆件内力组合表

杆件名称		内力系数（F=1）			第一种组合 $F \times$①	第二种组合		第三种组合		计算杆件内力（kN）
		全跨①	左半跨②	右半跨③		$F_1 \times$①$+F_2 \times$②	$F_1 \times$①$+F_2 \times$③	$F_3 \times$①$+F_4 \times$②	$F_3 \times$①$+F_4 \times$③	
上弦	AB	0	0	−0.01	0	0	−0.16	0	−0.23	−0.23
	BC、CD	−11.35	−8.49	−3.45	−631.39	−584.54	−501.99	−259.99	−142.50	−631.39
	DE、EF	−18.19	−13.08	−6.25	−1011.89	−928.19	−816.31	−404.39	−245.19	−1011.89
	FG、GH	−21.53	−14.62	−8.46	−1197.69	−1084.51	−983.61	−458.56	−314.97	−1197.69
	HI	−22.36	−13.98	−10.25	−1243.86	−1106.6	−1045.50	−448.18	−361.24	−1243.86
	IJ、JK	−22.73	−14.39	−10.20	−1264.45	−1127.84	−1059.21	−459.76	−362.10	−1264.45
下弦	ab	6.33	4.84	1.83	352.13	327.73	278.42	147.45	77.28	352.13
	bc	15.36	11.30	4.98	854.46	787.73	684.44	347.42	200.10	854.46
	cd	20.21	14.14	7.43	1124.26	1024.84	914.93	440.15	283.74	1124.26
	de	22.12	14.44	9.39	1230.51	1104.72	1022.00	457.59	339.88	1230.51
	ef	21.23	11.68	11.68	1181.00	1024.58	1024.57	388.39	388.39	1181.00
斜腹杆	aB	−11.34	−8.66	−3.27	−630.83	−586.93	−498.65	−263.89	−138.25	−630.83
	Bb	8.81	6.47	2.87	490.09	451.76	392.79	199.01	115.09	490.09
	bD	−7.55	−5.23	−2.84	−420.00	−382.00	−342.85	−163.21	−107.50	−420.00
	Dc	5.39	3.39	2.44	299.84	267.08	251.52	108.50	86.36	299.84
	cF	−4.23	−2.25	−2.43	−235.31	−202.88	−205.83	−75.59	−79.78	−235.31
	Fd	2.62	0.88	2.13	145.75	117.25	137.72	34.84	63.98	145.75
	dH	−1.51	0.22	−2.12	−84.00	−55.66	−93.99	−3.13	−57.68	−93.99
	He	0.29	−1.25	1.89	16.13	−9.09	42.34	−27.55	45.64	$\begin{cases} 45.64 \\ -27.55 \end{cases}$
	eg	1.53	3.40	−2.28	85.11	115.74	22.70	87.62	−44.78	$\begin{cases} 115.74 \\ -44.78 \end{cases}$
	gK	2.16	4.07	−2.32	120.16	151.44	46.78	106.69	−42.26	$\begin{cases} 151.44 \\ -42.26 \end{cases}$
	gI	0.49	0.54	−0.06	27.26	28.08	18.25	15.27	1.28	28.08
竖杆	Aa	−0.55	−0.54	0	−30.60	−30.43	−21.59	−15.60	−3.01	−30.60
	Cb、Ec	−1.00	−0.99	0	−55.63	−55.47	−39.25	−28.55	−5.47	−55.63
	Gd	−0.98	−0.98	0	−54.52	−54.52	−38.46	−28.20	−5.36	−54.52
	Jg	−0.85	−0.90	0	−47.28	−48.10	−33.36	−25.63	−4.65	−48.10
	Ie	−1.42	−1.43	0	−78.99	−79.16	−55.73	−41.10	−7.77	−79.16
	Kf	0.02	0	0	1.12	0.78	0.78	0.11	0.11	1.12

在屋架平面内：为节间轴线长度，即

$$l_{0x} = l = 1.508\text{m}$$

在屋架平面外：本屋架为无檩体系，并且认为大型屋面板只起到刚性系杆作用，根据支持布置和内力变化情况，取 l_{0y} 为支撑点间的距离

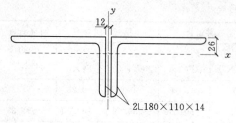

图 7.28 上弦截面

$$l_{0y} = 3 \times 1.508 = 4.524(\text{m})$$

根据屋架平面外上弦杆的计算长度，上弦截面选用两个不等肢角钢，短肢相并。如图 7.28 所示。

腹杆最大内力 $N = -630.83\text{kN}$，查表 7.4，中间节点板厚度选用 12mm，支座节点板厚度选用 14mm。

设 $\lambda = 60$，查 Q235 钢的稳定系数表，可得 $\varphi = 0.807$（由双角钢组成的 T 型和十字形截面均属于 b 类），则需要的截面积

$$A = \frac{N}{\varphi f} = \frac{1264.45 \times 10^3}{0.807 \times 215} = 7287.7 \ (\text{mm}^2)$$

需要的回转半径

$$i_x = \frac{l_{0x}}{\lambda} = \frac{1.508}{60}(\text{m}) = 25.1\text{mm}, \quad i_y = \frac{l_{0y}}{\lambda} = \frac{4.524}{60}(\text{m}) = 75.4\text{ mm}$$

根据需要 A、i_x、i_y 查角钢规格表，选用 $2 \llcorner 180 \times 110 \times 14$，肢背间距 $a = 12\text{mm}$，则

$$A = 7793\text{mm}^2, \quad i_x = 30.8\text{mm}, \quad i_y = 88.0\text{mm}$$

按所选角钢进行验算

$$\lambda_x = \frac{l_{0x}}{i_x} = \frac{1508}{30.8} = 48.96$$

$$\lambda_y = \frac{l_{0y}}{i_y} = \frac{4524}{88.0} = 51.41$$

满足长细比 $\leqslant [\lambda] = 150$ 的要求。

由于 $\lambda_y > \lambda_x$，只需求 φ_y。查表得 $\varphi_y = 0.847$，则

$$\frac{N}{\varphi_y A} = \frac{1264.65 \times 10^3}{0.847 \times 7793} = 191.59\text{MPa} < 215\text{MPa}$$

所选截面合适。

(2) 下弦杆。整个下弦杆采用同一截面，按最大内力所在的 de 杆计算。

$$N = 1230.51\text{kN} = 1230510\text{N}$$

$l_{0x} = 3000\text{mm}$，$l_{0y} = 29700/2 = 14850$（mm）（因跨中有通长系杆），所需截面积为

$$A = \frac{N}{f} = \frac{1230510}{215} = 5723.30(\text{mm}^2) = 57.23\text{cm}^2$$

选用 $2 \llcorner 180 \times 110 \times 12$，因 $l_{0y} \gg l_{0x}$，故用不等肢角钢，短肢相并，如图 7.29 所示。

$$A = 67.42\text{cm}^2 > 57.23\text{cm}^2,$$

$$i_x = 3.10\text{cm}, \quad i_y = 8.74\text{cm}$$

$$\lambda_x = \frac{l_{0x}}{i_x} = \frac{300}{3.10} = 96.77 < 350$$

$$\lambda_y = \frac{l_{0y}}{i_y} = \frac{1485}{8.74} = 169.91 < 350$$

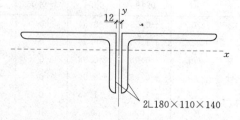

图 7.29 下弦截面

(3) 端斜杆 aB。杆件轴力：$N = -630.83\text{kN} = -630830\text{N}$

计算长度：
$$l_{0x} = l_{0y} = 2534\text{mm}$$

因为 $l_{0x} = l_{0y}$，故采用不等肢角钢，长肢相并，使 $i_x \approx i_y$。选用 $2 \llcorner 140 \times 90 \times 10$。则

$$A = 44.522\text{cm}^2, \quad i_x = 4.47\text{cm}, \quad i_y = 3.74\text{cm}$$

$$\lambda_x = \frac{l_{0x}}{i_x} = \frac{253.4}{4.47} = 56.71$$

$$\lambda_y = \frac{l_{0y}}{i_y} = \frac{253.4}{3.74} = 67.78$$

因 $\lambda_y > \lambda_x$，只需求 φ_y，查表得 $\varphi_y = 0.764$，则

$$\sigma = \frac{N}{\varphi_y A} = \frac{630.83 \times 10^3}{0.764 \times 4452.2} = 185.46(\text{MPa}) < 215\text{MPa}$$

所选截面合适。

（4）腹杆 $eg-gK$。此杆在 g 节点处不断开，采用通长杆件。

最大拉力：$N_{gK} = 151.44\text{kN}$，$N_{eg} = 115.74\text{kN}$

最大压力：$N_{eg} = -44.78\text{kN}$，$N_{gK} = -42.26\text{kN}$

再分式桁架中的斜腹杆，在桁架平面内的计算长度取节点中心间距 $l_{0x} = 2301\text{mm}$。

在桁架平面外的计算长度

$$l_{0y} = l_1\left(0.75 + 0.25\frac{N_2}{N_1}\right) = 460.2 \times \left(0.75 + 0.25 \times \frac{42.26}{44.78}\right) = 453.73(\text{cm})$$

选用 $2\llcorner 63 \times 5$，查角钢规格表得

$$A = 12.286\text{cm}^2,\ i_x = 1.94\text{cm},\ i_y = 3.04\text{cm}$$

$$\lambda_x = \frac{l_{0x}}{i_x} = \frac{230.1}{1.94} = 118.6 < 150$$

$$\lambda_y = \frac{l_{0y}}{i_y} = \frac{453.73}{3.04} = 149.25 < 150$$

因 $\lambda_y > \lambda_x$，只需求 φ_y，查附表得 $\varphi_y = 0.310$，则

$$\sigma = \frac{N}{\varphi_y A} = \frac{44.78 \times 10^3}{0.310 \times 1228.6} = 117.54(\text{MPa}) < 215\text{MPa}$$

拉应力：

$$\sigma = \frac{N}{A} = \frac{151.44 \times 10^3}{1228.6} = 123.26(\text{MPa}) < 215\text{MPa}$$

（5）竖杆 Ie：

$$N = -79.16\text{kN} = -79160\text{N}$$

$$l_{0x} = 0.8l = 0.8 \times 319.1 = 255.2\ (\text{cm}),\ l_{0x} = l = 319.1\text{cm}$$

由于杆件内力较小，按 $\lambda = [\lambda] = 150$ 选择，需要的回转半径为

$$i_x = \frac{l_{0x}}{[\lambda]} = \frac{255.2}{150} = 1.70(\text{cm})$$

$$i_y = \frac{l_{0y}}{[\lambda]} = \frac{319.1}{150} = 2.13(\text{cm})$$

查型钢表，选截面的 i_x 和 i_y 较上述计算的 i_x 和 i_y 略大些。选用 $2\llcorner 63 \times 5$，其几何特性为

$$A = 12.286\text{cm}^2, i_x = 1.94\text{cm}, i_y = 3.04\text{cm}$$

$$\lambda_x = \frac{l_{0x}}{i_x} = \frac{255.2}{1.94} = 131.54 < 150$$

$$\lambda_y = \frac{l_{0y}}{i_y} = \frac{319.1}{3.04} = 104.97 < 150$$

因 $\lambda_x > \lambda_y$，只需求 φ_x，查表得 $\varphi_x = 0.38$，则

$$\sigma = \frac{N}{\varphi_x A} = \frac{79160}{0.38 \times 1228.6} = 169.56(\text{kN/m}^2) < 215\text{kN/m}^2$$

其余各杆件的截面选择计算过程不再一一列出，现将计算结果列于表 7.10。

6.节点设计

（1）下弦节点 "b"。各杆件的内力由表 7.9 查得。设计步骤：由腹杆内力计算腹杆与节点板连接焊缝的尺寸，即 h_f 和 l_w，然后根据 l_w 的大小按比例绘出节点板的形状和尺寸，最后验算下弦杆与节点板的连接焊缝。

用 E43 型焊条角焊缝的抗拉、抗压和抗剪强度设计值 $f_f^w = 160$MPa。

设 "Bb" 杆的肢背和肢尖焊缝 $h_f = 8$mm 和 6mm，则所需的焊缝长度为（按等肢角钢连接的角焊缝内力分配系数计算）

肢背

$$l_w' = \frac{0.7N}{2h_e f_f^w} = \frac{0.7 \times 490090}{2 \times 0.7 \times 8 \times 160} = 191.44\text{(mm)}，取 200\text{mm}$$

肢尖

$$l_w'' = \frac{0.3N}{2h_e f_f^w} = \frac{0.3 \times 490090}{2 \times 0.7 \times 6 \times 160} = 109.4\text{(mm)}，取 120\text{mm}$$

设 "bD" 杆的肢背和肢尖焊缝 $h_f = 8$mm 和 6mm，则所需的焊缝长度为

肢背

$$l_w' = \frac{0.7N}{2h_e f_f^w} = \frac{0.7 \times 420000}{2 \times 0.7 \times 8 \times 160} = 164.06\text{(mm)}，取 180\text{mm}$$

肢尖

$$l_w'' = \frac{0.3N}{2h_e f_f^w} = \frac{0.3 \times 420000}{2 \times 0.7 \times 6 \times 160} = 93.75\text{(mm)}，取 110\text{mm}$$

"Cb" 杆的内力很小，焊缝尺寸可按构造确定，取 $h_f = 5$mm。

根据上面求得的焊缝长度，并考虑杆件之间应有的间隙及制作和装配等误差，按比例绘出节点详图，从而确定节点板尺寸为 360mm×445mm。

下弦与节点板连接的焊缝长度为 44.5cm，$h_f = 6$mm。焊缝所受的力为左右两下弦杆的内力差 $\Delta N = 854.46 - 352.13 = 502.33$(kN)，受力较大的肢背处的焊缝应力为

$$\tau_f = \frac{0.75 \times 502330}{2 \times 0.7 \times 6 \times (445 - 12)} = 103.58\text{(MPa)} < 160\text{MPa}$$

焊缝强度满足要求。该节点如图 7.30 所示。

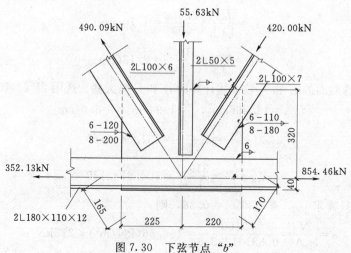

图 7.30 下弦节点 "b"

表 7.10

屋架杆件截面选择表

名称	杆件编号	内力(kN)	计算长度 (cm) l_{0x}	计算长度 (cm) l_{0y}	截面规格	截面面积 (cm²)	回转半径 (cm) i_x	回转半径 (cm) i_y	长细比 λ_x	长细比 λ_y	容许长细比 [λ]	稳定系数 φ φ_x	稳定系数 φ φ_y	计算应力 $N/\varphi A$ (N/mm²)
上弦	IJ,JK	−1264.45	150.8	452.4	180×110×14	77.93	3.08	8.80	48.96	51.41	150		0.847	191.59
下弦	de	1230.51	300	1485.0	180×110×12	67.42	3.10	8.74	96.77	169.91	350			182.51
腹杆	Aa	−30.60	199	199	63×5	12.286	1.94	3.04	102.6	65.5	150	0.538		46.29
	aB	−630.83	253.4	253.4	140×90×10	44.522	4.47	3.74	56.71	67.78	150		0.764	185.46
	Bb	490.09	208.6	260.8	100×6	23.864	3.10	4.51	67.29	57.83	350			205.37
	Cb	−55.63	183.2	229.0	50×5	9.606	1.53	2.53	119.7	90.5	150	0.439		131.92
	bD	−420.00	229.5	287	100×7	27.592	3.09	4.53	74.3	63.3	150	0.724		210.25
	Dc	299.84	228.7	285.8	70×6	16.32	2.15	3.33	106.37	85.83	350			183.73
	Ec	−55.63	207.2	259.0	50×5	9.606	1.53	2.53	135.4	102.4	150	0.363		159.54
	cF	−235.31	250.8	312.6	90×6	21.274	2.79	4.13	89.89	75.69	150	0.621		178.12
	Fd	145.75	249.5	311.8	50×5	9.606	1.53	2.53	167	123.3	350			151.73
	Gd	−54.52	231.2	289.0	50×5	9.606	1.53	2.53	151.1	114.2	150	0.304		186.67
	dH	−93.99	271.6	339.5	70×6	16.32	2.15	3.33	151.1	101.95	150	0.304		189.45
	He	45.61 / −27.55	270.8	338.4	63×5	12.286	1.94	3.04	139.59	111.32	150	0.347		64.62
	Ie	−79.16	255.2	319.1	63×5	12.286	1.94	3.04	131.5	104.9	150	0.381		169.11
	eg	115.74 / −44.78	230.1	453.73	63×5	12.286	1.94	3.04	118.6	149.25	150		0.31	117.54
	gK	151.44 / −42.26	230.1	453.73	63×5	12.286	1.94	3.04	118.6	149.25	150		0.31	110.96
	Kf	1.12	314.1	314.1	63×5	12.286	2.45	2.45	128.2	128.2	200			0
	gI	28.08	165.9	207.4	50×5	9.606	1.53	2.53	108.7	82.2	350			29.23
	Jg	−48.10	127.6	158.9	50×5	9.606	1.53	2.53	83.4	63	150	0.665		75.30

（2）上弦节点"B"，如图 7.31 所示。

"Bb"杆与节点板的焊缝尺寸和节点"b"相同。"aB"杆与节点板的焊缝尺寸按上述同样方法计算

$$N_{aB} = -630.83\text{kN}$$

设"aB"杆的肢背和肢尖焊缝 $h_f=10\text{mm}$ 和 6mm，则所需的焊缝长度为（按不等肢角钢短肢连接的角焊缝内力分配系数计算）：

肢背

$$l'_w = \frac{0.65N}{2h_e f^w_f} = \frac{0.65 \times 630830}{2 \times 0.7 \times 10 \times 160} = 183.05 \text{（mm）}，取 210\text{mm}$$

肢尖

$$l''_w = \frac{0.3N}{2h_e f^w_f} = \frac{0.35 \times 630830}{2 \times 0.7 \times 6 \times 160} = 164.28 \text{（mm）}，取 180\text{mm}$$

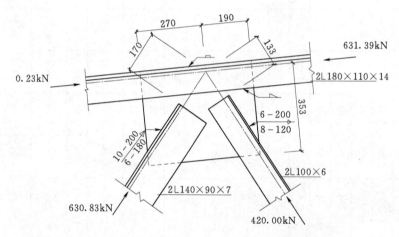

图 7.31　上弦节点"B"

为了便于在上弦上搁置屋面板，节点板的上边缘可缩进上弦肢背 8mm。用槽焊缝把上弦角钢和节点板连接起来。槽焊缝作为两条角焊缝计算，槽焊缝强度设计值乘以 0.8 的折减系数。计算时可略去屋架上弦坡度的影响，而假定集中荷载 P 与上弦垂直。上弦肢背槽焊缝内的应力由下面计算得到：

$$h'_f = \frac{1}{2} \times 节点板厚度 = \frac{1}{2} \times 12 = 6(\text{mm}), h''_f = 10\text{mm}$$

上弦与节点板间焊缝长度为 460mm，则

$$\frac{\sqrt{[k_1(N_1-N_2)]^2 + \left(\frac{P}{2 \times 1.22}\right)^2}}{2 \times 0.7 h'_f l'_w} = \frac{\sqrt{(0.75 \times 631620)^2 + \left(\frac{55629}{2 \times 1.22}\right)^2}}{2 \times 0.7 \times 6 \times (460-12)}$$

$$= 126.03(\text{MPa}) < 0.8 f^w_f = 128\text{MPa}$$

上弦肢尖角焊缝的切应力为

$$\frac{\sqrt{[k_2(N_1-N_2)]^2 + \left(\frac{P}{2 \times 1.22}\right)^2}}{2 \times 0.7 h''_f l''_w} = \frac{\sqrt{(0.25 \times 631620)^2 + \left(\frac{55629}{2 \times 1.22}\right)^2}}{2 \times 0.7 \times 10 \times (460-12)}$$

$$= 25.44(\text{MPa}) < 160\text{MPa}$$

（3）屋脊节点"K"。弦杆一般都采用同号角钢进行拼接，为了使拼接角钢与弦杆之间能够密合，并便于施焊，需将拼接角钢的尖角削除，且截去垂直肢的一部分宽度（一般为 $t+h_f+5\text{mm}$）。拼接角钢的这部分削弱，可以靠节点板来补偿。接头一边的焊缝长度按弦杆内力计算。

设拼接角钢与受压弦杆之间的角焊缝 $h_f=10\text{mm}$，则所需焊缝计算长度为（一条焊缝）

$$l_w = \frac{1264450}{4 \times 0.7 \times 10 \times 160} = 282.24(\text{mm})$$

拼接角钢的长度 $l_s = 2(l_w+2h_f) +$ 弦杆杆端空隙，拼接角钢长度取 620mm。

上弦与节点板之间的槽焊缝，假定承受节点荷载，验算与节点"B"处槽焊缝验算方法类似，此处验算过程略。上弦肢尖与节点板的连接焊缝，应按上弦内力的 15% 计算，并考虑此力产生的弯矩。设肢尖焊缝 $h_f=10\text{mm}$，取节点板长度为 500mm，则节点一侧弦杆焊缝的计算长度为

$$l_w = \frac{500}{2} - 10 - 20 = 220(\text{mm})$$

焊缝应力为

$$\tau_f^N = \frac{0.15 \times 1264450}{2 \times 0.7 \times 10 \times 220} = 61.58(\text{MPa})$$

$$\sigma_f^M = \frac{6 \times 0.15 \times 1264450 \times 84.1}{2 \times 0.7 \times 10 \times 220^2} = 141.24(\text{MPa})$$

$$\sqrt{(\tau_f^N)^2 + \left(\frac{\sigma_f^M}{1.22}\right)^2} = \sqrt{61.58^2 + \left(\frac{141.24}{1.22}\right)^2} = 131.13(\text{MPa}) < 160\text{MPa}$$

因屋架的跨度很大，需将屋架分为两个运输单元，在屋脊节点和下弦跨中节点设置工地拼接，左半边的上弦、斜杆和竖杆与节点板连接用工厂焊缝，而右半边的上弦、斜杆与节点板的连接用工地焊缝，如图 7.32 所示。

腹杆与节点板连接焊缝计算方法与以上几个节点相同。

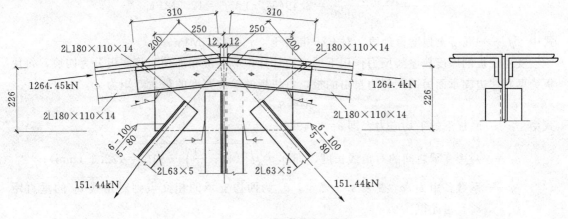

图 7.32　屋脊节点"K"

(4) 支座节点"A"（图 7.33）。

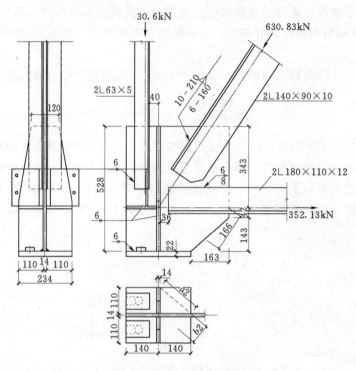

图 7.33 支座节点"A"

为了便于施焊，下弦杆角钢水平肢的底面与支座底板的净距离取 160mm。在节点中心线上设置加劲肋，加劲肋的高度与节点板的高度相等，厚度 14mm。

1）支座底板的计算。

支座反力 $R=556290N$

设支座底板的平面尺寸采用 280mm×400mm，如仅考虑有加劲肋部分的底板承受支座反力，则承压面积为 280×234=65520（mm²）。验算柱顶混凝土的抗压强度

$$\sigma=\frac{R}{A_n}=\frac{556290}{65520}=8.49(MPa)<f_c=12.5MPa$$

式中 f_c——混凝土强度设计值，对 C25 混凝土，$f_c=12.5MPa$。

支座底板的厚度按屋架反力作用下的弯矩计算，节点板和加劲肋将底板分为四块，每块板为两相邻边支承而另两相邻边自由的板，每块板的单位宽度的最大弯矩为

$$M=\beta_2\sigma a_2^2$$

式中 σ——底板下的平均应力，即 $\sigma=8.49MPa$；

a_2——两边支承之间的对角线长度，即 $a_2=\sqrt{\left(140-\frac{14}{2}\right)^2+110^2}=172.6$（mm）；

β_2——系数，由 b_2/a_2 查表 4.5 确定，b_2 为两边支承的相交点到对角线 a_2 的垂直距离。由此得

$$b_2=\frac{110\times133}{172.6}=84.8\text{（mm）},\quad\frac{b_2}{a_2}=\frac{84.8}{172.6}=0.49$$

查表得 $\beta_2 = 0.0586$。则单位宽度的最大弯矩为

$$M = \beta_2 \sigma a_2^2 = 0.0586 \times 8.49 \times 172.6^2 = 14821.32 \ (\text{N} \cdot \text{mm})$$

底板厚度　　$t = \sqrt{\dfrac{6M}{f}} = \sqrt{\dfrac{6 \times 14821.32}{215}} = 20.34 \ (\text{mm})$，取 $t = 22\text{mm}$

2）加劲肋与节点板的连接焊缝计算。

加劲肋与节点板的连接焊缝计算与牛腿焊缝相似（图 7.34）。偏于安全的假定一个加劲肋的受力为屋架支座反力的 $1/4$，即 $\dfrac{556290}{4} = 139072.5 \ (\text{N})$，则焊缝内力为

$$V = 139072.5\text{N}, \quad M = 139072.5 \times 65 = 9039712.5 \ (\text{N} \cdot \text{mm})$$

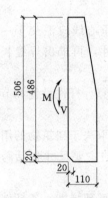

设焊缝 $h_f = 6\text{mm}$，焊缝计算长度 $l_w = 528 - 20 - 12 = 496 \ (\text{mm})$，则焊缝应力为

$$\sqrt{\left(\frac{139072.5}{2 \times 0.7 \times 6 \times 496}\right)^2 + \left(\frac{9039712.5 \times 6}{2 \times 0.7 \times 6 \times 496^2 \times 1.22}\right)^2}$$
$$= 40.56 \ (\text{MPa}) < 160\text{MPa}$$

3）节点板、加劲肋与底板的连接焊缝计算。

设焊缝传递全部支座反力 $R = 556290\text{N}$，其中每块加劲肋各传 $\dfrac{1}{4}R = 139072.5\text{N}$，节点板传递 $\dfrac{1}{2}R = 278145\text{N}$。

图 7.34　加劲肋计算简图

节点板与底板的连接焊缝长度 $\sum l_w = 2 \times (280 - 12) = 536 \ (\text{mm})$，所需焊脚尺寸为

$$h_f = \frac{R/2}{0.7 \sum l_w f_f^w \times 1.22} = \frac{278145}{0.7 \times 536 \times 160 \times 1.22} = 3.8 \ (\text{mm})$$

取 $h_f = 6\text{mm}$。

每块加劲肋与底板的连接焊缝长度为

$$\sum l_w = 2 \times (110 - 20 - 12) = 156 \ (\text{mm})$$

所需焊缝尺寸

$$h_f \geqslant \frac{R/4}{0.7 \times 156 \times 160 \times 1.22} = \frac{139072.5}{0.7 \times 156 \times 160 \times 1.22} = 6.52 \ (\text{mm}), \ 取 h_f = 8\text{mm}$$

其他节点的计算不再一一列出，详细的施工构造如图 7.35 所示（见文末附页）。

（5）本例的屋架施工图如图 7.35 所示。

项 目 小 结

（1）钢屋盖结构由屋面板、檩条、屋架、托架、天窗架和屋盖支撑系统等构件组成。分为有檩屋盖和无檩屋盖。

（2）屋盖体系必须设置支撑，使屋架、天窗架、山墙等平面结构形成空间几何不变体

系。钢屋盖的支撑有上弦横向水平支撑、下弦横向水平支撑、下弦纵向水平支撑、垂直支撑和系杆等。当有天窗时，还应设置天窗架间支撑。

（3）桁架内力的计算，应考虑使用和施工过程中可能出现的最不利情况进行荷载组合。桁架各杆除受轴向力外，当上弦或下弦节间作用有荷载时，还应考虑杆件的局部弯矩。

（4）钢屋架的杆件一般采用由两个角钢组成的 T 形截面，所选截面在两个主轴方向应满足等稳定性要求。

（5）杆件计算长度不同，其截面形式也不相同。上弦杆及下弦杆采用两不等肢角钢短肢相连；支座斜杆采用两不等肢角钢长肢相连；其他腹杆采用两等肢角钢组成的 T 形截面；中央竖杆采用两等肢角钢组成的十字形截面。

（6）钢屋架的各个杆件通过节点处的节点板连接。在节点处，杆件重心线应汇交于一点。节点板的形状应规整、简单。节点设计计算时，一般先假定焊脚尺寸，再求出焊缝长度，最后根据焊缝长度确定节点板尺寸。

（7）普通钢屋架的设计过程为：初选屋架的形式和主要尺寸、内力计算、杆件设计和节点设计，最终确定钢屋架的形式和尺寸，然后绘制钢屋架施工图。

（8）钢屋架常见的形式有三角形、梯形、平行弦等，屋架外形的选择取决于建筑物的用途、造型、屋架跨度、荷载的大小、屋面材料的排水坡度等因素。屋架的主要尺寸包括跨度、跨中高度、端部高度（梯形屋架）。

（9）钢屋架施工图是制作和安装钢屋架的主要依据。施工图主要包括屋架详图、各杆件正面图、剖面图和零件详图、材料表及施工图说明等。

习　　题

一、思考题

1. 确定屋架形式需考虑哪些因素？常用的钢屋架形式有几种？其适用范围是什么？

2. 钢屋盖的支撑有什么作用？有哪些类型？分别说明各在什么情况下设置，设置在什么位置？

3. 计算桁架内力时应考虑哪几种荷载组合？为什么？当上弦节间作用有集中荷载时，应怎样确定其局部弯矩？

4. 刚性系杆和柔性系杆有何区别？

5. 试说明哪些杆件在屋架平面内和平面外计算长细比的长度不等于几何长度？

6. 上弦杆、下弦杆和腹杆，各应采用哪种截面形式？其确定的原则是什么？

7. 屋架节点计算主要应先计算什么内容？屋架节点的构造应符合哪些要求？

8. 何谓轻型钢屋架？轻型钢屋架与普通钢屋架各适用于何种情况？

9. 钢屋架施工图主要包括哪些内容？

二、识图题

识读某 $GWJ6-5_{A,C,D}$ 详图（图 7.36）。

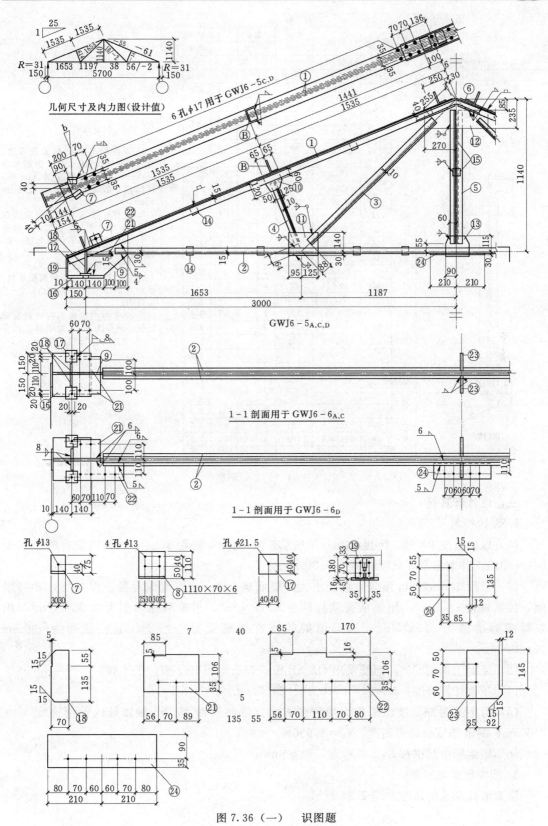

图 7.36（一） 识图题

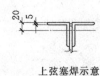

上弦塞焊示意

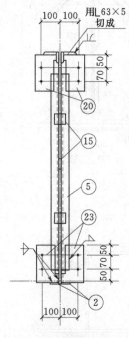

构件编号	零件号	截面	长度(mm)	数量 正	数量 反	重量(kg) 每个	重量(kg) 共计	重量(kg) 合计
材　料　表								
GWJ6-6A.C	1	L63×5	3190	2	2	15.4	61.6	
	2	L50×5	5220	2		19.7	39.4	
	3	L45×5	1300	2		4.4	8.8	
	4	L45×5	485	2		1.6	3.2	
	5	L45×5	1000	2		3.4	6.8	
	6	L63×5	480	2		2.3	4.6	
	7	L75×50×6	60	4		0.3	1.2	
	8							
	9	−339×8	500	2		10.6	21.2	
	10	−130×6	140	2		0.9	1.8	
	11	−170×6	220	2		1.8	3.6	
	12	−255×6	540	1		6.5	6.5	
	13	−145×6	180	1		1.2	1.2	
	14	−60×6	85	12		0.2	2.4	
	15	−60×6	75	3		0.2	0.6	
	16	−280×16	300	2		10.6	21.2	
	17	−80×16	80	4		0.8	3.2	
	18	−70×8	195	4		0.9	3.6	
	19	−140×10	150	2		1.7	3.4	
	20	−122×6	180	2		1.0	2.0	
	21	−141×6	215	4		1.4	5.6	
	23	−127×6	180	2		1.1	2.2	
GWJ6-6D	1～20 23	同 GWJ6-6C						210
	21	−141×6	235	2		1.4	2.8	
	22	−141×6	386	2		2.6	5.2	
	24	−125×6	420	1		2.5	2.5	

注:

1. 未注明的焊缝均为角焊缝,当角钢厚度为 4mm 时,焊脚尺寸为 4mm;当角钢厚度 ≥5mm 时,焊脚尺寸肢背为 5mm, 肢尖为 4mm。

2. 所有杆件与节点之间均为双面焊接,未注明的焊缝长度不得小于 60mm;未注明的焊缝长度一律满焊。

3. 未注明的螺栓孔 φ1.7。

4. 内力数值为控制截面设计值,单位为 kN,"＋" 为拉力,"—" 为压力。

5. 支座内力数值为控制截面设计值,单位为 kN,对下部柱而言 "＋" 为压力;"—" 为拉力。

6. a、b 见柱条详图。

7. 19 号件为端板。

图 7.36 （二）　识图题

三、设计计算题

1. 设计资料

(1) 屋面坡度 1:10,跨度 24m,厂房总长度 102m,柱距 6m。该车间内设有两台 200/50kN 中级工作制吊车,轨顶标高为 8.5m。

(2) 采用 1.5m×6m 预应力混凝土大型屋面板,80mm 厚泡沫混凝土保护层,卷材屋面,屋面坡度 $i=1/10$。屋面活荷载标准值 $0.7kN/m^2$,雪荷载标准值为 $0.35kN/m^2$,积灰荷载标准值为 $0.5kN/m^2$。梯形屋架铰支在钢筋混凝土柱上,上柱截面为 400mm×400mm。

(3) 混凝土采用 C25,钢筋采用 Q235B 级,焊条采用 E43 型,手工焊。

(4) 屋架计算跨度：$l_0=24-2×0.15=23.7$ (m)

(5) 跨中及端部高度：采用无檩无盖方案。取屋架在 23.7m 轴线处的端部高度 $h_0'=2.005m$;24m 轴线处端部高度：$h_0=1.990m$。

(6) 屋架跨中起拱按 $l_0/500$ 考虑,取 50mm。

2. 结构形式与布置

屋架形式及几何尺寸如图 7.37 所示。

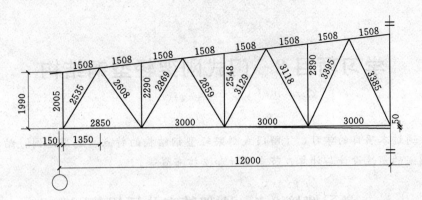

图 7.37 计算题 2 图（单位：mm）

3. 设计内容要求

（1）钢屋架计算书。

（2）绘制钢屋架施工图。

学习项目8 门式刚架轻型钢结构

提要：通过本项目的学习，了解门式刚架轻型钢结构的特点、适用范围、结构形式等，熟悉门式刚架的塑性设计与计算、节点设计和支撑布置等。

学习情境8.1 刚架特点及适用范围

8.1.1 刚架特点

刚架结构是梁柱单元构件的组合体，其形式种类多样，在单层工业与民用房屋的钢结构中，应用较多的为单跨、双跨或多跨的单、双坡门式刚架。

图8.1所示为门式刚架的常用形式。斜梁和柱常为刚接，柱底部多数为铰接。门式刚架分为单跨 [图8.1 (a)]、双跨 [图8.1 (b)]、多跨 [图8.1 (c)] 刚架以及带挑檐的 [图8.1 (d)] 和带毗屋的 [图8.1 (e)] 刚架等形式。多跨刚架中间柱与斜梁的连接可采用铰接 [图8.1 (f)]。多跨刚架宜采用双坡或单坡屋盖，必要时也可采用由多个双坡单跨相连的多跨刚架形式。

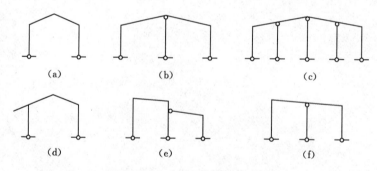

图8.1 门式刚架的形式

门式刚架与屋架结构相比，整个构件的截面尺寸较小，可以有效地利用建筑空间，从而降低房屋的高度，减小建筑体积，在建筑造型上也比较简洁美观。另外，刚架构件的刚度较好，其平面内、外的刚度差别较小，为制造、运输、安装提供较有利的条件。因此，门式刚架用于中、小跨度的工业房屋或较大跨度的公共建筑，都能达到较好的经济效果。

8.1.2 适用范围

门式刚架通常用于跨度为9～36m、柱距为6m、柱高为4.5～9m，设有起重量较小的悬挂吊车的单层工业房屋或公共建筑。设置桥式吊车时，起重量不大于20t，属于A1～A5中、轻级工作制吊车；设置悬挂吊车时，起重量不大于3t。

学习情境 8.2　门式刚架结构形式

8.2.1　结构形式概述

门式刚架的结构形式是多种多样的。按构件体系分，有实腹式与格构式；按横截面形式分，有等截面与变截面；按结构选材分，有普通型钢、薄壁型钢、钢管或钢板焊成。实腹式刚架的横截面一般为工字形，少数为 Z 形；格构式刚架的横截面为矩形或三角形。

8.2.2　建筑尺寸

门式刚架轻型房屋钢结构的尺寸应符合下列规定：

（1）门式刚架的跨度应取横向刚架柱轴线间的距离。

（2）门式刚架的高度应取地坪至柱轴线与斜梁轴线交点的高度。高度应根据使用要求的内净高确定。

（3）柱的轴线可取通过柱下端（较小端）中心的竖向轴线。工业建筑边柱的定位轴线宜取柱外皮；斜梁的轴线可取通过变截面梁段最小端中心与斜梁上表面平行的轴线。

（4）门式刚架轻型房屋的檐口高度应取地坪至房屋外侧檩条上缘的高度，最大高度应取地坪至屋盖顶部檩条上缘的高度；宽度应取房屋侧墙墙梁外皮之间的距离；长度应取两端山墙墙梁外皮之间的距离。

门式刚架的跨度宜为 9～36m，当边柱宽度不等时，其外侧应对齐。高度宜采用 4.5～9.0m，当有桥式吊车时不宜大于 12m。间距，即柱网轴线在纵向的距离宜采用 6～9m。挑檐长度可根据使用要求确定，宜为 0.5～1.2m，其上翼缘坡度宜与斜梁坡度相同。

8.2.3　结构平面布置

（1）门式刚架轻型房屋钢结构的温度区段长度（伸缩缝间距）应符合下列规定：

1）纵向温度区段不大于 300m。

2）横向温度区段不大于 150m。

当有计算依据时，温度区段长度可适当加大。当需要设置伸缩缝时，可采用两种做法：在搭接檩条的螺栓连接处采用长圆孔，并使该处屋面板在构造上允许胀缩或设置双柱；吊车梁与柱的连接处宜采用长圆孔。

（2）在多跨刚架局部抽掉中间柱或边柱处可布置托架梁。

（3）屋面檩条的布置应考虑天窗、通风屋脊、采光带、屋面材料、檩条供货规格等因素的影响，屋面压型钢板厚度和檩条间距应按计算确定。

（4）山墙可设置由斜梁、抗风柱、墙梁及其支撑组成的山墙墙架，或采用门式刚架。

学习情境 8.3　门式刚架的塑性设计与计算

8.3.1　门式刚架荷载

当房屋内无吊车设备时，门式刚架的荷载基本上有三类：一是屋面结构等的自重，即永久荷载；二是屋面活荷载和雪荷载中的较大者；三是风荷载。在弹性设计中，可按各类荷载单独计算刚架中的内力，最后对各个构件进行内力组合，得到最不利的内力设计值。在塑性设计中，机构分析的目的是找到结构中形成机构的塑性铰位置，从而求得构件截面的塑性弯矩 M_P，对分析结果不能进行叠加，必须先进行荷载组合，然后对每种组合进行内力分析。

由于屋面部分风荷载的体型系数为负值，风力为吸力，方向与屋面活荷载或雪荷载相反，因此，无吊车荷载的门式刚架设计中应考虑的荷载基本组合为两个：①永久荷载＋屋面活荷载（或雪荷载）；②永久荷载＋屋面活荷载（或雪荷载）＋风荷载。对"永久荷载＋风荷载"这种组合，一般情况下不会对其加以控制，只有当风荷载特别大、可能产生内力变号时，才需要考虑。

8.3.2　门式刚架的机构分析

用简单塑性理论进行刚架内力分析的方法有多种，本项目只介绍其中的静力法。静力法是通过求解静力平衡方程而确定塑性铰位置和塑性弯矩的方法。具体的步骤是：

（1）去除构件中的超静定赘余反力使之成为静定结构，绘制荷载作用下此静定结构的弯矩图。

（2）将赘余反力作用在静定刚架上，画出由赘余反力产生的弯矩图。

（3）将上述两弯矩图叠加，从中得出形成机构的塑性铰位置，求得截面的最大全塑性弯矩 M_P。

根据唯一性原理，塑性分析的唯一结果，即破坏情况下的弯矩分配应同时满足三个条件：①平衡条件；②机构条件；③屈服条件。按照上述静力法的分析，平衡条件和机构条件一定会得到满足，但如果塑性铰位置找错了，就有可能在所确定的塑性铰位置以外的其他截面上产生大于 M_P 的弯矩，这就违背了屈服条件。因此，求得 M_P 后还得确定构件的任何一个截面的弯矩的绝对值不能大于 M_P。

8.3.3　门式刚架的截面设计

1. 构件截面的选定

通过内力分析确定截面的塑性弯矩 M_P 后，即可初选截面。虽然门式刚架的柱子和斜梁都是压弯构件，但初选截面时可把它们各看做受弯构件，即忽略轴力的影响。对于纯弯构件，当荷载使梁处于全塑性工作阶段时，截面上的应力图形为两块矩形，形成塑性铰，截面上的弯矩为全塑性弯矩，简称塑性弯矩，记为 M_P。

$$M_P = f_y W_P$$
$$W_P = \eta W_x$$

式中　W_P——塑性截面模量；

　　　η——截面形状系数，对工字形截面 $\eta = 1.10 \sim 1.17$，随截面尺寸不同而变化；

　　　W_x——弹性截面模量。

引入荷载分项系数和抗力分项系数后，得

$$M_P = f W_P$$

由此可求得所需构件截面的弹性截面模量

$$W_x = \frac{M_P}{f \eta} \tag{8.1}$$

由 W_x 即可初选构件的截面。

2. 构件截面尺寸比例

塑性设计的前提是使构件上产生塑性铰，在先期出现塑性铰的截面上除保持截面上的塑性弯矩外，还需使截面能充分转动，最后形成机构。因此，截面板件的宽厚比必须受到一定的限制，从而保证在产生机构前板件不会先发生局部弯曲。截面尺寸应符合下列要求。

（1）翼缘板宽厚比。

$$\frac{b}{t} \leqslant 9 \sqrt{235/f_y} \tag{8.2}$$

式中　b——翼缘板外伸宽度；

　　　t——翼缘板厚度。

（2）腹板高厚比。

当 $\dfrac{N}{Af} < 0.37$ 时

$$\frac{h_0}{t_w} \leqslant \left(72 - 100\,\frac{N}{Af}\right)\sqrt{235/f_y} \tag{8.3a}$$

当 $\dfrac{N}{Af} \geqslant 0.37$ 时

$$\frac{h_0}{t_w} \leqslant 35 \sqrt{235/f_y} \tag{8.3b}$$

式中　t_w——腹板厚度；

　　　h_0——腹板计算高度；

　　　A——毛截面面积；

　　　f_y——所采用钢材的屈服强度。

3. 构件的容许长细比

为了保证在荷载设计值作用下截面塑性变形的充分发展而形成塑性铰，刚架柱在弯矩作用平面内的长细比宜符合式（8.4）的要求

$$\lambda_x = \frac{\mu_c h}{i_x} \leqslant 130 \sqrt{235/f_y} \tag{8.4}$$

式中　μ_c——刚架柱的计算长度系数；

　　　h——刚架柱的高度，自基础顶面到柱与横梁轴线交点的距离；

　　　i_x——刚架柱在弯矩作用平面内的回转半径。

4. 受弯构件的强度计算

弯曲强度

$$M_x \leqslant W_{pnx} f \tag{8.5}$$

剪切强度

$$V \leqslant h_w t_w f_v \tag{8.6}$$

式中　f_v——抗剪强度设计值；

　　　W_{pnx}——工字形截面对强轴 x 的塑性净截面模量；

　　　h_w——腹板的高度；

　　　t_w——腹板的厚度。

5. 压弯构件的强度验算

我国现行设计规范对塑性设计时压弯构件的强度验算规定如下：

（1）压弯强度。

弯矩:

当 $\dfrac{N}{A_n f} \leqslant 0.13$ 时

$$M_x \leqslant W_{pnx} f \tag{8.7a}$$

当 $\dfrac{N}{A_n f} > 0.13$ 时

$$M_x \leqslant 1.15\left(1 - \dfrac{N}{A_n f}\right) W_{pnx} f \tag{8.7b}$$

压力 $$N \leqslant 0.6 A_n f \tag{8.8}$$

(2) 剪切强度。

$$V \leqslant h_w t_w f_v \tag{8.9}$$

式中 A_n——净截面面积。

其他符号同前。

6. 弯矩作用下的稳定性验算

(1) 弯矩作用平面内。

$$\dfrac{N}{\varphi_x A f} + \dfrac{\beta_{mx} M_x}{W_{px} f\left(1 - 0.8\dfrac{N}{N'_{EX}}\right)} \leqslant 1 \tag{8.10}$$

(2) 弯矩作用平面外。

$$\dfrac{N}{\varphi_x A f} + \eta \dfrac{\beta_{tx} M_x}{\varphi_b W_{px} f} \leqslant 1 \tag{8.11}$$

其中 $$N'_{EX} = \dfrac{\pi^2 EA}{1.1 \lambda_x^2}$$

式中 N——轴心力设计值;

f——钢材抗拉、抗压、抗弯强度设计值;

M_x——最大弯矩设计值;

φ_x——弯矩作用平面内、外的轴心受压构件稳定系数;

W_{px}——弯矩作用平面内对 x 轴的塑性毛截面模量;

β_{mx}、β_{tx}——等效弯矩系数;

φ_b——受弯构件整体稳定系数;

η——截面影响系数,闭口截面 $\eta = 0.7$,其他截面 $\eta = 1.0$。

7. 塑性铰截面相邻区段的平面外长细比 λ_y

《钢结构设计规范》规定,在构件出现塑性铰的截面处,必须设置侧向支承。该支承点与其相邻支承点间构件的侧向长细比 λ_y 应符合下列要求:

当 $-1 \leqslant \dfrac{M_1}{W_{px} f} \leqslant 0.5$ 时

$$\lambda_y \leqslant \left(60 - 40\dfrac{M_1}{W_{px} f}\right)\sqrt{235/f_y} \tag{8.12a}$$

当 $0.5 \leqslant \dfrac{M_1}{W_{px} f} \leqslant 1.0$ 时

$$\lambda_y \leqslant \left(45 - 10\dfrac{M_1}{W_{px} f}\right)\sqrt{235/f_y} \tag{8.12b}$$

式中 λ_y——弯矩作用平面外的长细比，$\lambda_y = \dfrac{l_1}{i_y}$，$l_1$ 为侧向支承点的距离；

M_1——与塑性铰相距为 l_1 的侧向支承点处的弯矩，当长度 l_1 内为同向曲率时，$\dfrac{M_1}{W_{px}f}$

为正；当长度 l_1 内为反向曲率时，$\dfrac{M_1}{W_{px}f}$ 为负。

对不出现塑性铰的区段，其侧向支承点间的间距不受上述 λ_y 的限制，可根据弹性设计时构件的整体稳定需要确定。

8.3.4 位移计算

《规范》规定，对框架柱要验算柱顶在风荷载作用下的水平位移，使之不超过规定值。由于位移的验算属于正常使用极限状态，不论刚架是否按塑性设计，其位移计算均可按弹性工作进行，并使用荷载的标准值。门式刚架柱顶水平位移一般可用虚功计算。《门式刚架轻型房屋钢结构技术规程》（CECS 102—2002）中给出了估算公式如下。

当单跨门式刚架斜梁上缘坡度不大于 1：5 时，在柱顶水平力作用下的侧移 u 可按下列公式估算。

柱脚铰接刚架

$$u = \frac{Hh^3}{12EI_c}(2 + \xi_t) \tag{8.13}$$

柱脚刚接刚架

$$u = \frac{Hh^3}{12EI_c}\frac{3 + 2\xi_t}{6 + 2\xi_t} \tag{8.14}$$

其中

$$\xi_t = \frac{I_c L}{h I_b} \tag{8.15}$$

式中 h、L——刚架柱高度和刚架跨度，当坡度大于 1：10 时，L 应取横梁沿坡折线的总长度 $2s$；

I_c、I_b——柱和横梁的平均惯性矩；

H——刚架柱顶等效水平力，对柱脚铰接刚架，$H = 0.67(w_1 + w_4)h$，对柱脚刚接刚架，$H = 0.45(w_1 + w_4)h$；

ξ_t——刚架柱与刚架梁的线刚度比值；

w_1、w_4——作用在向风面和背风面柱上的风荷载标准值（线荷载）。

8.3.5 门式刚架计算实例

8.3.5.1 设计资料

如图 8.2 所示门式刚架：

跨度 $L = 18\text{m}$

柱高 $h = 6\text{m}$

屋面坡度 $i = 1/6$，$\cos\alpha = 0.9864$

刚架间距 $l = 6\text{m}$

房屋总长 $\sum l = 66\text{m}$

钢材牌号 Q235B

屋面材料及自重标准值：

　　　压型钢板　0.15kN/m²

　　　檩条及支撑（檩条水平间距 $a=1.2$m）0.10kN/m²

　　　刚架斜梁自重　0.15kN/m²

屋面均布活荷载（水平投影面积）　0.30kN/m²

屋面雪荷载（水平投影面积）

　　基本雪压：$s_0=0.45$kN/m²

　　屋面积雪分布系数　$\mu_r=1.0$，$\alpha<25°$

　　雪荷载标准值　$s_k=\mu_r s_0=0.45$kN/m²

风荷载：

　　基本风压　$w_0=0.45$kN/m²

　　地面粗糙度　B类

风压高度变化系数按离地面高度为10m的数值，即　$\mu_z=1.0$。

风荷载体型系数根据《门式刚架轻型房屋钢结构技术规程》（CECS 102—2002），按封闭式房屋取值，如图8.3所示。

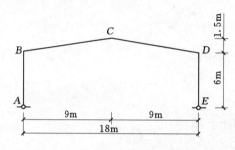

图 8.2　单跨铰接门式刚架　　　　　图 8.3　封闭双坡屋面体型系数

墙体（包括墙面、墙架）及刚架柱自重标准值设为 0.40kN/m²。

8.3.5.2　荷载计算及荷载组合

1. 荷载计算

（1）屋面永久荷载（按水平投影方向计）。

标准值　　　　　　（0.15+0.10+0.15）×6/0.9864=2.43（kN/m²）

设计值　　　　　　　　1.2×2.43=2.92（kN/m²）

（2）墙体等重量（按集中力作用于柱身）。

标准值　　　　　　　0.40×6×6=14.40（kN）

设计值　　　　　　　1.2×14.40=17.28（kN）

（3）屋面雪荷载（按水平投影方向计）。

标准值　　　　　　　0.45×6=2.70（kN/m²）

设计值　　　　　　1.4×2.70=3.78（kN/m²）

因屋面活荷载为 0.30kN/m²，小于雪荷载 0.45kN/m²，考虑其中较大者。

（4）风荷载。

向风面柱身均布线荷载：

标准值　　　　　　0.25×1.0×0.45×6=0.68（kN/m）

设计值　　　　　　　1.4×0.68=0.95（kN/m）

背风面柱身均布线荷载：

标准值 $\qquad$ $-0.55\times1\times0.45\times6=-1.49$ （kN/m）

设计值 $\qquad$ $1.4\times(-1.49)=-2.09$（kN/m）

向风面屋面均布线荷载：

标准值 $\qquad$ $-1.0\times1\times0.45\times6=-2.70$ （kN/m）

设计值 $\qquad$ $1.4\times(-2.70)=-3.78$ （kN/m）

背风面屋面均布线荷载：

标准值 $\qquad$ $-0.65\times1\times0.45\times6=-1.76$ （kN/m）

设计值 $\qquad$ $1.4\times(-1.76)=-2.46$ （kN/m）

2. 荷载组合

（1）荷载第一组合："永久荷载＋雪荷载"。

组合设计值由上述（1）和（3）中的设计值相加而成，结果如图 8.4（a）所示。

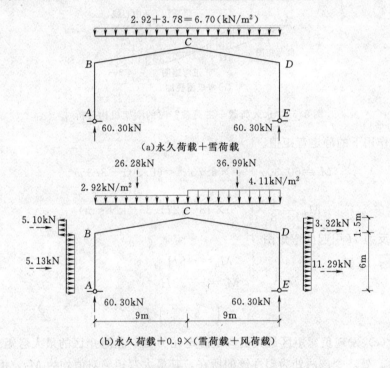

图 8.4 荷载组合

（2）荷载第二组合："永久荷载＋0.9×（雪荷载＋风荷载）"，结果如图 8.4（b）所示。

（3）荷载第三组合："永久荷载＋风荷载"。

由上述第一组合及第三组合，当永久荷载采用 $\gamma_G=1.2$ 时，此组合结果为斜梁上荷载，不及第二组合大；当永久荷载采用 $\gamma_G=1.0$ 时，斜梁荷载未变号。即此组合不控制设计，不需进行计算。

8.3.5.3 内力分析

1. 荷载第一组合时的刚架内力分析

采用静力法去除在柱底 E 处的水平赘余反力 H，使刚架由一次超静定变成静定。分别分析此静定刚架在荷载和赘余反力 H 作用下的弯矩。绘出各自的弯矩图并叠加，如图 8.5 所示。弯矩取使刚架内侧纤维受拉者为正。

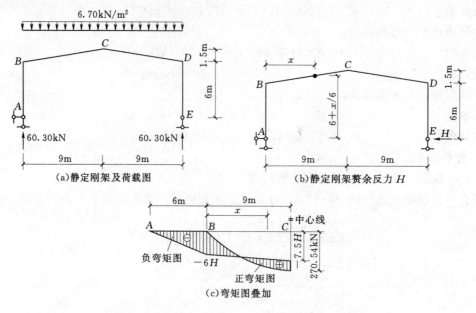

图 8.5　"永久荷载＋雪荷载"时的刚架机构分析

（1）荷载作用下的静定弯矩值。

$$M_x = 60.30x - \frac{1}{2} \times 6.70x^2 = 60.30x - 3.35x^2$$

最大弯矩　　　　$$M_{max} = \frac{1}{8} \times 6.70 \times 18^2 = 271.35 \text{（kN·m）}$$

（2）赘余反力 H 引起的弯矩图。

柱顶处　　　　　　　　　　$$M_B = -6H$$

屋脊处　　　　　　　　　　$$M_C = -7.5H$$

$$M_x = \left(-6 + \frac{x}{6}\right)H$$

由图 8.5（c）发现负弯矩区最大负弯矩必定在 B 处，正弯矩区的最大弯矩地点不明确，设其为距 B 点 x 处。令该两处为塑性铰的所在，其最大弯矩绝对值均为 M_P，由此得

$$M_P = 6H = 60.30x - 3.35x^2 + \left(-6 + \frac{x}{6}\right)H$$

即

$$H = \frac{60.30x - 3.35x^2}{12 + x/6} \tag{a}$$

为使求得的 M_P 为最大，应使 $\dfrac{\mathrm{d}H}{\mathrm{d}x} = 0$，即

$$\frac{\mathrm{d}H}{\mathrm{d}x} = \frac{723.60 - 80.40x - 0.56x^2}{(12 + x/6)^2} = 0$$

解得 $x = 8.5\text{m}$，此即为正弯矩区或斜梁上的塑性铰位置。代入式（a），得

$$H = \frac{60.30 \times 8.50 - 3.35 \times 8.50^2}{12 + 8.50/6} = 20.16 \ (\text{kN})$$

$$M_P = 6H = 6 \times 20.16 = 120.96 \ (\text{kN} \cdot \text{m})$$

2. 荷载第二组合时的刚架内力分析

图 8.6 为去除 E 端的赘余水平支承链杆后的静定刚架及第二荷载组合时的荷载图。按此图计算由荷载产生的下列数值。

A 端水平反力　　$H_A = 5.13 - 5.10 + 11.29 + 3.32 = 14.64 \ (\text{kN})$

静定刚架各点的弯矩　　$M_D = 11.29 \times 3 = 33.87 \ (\text{kN} \cdot \text{m})$

$$M_C = 36.46 \times 9 + 11.29 \times 4.5 + 3.32 \times 1.50/2 - 36.99 \times 4.5 = 214.98 \ (\text{kN} \cdot \text{m})$$

$$M_B = 14.64 \times 6 - 5.13 \times 3 = 72.45 \ (\text{kN} \cdot \text{m})$$

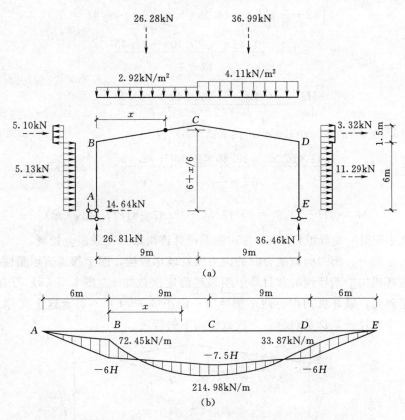

图 8.6　"永久荷载 + 0.9 × (雪荷载 + 风荷载)"时的刚架机构分析

支座 E 处赘余水平反力 H 对静定刚架产生的弯矩为

$$M_B = M_D = -6H$$

$$M_C = -7.5H$$

两弯矩图合成后各点的弯矩为

$$M_B = -(6H - 72.45)$$

$$M_C = 214.98 - 7.5H$$

$$M_B = -(6H - 33.87)$$

由图可见，负弯矩区的塑性铰必然在节点 D 处，而正弯矩区的塑性铰必然在斜梁 BC

上，设其位于离 B 点水平距离为 x 处。

D 点：$M_D = -(6H - 33.87)$

x 处：

$$M_P = \left[26.81x + 14.64 \times \left(6 + \frac{x}{6}\right) - 5.13 \times \left(3 + \frac{x}{6}\right) \right.$$
$$\left. + \frac{1}{2} \times 3.78 \times \left(\frac{x}{6}\right)^2 - \frac{1}{2} \times 2.92x^2 \right] - \left(6 + \frac{x}{6}\right)H$$

$$= -14.1x^2 + 28.40x + 72.45 - \left(6 + \frac{x}{6}\right)H$$

令两处塑性弯矩绝对值相等，得

$$\left(12 + \frac{x}{6}\right)H = -14.1x^2 + 28.40x + 72.45$$

即
$$H = \frac{-1.41x^2 + 28.40x + 72.45}{12 + \frac{x}{6}} \qquad\qquad (b)$$

$$\frac{\mathrm{d}H}{\mathrm{d}x} = \frac{-0.235x^2 + 33.84x + 328.73}{(12 + x/6)^2} = 0$$

解得 $x = 9.13\text{m}$，故取 $x = 9.00\text{m}$，代入式（b）得

$$H = \frac{-1.41 \times 9.00^2 + 28.40 \times 9.00^2 + 72.45}{12 + \frac{9}{6}} = 15.84 \text{ (kN)}$$

$$M_P = 6H - 33.87 = 6 \times 15.84 - 33.87 = 61.17 \text{ (kN} \cdot \text{m)}$$

此 M_P 值小于第一荷载组合时的 M_P，截面设计将由第一荷载组合控制。

图 8.7 表示第一、第二荷载组合时的内力图及破坏机构，图上黑点表示塑性铰位置。通常情况下，破坏机构中塑性铰的数目等于刚架超静定次数加 1。图 8.7（a）符合这个规律，刚架为一次超静定，破坏机构中有两个塑性铰；但图 8.7（b）不符合这个规律。图中破坏机构中共有 4 个塑性铰，这是对称竖向荷载作用下的特例。

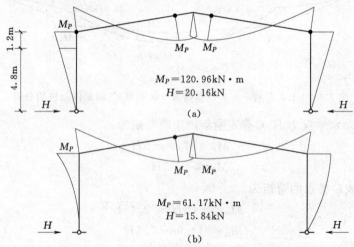

图 8.7 内力图及破坏机构塑性铰位置

8.3.5.4 截面设计和强度稳定验算

1. 构件截面选择

通过内力分析得到需要的最大塑性弯矩 $M_P=120.96\text{kN} \cdot \text{m}$。

设截面形状系数 $\eta=1.12$。Q235 钢的抗弯强度设计值 $f=215\text{N/mm}^2$。由式（8.1），则所需要的弹性截面模量为

$$W_x=\frac{M_P}{f\eta}=\frac{120.96\times10^6}{1.12\times215\times10^3}=502(\text{cm}^3)$$

由附表 9 查得合适的 H 型钢规格为 HN346×174×6×9，其截面如图 8.8 所示。斜梁与柱采用同一截面。

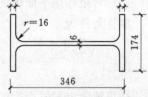

图 8.8 热轧窄翼缘 H 型钢

其中 $W_x=649\text{cm}^3$，$W_y=91.0\text{cm}^3$，$A=53.19\text{cm}^2$，$I_x=11200\text{cm}^3$，$i_x=14.5\text{cm}$，$i_y=3.86\text{cm}$

2. 截面板件的局部稳定性验算

（1）翼缘板外伸宽厚比。

$$\frac{b}{t}=\frac{174-16\times2-6}{2\times9}=7.56<9\ \sqrt{235/f_y}$$

式中型钢 HN350×175 的圆角半径 $r=16\text{mm}$。《钢结构设计规范》规定：翼缘板自由外伸宽度 b 取值为：对焊接构件，取腹板边至翼缘板边缘的距离；对轧制构件，取内圆弧起点至翼缘板边缘的距离。

（2）腹板的高厚比。

由图 8.4 知：柱顶 $N=60.30\text{kN}$；柱底端 $N=60.30+17.28=77.58(\text{kN})$

因

$$\frac{N}{Af}=\frac{77.58\times10^3}{53.19\times10^2\times215}=0.068<0.37$$

故其局部稳定条件应满足

$$\frac{h_0}{t_w}\leqslant\left(72-100\ \frac{N}{Af}\right)\sqrt{235/f_y}$$

将具体数值代入得

$$\left(72-100\ \frac{N}{Af}\right)\sqrt{235/f_y}=(72-100\times0.068)\times1=65.2$$

$$\frac{h_0}{t_w}=\frac{346-2\times(9+16)}{6}=49.3<65.2$$

满足局部稳定要求。

3. 刚架柱的强度和稳定验算

（1）抗弯强度验算。

因为 $\frac{N}{Af}=0.068<0.13$，验算条件为

$$M_x\leqslant W_{pnx}f$$

截面上无螺栓孔，$W_{pnx}=W_{px}$，得

$$W_{px}=s_1+s_2=2\times\left[17.4\times0.9\times\left(\frac{34.6}{2}-\frac{0.9}{2}\right)+\frac{1}{2}\times\left(\frac{34.6}{2}-0.9\right)^2\times0.6\right]$$

$$=689.1\ (\text{cm}^3)$$

则
$$W_{pnx}f = 689.1 \times 10^3 \times 215 \times 10^{-6} = 148.16 \ (kN \cdot m)$$
$$M_x = M_P = 120.96 kN \cdot m < W_{pnx}f$$

满足要求。

（2）剪切强度验算。

验算条件为：
$$V \leqslant h_w t_w f_v$$
已知
$$V = 20.16 kN$$
$$h_w t_w f_v = (346 - 2 \times 9) \times 6 \times 125 \times 10 - 3 = 246(kN) > 20.16 kN$$

满足要求。

（3）弯矩作用平面内的稳定验算。

验算条件为

$$\frac{N}{\varphi_x A f} + \frac{\beta_{mx} M_x}{W_{px} f \left(1 - 0.8 \dfrac{N}{N'_{EX}}\right)} \leqslant 1$$

柱顶截面上同时产生的内力设计值：$M_x = M_P = 120.96 kN \cdot m$，$N = 60.30 kN$。

柱底为铰接，拟采用平板支座，$K_2 = 0.1$（见附表 4.1）

斜梁长度
$$s = \sqrt{9^2 + 1.5^2} = 9.124 \ (m)$$

$$K_1 = \frac{I_b h}{I_c (2s)} = \frac{h}{2s} = \frac{6}{2 \times 9.124} = 0.33$$

由 $K_1 = 0.33$ 和 $K_2 = 0.1$ 查附表 4.1 得 $\mu_c = 2.29$。

$$l_{0x} = \mu_c h = 2.29 \times 6 = 13.74 \ (m)$$

$$\lambda_x = \frac{\mu_c h}{i_x} = \frac{13.74 \times 10^2}{14.5} = 95 < 130 \ \sqrt{235/f_y}$$

满足要求。

因截面翼缘宽与截面深度比 $\dfrac{174}{346} < 0.8$，由表 4.4a 查得本截面对 x 轴屈曲时为 a 类截面，对 y 轴屈曲时为 b 类截面。

由附表 2.1 查得，当 $\lambda_x = 95$ 时，a 类截面 $\varphi_x = 0.676$。

因 $M_2 = 0$，故框架柱无横向荷载作用时的等效弯矩系数为

$$\beta_{mx} = 0.65 + 0.35 \frac{M_2}{M_1} = 0.65$$

$$N'_{Ex} = \frac{\pi^2 EA}{1.1\lambda_x^2} = \frac{3.14^2 \times 206 \times 10^3 \times 53.19 \times 10^2}{1.1 \times 95^2 \times 10^3} = 1088 \ (kN)$$

$$\frac{N}{N'_{Ex}} = \frac{60.30}{1088} = 0.0554$$

代入验算条件，得

$$\frac{60.30 \times 10^3}{0.676 \times 53.19 \times 10^2 \times 215} + \frac{0.65 \times 120.96 \times 10^6}{689.1 \times 10^3 \times 215 \times (1 - 0.8 \times 0.0554)} = 0.633$$

满足要求。

（4）侧向支承点间距。

在塑性铰所在处即檐口 B 点设侧向支承点。由于采用墙梁间距 $a = 1.20 m$，设檐口下 1.2m 处的墙梁也是刚性支承，则 $l_1 = a = 1.20 m$。

柱子弯矩图为三角形，由图 8.7（a）求得离基础面 4.80m 处的弯矩为

$$M_1 = 120.96 \times \frac{4.8}{6} = 96.77 \ (\text{kN} \cdot \text{m})$$

$$\frac{M_1}{W_{px}f} = \frac{96.77 \times 10^6}{689.1 \times 10^3 \times 215} = 0.653$$

验算条件为：当 $0.5 \leqslant \dfrac{M_1}{W_{px}f} \leqslant 1.0$ 时，应满足

$$\lambda_y \leqslant \left(45 - 10\frac{M_1}{W_{px}f}\right)\sqrt{235/f_y} = (45 - 10 \times 0.653) \times 1 = 38.47$$

由已知条件得

$$\lambda_y = \frac{l_1}{i_y} = \frac{1.2 \times 10^2}{3.86} = 31.09 < 38.47$$

满足要求。

从柱底到高为 4.80m 处无塑性铰，其 λ_y 应限制在 $\lambda_y \leqslant 130\sqrt{235/f_y}$。验算如下

$$\lambda_y = \frac{h - l_1}{i_y} = \frac{600 - 1.2 \times 10^2}{3.86} = 124.4 < 130$$

满足要求。

（5）弯矩作用平面外的稳定验算。

1）从檐口到其下 1.20m 的区段。

验算条件为

$$\frac{N}{\varphi_x A f} + \eta \frac{\beta_{tx}M_x}{\varphi_b W_{px}f} \leqslant 1$$

求得

$$\beta_{tx} = 0.65 + 0.35\frac{M_2}{M_1} = 0.65 + 0.35\frac{96.77}{120.96} = 0.93$$

截面为工字形，截面影响系数 $\eta = 1.0$。

前面求得 $\lambda_y = 31.09$，由 b 类截面查得 $\varphi_y = 0.932$；φ_b 的近似值为

$$\varphi_b = 1.07 - \frac{\lambda_y^2}{44000}\frac{f_y}{235} = 1.07 - \frac{31.09^2}{44000} \times 1 = 1.048$$

取 $\varphi_b = 1.000$。

代入验算条件，得

$$\frac{60.30 \times 10^3}{0.932 \times 53.19 \times 10^2 \times 215} + 1 \times \frac{0.8 \times 120.96 \times 10^6}{1 \times 689.1 \times 10^3 \times 215} = 0.710 < 1$$

满足要求。

2）从柱脚顶面至高度为 4.8m 的区段。

该区段上无塑性铰，其稳定按弹性阶段公式验算，验算条件为

$$\frac{N}{\varphi_y A} + \eta\frac{\beta_{tx}M_x}{\varphi_b W_{1x}} \leqslant f$$

前面求得 $\lambda_y = 124.35$，由 b 类截面查得 $\varphi_y = 0.414$。

$$\beta_{tx} = 0.65 + 0.35\frac{M_2}{M_1} = 0.65 \ (\text{因底端的} \ M_2 = 0)$$

$$\varphi_b = 1.07 - \frac{\lambda_y^2}{44000}\frac{f_y}{235} = 1.07 - \frac{124.35^2}{44000} \times 1 = 0.719$$

$$W_{1x} = 649\text{cm}^3$$

代入验算条件，得

$$\frac{60.30\times10^3}{0.414\times53.19\times10^2}+1\times\frac{0.65\times96.77\times10^6}{0.719\times649\times10^3}=162.18(\text{N/mm}^2)<f$$

满足要求。

4. 斜梁的验算（截面与柱相同）

计算提示：

（1）机构分析中只得到柱底竖向和水平向的反力，进行斜梁计算时，取斜梁为脱离体，需由上述竖向和水平向反力求出斜梁两端的轴力 N 和剪力 V 供验算用。

（2）应求得斜梁的反弯点（弯矩零点）位置。在靠近檐口的负弯矩区，斜梁下翼缘受压，因而必须设置斜撑，使与该处的檩条相连以保证斜梁的侧向稳定。

8.3.5.5　位移计算

作用在向风面和背风面柱上的风荷载标准值分别为

$$w_1=0.95\text{kN/m}, w_4=-2.09\text{kN/m}（负号代表吸力）$$

则刚架柱顶的等效水平力为

$$H=0.67\times(w_1+w_4)h=0.67\times(0.95+2.09)\times6=12.22\ (\text{kN})$$

$$\xi_t=\frac{I_cL}{hI_b}=\frac{2s}{h}=\frac{2\times\sqrt{9^2+1.5^2}}{6}=\frac{18.25}{6}=3.042$$

（因 $I_c=I_b$ 和屋面坡度 $i=1:6<i=1:5$）

$$u=\frac{Hh^3}{12EI_c}(2+\xi_t)=\frac{12.22\times10^3\times6^3\times10^9}{12\times206\times10^3\times20000\times10^4}\times(2+3.042)=26.92\ (\text{mm})$$

$$\frac{u}{h}=\frac{26.92}{6000}=\frac{1}{223}<\left[\frac{u}{h}\right]=\frac{1}{150}$$

满足要求。

学习情境8.4　节　点　设　计

8.4.1　门式刚架斜梁与柱的连接

门式刚架斜梁与柱的连接，可采用端板竖放 [图8.9（a）]、端板横放 [图8.9（b）] 和端板斜放 [图8.9（c）] 三种形式。斜梁拼接时宜使端板与构件外边缘垂直 [图8.9（d）]。

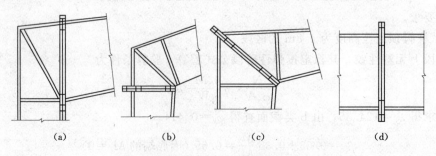

| (a) | (b) | (c) | (d) |

图 8.9　梁与柱的连接

（1）端板连接（图8.9）应按所受最大内力设计。当内力较小时，端板连接应按能够承受不小于较小被连接截面承载力的一半设计。

（2）主刚架构件的连接宜采用高强度螺栓，可采用承压型或摩擦型连接。当为端板连接且只受轴向力和弯矩时，或剪力小于其实际抗滑移承载力（按抗滑移系数为 0.3 计算）时，端板表面可不作专门处理。吊车梁与制动梁的连接宜采用高强度螺栓摩擦型连接。吊车梁与刚架的连接处宜设长圆孔。高强度螺栓直径可根据需要选用，通常采用 M16～M24 螺栓。檩条和墙梁与刚架斜梁和柱的连接通常采用 M12 普通螺栓。

（3）端板连接的螺栓应成对对称布置。在斜梁的拼接处，应采用将端板两端伸出截面以外的外伸式连接 ［图 8.9（d）］。在斜梁与刚架柱连接处的受拉区，宜采用端板外伸式连接 ［图 8.9（a）～图 8.9（c）］。当采用端板外伸式连接时，宜使翼缘内外的螺栓群中心与翼缘的中心重合或接近。

（4）螺栓中心至翼缘板表面的距离应满足拧紧螺栓时的施工要求，不宜小于 35mm。螺栓端距不应小于 2 倍螺栓孔径。

（5）在门式刚架中，受压翼缘的螺栓不宜少于两排。当受拉翼缘两侧各设一排螺栓还不能满足承载力要求时，可在翼缘内侧增设螺栓（图 8.10），其间距可取 75mm，且不小于 3 倍螺栓孔径。

（6）与斜梁端板连接的柱翼缘部分应与端板等厚度（图 8.10）。当端板上两对螺栓间的最大距离大于 400mm 时，应在端板的中部增设一对螺栓。

（7）对同时受拉和受剪的螺栓，应验算螺栓在拉、剪共同作用下的强度。

（8）端板的厚度 t 应根据支承条件（图 8.11）按下列公式计算，但不应小于 16mm。

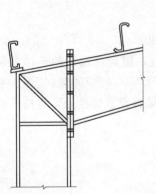
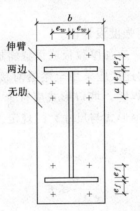
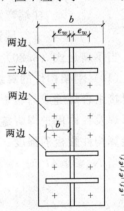

图 8.10　端板竖放时的螺栓和檐檩　　　　图 8.11　端板的支承条件

1）伸臂类端板。

$$t \geqslant \sqrt{\frac{6e_f N_t}{bf}} \tag{8.16}$$

2）无加劲肋类端板。

$$t \geqslant \sqrt{\frac{3e_w N_t}{(0.5a+e_w)f}} \tag{8.17}$$

3）两边支承类端板。

当端板外伸时

$$t \geqslant \sqrt{\frac{6e_f e_w N_t}{[e_w b + 2e_f(e_f+e_w)]f}} \tag{8.18a}$$

当端板平齐时

$$t \geqslant \sqrt{\frac{12e_f e_w N_t}{[e_w b + 4e_f(e_f + e_w)]f}} \qquad (8.18b)$$

4）三边支承类端板。

$$t \geqslant \sqrt{\frac{6e_f e_w N_t}{[e_w(b + 2b_s) + 4e_f^2]f}} \qquad (8.19)$$

式中　N_t——一个高强度螺栓受拉承载力设计值；

e_w、e_f——螺栓中心至腹板和翼缘板表面的距离；

b、b_s——端板和加劲肋板的宽度；

a——螺栓的间距；

f——端板钢材的抗拉强度设计值。

（9）在门式刚架斜梁与柱相交的节点域，应按下列公式验算剪应力

$$\tau \leqslant f_v \qquad (8.20)$$

$$\tau = \frac{1.2M}{d_b d_c t_c} \qquad (8.21)$$

式中　d_c、t_c——节点域柱腹板的宽度和厚度；

d_b——斜梁端部高度或节点域高度；

M——节点承受的弯矩，对多跨刚架中间柱处，应取两侧斜梁端弯矩的代数和或柱端弯矩；

f_v——节点域钢材的抗剪强度设计值。

当不满足式（8.20）的要求时，应加厚腹板或设置斜加劲肋。

（10）刚架构件的翼缘与端板的连接应采用全熔透对接焊缝，腹板与端板的连接应采用角对接组合焊缝或与腹板等强的角焊缝，坡口形式应符合 GB/T 985.1—2008《气焊、手工电弧焊及气体保护焊焊缝坡口的基本形式与尺寸》的规定。在端板设置螺栓处，应按下列公式验算构件腹板的强度：

当 $N_{t2} \leqslant 0.4P$ 时

$$\frac{0.4P}{e_w t_w} \leqslant f \qquad (8.22a)$$

当 $N_{t2} > 0.4P$ 时

$$\frac{N_{t2}}{e_w t_w} \leqslant f \qquad (8.22b)$$

式中　N_{t2}——翼缘内第二排一个螺栓的轴向拉力设计值；

P——高强螺栓的预拉力；

e_w——螺栓中心至腹板表面的距离；

t_w——腹板厚度；

f——腹板钢材的抗拉强度设计值。

当不满足式（8.22a）和式（8.22b）的要求时，可设置腹板加劲肋或局部加厚腹板。

8.4.2　门式刚架柱脚

门式刚架轻型房屋钢结构的柱脚，宜采用平板式铰接柱脚［图 8.12（a）、（b）］。当有

必要时，也可采用刚接柱脚［图 8.12 (c)、(d)］。

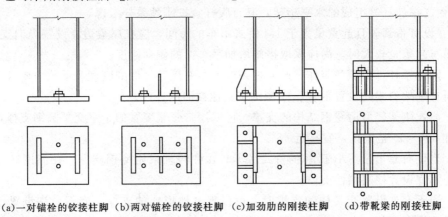

(a)一对锚栓的铰接柱脚　(b)两对锚栓的铰接柱脚　(c)加劲肋的刚接柱脚　(d)带靴梁的刚接柱脚

图 8.12　门式刚架轻型房屋钢结构的柱脚

变截面柱下端的宽度应视具体情况确定，但不宜小于 200mm。

柱脚锚栓应采用 Q235 或 Q345 钢材制作。锚栓的锚固长度应符合 GB 5007—2002《建筑地基基础设计规范》的规定，锚栓端部应按规定设置弯钩或锚板。锚栓的直径不宜小于 24mm，且应采用双螺帽。

计算有柱间支撑的柱脚锚栓在风荷载作用下的上拔力时，应计入柱间支撑产生的最大竖向分力，且不考虑活荷载（或雪荷载）、积灰荷载和附加荷载的影响，恒荷载分项系数应取 1.0。

柱脚锚栓不宜用于承受柱脚底部的水平剪力。此水平剪力可由底板与混凝土基础间的摩擦力（摩擦系数可取 0.4）或设置抗剪键承受。计算柱脚锚栓的受拉承载力时，应采用螺纹处的有效截面面积。

学习情境8.5　支 撑 布 置

(1) 门式刚架轻型房屋钢结构的支撑设置应符合下列要求：

1) 在每个温度区段或分期建设的区段中，应分别设置能独立构成空间稳定结构的支撑体系。

2) 在设置柱间支撑的开间宜分别设置屋盖横向支撑，以组成几何不变体系。

(2) 支撑和刚性系杆的布置宜符合下列规定：

1) 屋盖横向支撑宜设在温度区间端部的第一个或第二个开间。当端部支撑设在第二个开间时，在第一个开间的相应位置应设置刚性系杆。

2) 柱间支撑的间距应根据房屋纵向柱距、受力情况和安装条件确定。当无吊车时宜取 30～45m；当有吊车时宜设在温度区段中部，或当温度区段较长时宜设在三分点处，且间距不宜大于 60m。

3) 当建筑物宽度大于 60m 时，在内柱列宜适当增加柱间支撑。

4) 当房屋高度相对于柱间距较大时，宜适当增加柱间支撑。

5) 在刚架转折处（单跨房屋边柱柱顶和屋脊，以及多跨房屋某些中间柱柱顶和屋脊）

应沿房屋全长设置刚性系杆。

6）由支撑斜杆等组成的水平桁架，其直腹杆宜按刚性系杆考虑。

7）在设有带驾驶且起重量大于 15t 桥式吊车的跨间，应在屋盖边缘设置纵向支撑桁架。当桥式吊车起重量较大时，尚应采取措施增加吊车梁的侧向刚度。

（3）刚性系杆可由檩条兼作，此时檩条应满足对压弯杆件的刚度和承载力要求。当不满足时，可在刚架斜梁间设置钢管、H 型钢或其他截面的杆件。

（4）门式刚架轻型房屋钢结构的支撑，可采用带张紧装置的十字交叉圆钢支撑，圆钢的夹角应在 30°～60°范围内，宜接近 45°。

（5）当设有起重量不小于 5t 的桥式吊车时，柱间宜采用型钢支撑。在温度区段端部吊车梁以下不宜设置柱间刚性支撑。

（6）当不允许设置交叉柱间支撑时，可设置其他形式的支撑；当不允许设置任何支撑时，可设置纵向刚架。

项 目 小 结

（1）刚架结构是梁柱单元构件的组合体，其适用范围为跨度 9～36m、柱距 6m、柱高 4.5～9m，设有起重量较小的悬挂吊车的单层工业房屋或公共建筑。

（2）门式刚架的结构形式是多种多样的。按构件体系分，有实腹式与格构式；按横截面形式分，有等截面与变截面；按结构选材分，有普通型钢、薄壁型钢、钢管或钢板焊成。实腹式刚架的横截面一般为工字形，少数为 Z 形；格构式刚架的横截面为矩形或三角形。

（3）当房屋内无吊车设备时门式刚架的荷载基本上有三类：一是屋面结构等的自重，即永久荷载；二是屋面活荷载和雪荷载中的较大者；三是风荷载。在弹性设计中，可按各类荷载单独计算刚架中的内力，最后对各个构件进行内力组合，得到最不利的内力设计值。在塑性设计中，无吊车荷载的门式刚架设计中应考虑的荷载基本组合是两个：①永久荷载＋屋面活荷载（或雪荷载）；②永久荷载＋屋面活荷载（或雪荷载）＋风荷载。

（4）项目采用静力法进行刚架内力分析，静力法是通过求解静力平衡方程而确定塑性铰位置和塑性弯矩的方法。

（5）根据唯一性原理，塑性分析的唯一结果，即破坏情况下的弯矩分配应同时满足三个条件：①平衡条件；②机构条件；③屈服条件。

（6）门式刚架的柱子和斜梁都是压弯构件，但初选截面时可把它们各看做受弯构件，即忽略轴力的影响。

（7）塑性设计的前提是使构件上产生塑性铰，在先期出现塑性铰的截面上除保持截面上的塑性弯矩外，还需使截面能充分转动，最后形成机构。因此，截面板件的宽厚比必须受到一定的限制，以至在产生机构前板件不发生局部弯曲。

（8）对框架柱要验算柱顶在风荷载作用下的水平位移，使其不超过规定值。由于位移的验算属正常使用极限状态，不论刚架是否按塑性设计，位移计算可按弹性工作进行，并使用荷载的标准值。门式刚架柱顶水平位移一般可用虚功计算。

（9）门式刚架斜梁与柱的连接，可采用端板竖放、端板横放和端板斜放三种形式。斜梁拼接时宜使端板与构件外边缘垂直。主刚架构件的连接宜采用高强度螺栓，可采用承压型或摩擦型连接。端板连接的螺栓应成对对称布置。

（10）门式刚架轻型房屋钢结构的柱脚，宜采用平板式铰接柱脚。当有必要时，也可采用刚接柱脚。柱脚锚栓应采用 Q235 或 Q345 钢材制作，锚栓端部应按规定设置弯钩或锚板。柱脚锚栓不宜用于承受柱脚底部的水平剪力。此水平剪力可由底板与混凝土基础间的摩擦力或设置抗剪键承受。

（11）门式刚架轻型房屋钢结构在每个温度区段或分期建设的区段中，应分别设置能独立构成空间稳定结构的支撑体系。同时，在设置柱间支撑的开间宜分别设置屋盖横向支撑，以组成几何不变体系。

习　题

一、思考题

1. 门式刚架计算时应怎样考虑荷载组合？应选择哪些截面作为控制截面进行计算？

2. 门式钢架采用塑性设计时，应注意哪些方面？

3. 门式刚架是如何考虑风荷载的？

二、习题

某单层厂房采用单跨双坡等截面（轻钢）门式刚架，厂房横向跨度为 12m，柱高为 5m，柱距为 6m，长为 66m，屋面坡度为 1：8。屋面及墙板为压型钢板复合板；檩条墙梁为薄壁卷边 C 形钢，檩条间距为 1.5m，钢材采用 Q235B。该刚架屋面永久荷载标准值合计为 0.5kN/m²（不包括刚架自重），屋面活荷载标准值为 0.3kN/m²，雪荷载标准值为 0.5kN/m²，风荷载的基本风压值为 0.4kN/m²，地面粗糙度系数按 B 类取值。试设计此轻钢门式刚架的截面。

附　表

附表 1　钢材和连接的强度设计值

附表 1.1　钢 材 的 强 度 设 计 值

钢材		抗拉、抗压和抗弯 f (N/mm²)	抗剪 f_v (N/mm²)	端面承压（刨平顶紧） f_{ce} (N/mm²)
牌号	厚度或直径（mm）			
Q235 钢	≤16	215	125	325
	>16~40	205	120	
	>40~60	200	115	
	>60~100	190	110	
Q345 钢	≤16	310	180	400
	>16~35	295	170	
	>35~50	265	155	
	>50~100	250	145	
Q390 钢	≤16	350	205	415
	>16~35	335	190	
	>35~50	315	180	
	>50~100	295	170	
Q420 钢	≤16	380	220	440
	>16~35	360	210	
	>35~50	340	195	
	>50~100	325	185	

注　表中厚度系指计算点的钢材厚度，对轴心受拉和轴心受压构件系指截面中较厚板件的厚度。

附表 1.2　焊 缝 的 强 度 设 计 值

焊接方法和焊条型号	构件钢材		对接焊缝				角焊缝
	牌号	厚度或直径 (mm)	抗压 f_c^w (N/mm²)	焊缝质量为下列等级时，抗拉 f_t^w (N/mm²)		抗剪 f_v^w (N/mm²)	抗拉、抗压和抗剪 f_f^w (N/mm²)
				一级、二级	三级		
自动焊、半自动焊和 E43 型焊条的手工焊	Q235 钢	≤16	215	215	185	125	160
		>16~40	205	205	175	120	
		>40~60	200	200	170	115	
		>60~100	190	190	160	110	
自动焊、半自动焊和 E50 型焊条的手工焊	Q345 钢	≤16	310	310	265	180	200
		>16~35	295	295	250	170	
		>35~50	265	265	225	155	
		>50~100	250	250	210	145	

续表

焊接方法和焊条型号	构件钢材		对接焊缝				角焊缝
	牌号	厚度或直径 (mm)	抗压 f_c^w (N/mm²)	焊缝质量为下列等级时，抗拉 f_t^w (N/mm²)		抗剪 f_v^w (N/mm²)	抗拉、抗压和抗剪 f_f^w (N/mm²)
				一级、二级	三级		
自动焊、半自动焊和 E55 型焊条的手工焊	Q390 钢	≤16	350	350	300	205	220
		>16～35	335	335	285	190	
		>35～50	315	315	270	180	
		>50～100	295	295	250	170	
	Q420 钢	≤16	380	380	320	220	220
		>16～35	360	360	305	210	
		>35～50	340	340	290	195	
		>50～100	325	325	275	187	

注　1. 自动焊和半自动焊所采用的焊丝和焊剂，应保证其熔敷金属抗拉强度不低于相应手工焊焊条的数据。

2. 焊缝质量等级应符合 GB 50205—2001《钢结构工程施工及验收规范》规定。

3. 对接焊缝在受压区的抗弯强度设计值取 f_c^w，在受拉区的抗弯强度设计值取 f_t^w。

4. 表中厚度系指计算点的钢材厚度，对轴心受拉和轴心受压构件系指截面中较厚板件的厚度。

附表 1.3　　　　　　　　螺栓连接的强度设计值　　　　　　　单位：N/mm²

螺栓的性能等级、锚栓和构件钢材的牌号		普通螺栓						锚栓	承压型连接高强度螺栓		
		C 级螺栓			A 级、B 级螺栓						
		抗拉 f_t^b	抗剪 f_v^b	承压 f_c^b	抗拉 f_t^b	抗剪 f_v^b	承压 f_c^b	抗拉 f_t^a	抗拉 f_t^b	抗剪 f_v^b	承压 f_c^b
普通螺栓	4.6级、4.8级	170	140	—	—	—	—	—	—	—	—
	5.6级	—	—	—	210	190	—	—	—	—	—
	8.8级	—	—	—	400	320	—	—	—	—	—
锚栓	Q235 钢	—	—	—	—	—	—	140	—	—	—
	Q345 钢	—	—	—	—	—	—	180	—	—	—
承压型连接高强锚栓	8.8级	—	—	—	—	—	—	—	400	250	—
	10.9级	—	—	—	—	—	—	—	500	310	—
构件	Q235 钢	—	—	305	—	—	405	—	—	—	470
	Q345 钢	—	—	385	—	—	510	—	—	—	590
	Q390 钢	—	—	400	—	—	530	—	—	—	615
	Q420 钢	—	—	425	—	—	560	—	—	—	655

注　1. A 级螺栓用于 $d<24mm$ 和 $l≤10d$ 或 $l≤150mm$（按较小值）的螺栓；8 级螺栓用于 $d>24mm$ 或 $l>10d$ 或 $l>150mm$（按较小值）的螺栓。d 为公称直径，l 为螺杆公称长度。

2. A、B 级螺栓孔的精度和孔壁表面粗糙度、C 级螺栓孔的允许偏差和孔壁表面粗糙度，均应符合 GB 50205《钢结构工程施工质量验收规范》的要求。

附表 1.4　　　　　　　　　　结构构件或连接设计强度的折减系数

项　次	情　况	折　减　系　数
1	单面连接的单角钢 （1）按轴心受力计算强度和连接 （2）按轴心受压计算稳定性 　　　等边角钢 　短边相连的不等边角钢 　长边相连的不等边角钢	0.85 $0.6+0.0015\lambda$，但不大于 1.0 $0.5+0.0025\lambda$，但不大于 1.0 0.70
2	无垫板的单面施焊对接焊缝	0.85
3	施工条件较差的高空安装焊缝和铆钉连接	0.90
4	沉头和半沉头铆钉连接	0.80

注　1. λ 为长细比，对中间无联系的单角钢压杆，应按最小回转半径计算；当 $\lambda<20$ 时，取 $\lambda=20$。
　　2. 当几种情况同时存在时，其折减系数应连乘。

附表 2　轴心受压构件的稳定系数

附表 2.1　　　　　　　　　　a 类截面受压构件的稳定系数 φ

$\lambda\sqrt{\dfrac{f_y}{235}}$	0	1	2	3	4	5	6	7	8	9
0	1.000	1.000	1.000	1.000	0.999	0.999	0.998	0.998	0.997	0.996
10	0.995	0.994	0.993	0.992	0.991	0.989	0.988	0.986	0.985	0.983
20	0.981	0.979	0.977	0.976	0.974	0.972	0.970	0.968	0.966	0.964
30	0.963	0.961	0.959	0.957	0.955	0.952	0.950	0.948	0.946	0.944
40	0.941	0.939	0.937	0.934	0.932	0.929	0.927	0.924	0.921	0.919
50	0.916	0.913	0.910	0.907	0.904	0.900	0.897	0.894	0.890	0.886
60	0.883	0.879	0.875	0.871	0.867	0.863	0.858	0.854	0.849	0.844
70	0.839	0.834	0.829	0.824	0.818	0.813	0.807	0.801	0.795	0.789
80	0.783	0.776	0.770	0.763	0.757	0.750	0.743	0.736	0.728	0.721
90	0.714	0.706	0.699	0.691	0.684	0.676	0.668	0.661	0.653	0.645
100	0.638	0.630	0.622	0.615	0.607	0.600	0.592	0.585	0.577	0.570
110	0.563	0.555	0.548	0.541	0.534	0.527	0.520	0.514	0.507	0.500
120	0.494	0.488	0.481	0.475	0.469	0.463	0.457	0.451	0.445	0.440
130	0.434	0.429	0.423	0.418	0.412	0.407	0.402	0.397	0.392	0.387
140	0.383	0.378	0.373	0.369	0.364	0.360	0.356	0.351	0.347	0.343
150	0.339	0.335	0.331	0.327	0.323	0.320	0.316	0.312	0.309	0.305
160	0.302	0.298	0.295	0.292	0.289	0.285	0.282	0.279	0.276	0.273
170	0.270	0.267	0.264	0.262	0.259	0.256	0.253	0.251	0.248	0.246
180	0.243	0.241	0.238	0.236	0.233	0.231	0.229	0.226	0.224	0.222
190	0.220	0.218	0.215	0.213	0.211	0.209	0.207	0.205	0.203	0.201
200	0.199	0.198	0.196	0.194	0.192	0.190	0.189	0.187	0.185	0.183
210	0.182	0.180	0.179	0.177	0.175	0.174	0.172	0.171	0.169	0.168
220	0.166	0.165	0.164	0.162	0.161	0.159	0.158	0.157	0.155	0.154
230	0.153	0.152	0.150	0.149	0.148	0.147	0.146	0.144	0.143	0.142
240	0.141	0.140	0.139	0.138	0.136	0.135	0.134	0.133	0.132	0.131
250	0.130									

附表 2.2　　　　　　　**b 类截面受压构件的稳定系数 φ**

$\lambda\sqrt{\dfrac{f_y}{235}}$	0	1	2	3	4	5	6	7	8	9
0	1.000	1.000	1.000	0.999	0.999	0.998	0.997	0.996	0.995	0.994
10	0.992	0.991	0.989	0.987	0.985	0.983	0.981	0.978	0.976	0.973
20	0.970	0.967	0.963	0.960	0.957	0.953	0.950	0.946	0.943	0.939
30	0.936	0.932	0.929	0.925	0.922	0.918	0.914	0.910	0.906	0.903
40	0.899	0.895	0.891	0.887	0.882	0.878	0.874	0.870	0.865	0.861
50	0.856	0.852	0.847	0.842	0.838	0.833	0.828	0.823	0.818	0.813
60	0.807	0.802	0.797	0.791	0.786	0.780	0.774	0.769	0.763	0.757
70	0.751	0.745	0.739	0.732	0.726	0.720	0.714	0.707	0.701	0.694
80	0.688	0.681	0.675	0.668	0.661	0.655	0.648	0.641	0.635	0.628
90	0.621	0.614	0.608	0.601	0.594	0.588	0.581	0.575	0.568	0.561
100	0.555	0.549	0.542	0.536	0.529	0.523	0.517	0.511	0.505	0.499
110	0.493	0.487	0.481	0.475	0.470	0.464	0.458	0.453	0.447	0.442
120	0.437	0.432	0.426	0.421	0.416	0.411	0.406	0.402	0.397	0.392
130	0.387	0.383	0.378	0.374	0.370	0.365	0.361	0.357	0.353	0.349
140	0.345	0.341	0.337	0.333	0.329	0.326	0.322	0.318	0.315	0.311
150	0.308	0.304	0.301	0.298	0.295	0.291	0.288	0.285	0.282	0.279
160	0.276	0.273	0.270	0.267	0.265	0.262	0.259	0.256	0.254	0.251
170	0.249	0.246	0.244	0.241	0.239	0.236	0.234	0.232	0.229	0.227
180	0.225	0.223	0.220	0.218	0.216	0.214	0.212	0.210	0.208	0.206
190	0.204	0.202	0.200	0.198	0.197	0.195	0.193	0.191	0.190	0.188
200	0.186	0.184	0.183	0.181	0.180	0.178	0.176	0.175	0.173	0.172
210	0.170	0.169	0.167	0.166	0.165	0.163	0.162	0.160	0.159	0.158
220	0.156	0.155	0.154	0.153	0.151	0.150	0.149	0.148	0.146	0.145
230	0.144	0.143	0.142	0.141	0.140	0.138	0.137	0.136	0.135	0.134
240	0.133	0.132	0.131	0.130	0.129	0.128	0.127	0.126	0.125	0.124
250	0.123									

附表 2.3　　　　　　　**c 类截面受压构件的稳定系数 φ**

$\lambda\sqrt{\dfrac{f_y}{235}}$	0	1	2	3	4	5	6	7	8	9
0	1.000	1.000	1.000	0.999	0.999	0.998	0.997	0.996	0.995	0.993
10	0.992	0.990	0.988	0.986	0.983	0.981	0.978	0.976	0.973	0.970
20	0.966	0.959	0.953	0.947	0.940	0.934	0.928	0.921	0.915	0.909
30	0.902	0.896	0.890	0.884	0.877	0.871	0.865	0.858	0.852	0.846
40	0.839	0.833	0.826	0.820	0.814	0.807	0.801	0.704	0.788	0.781
50	0.775	0.768	0.762	0.755	0.748	0.742	0.735	0.729	0.722	0.715
60	0.709	0.702	0.695	0.689	0.682	0.676	0.669	0.662	0.656	0.649
70	0.643	0.636	0.629	0.623	0.616	0.610	0.604	0.597	0.591	0.584
80	0.578	0.572	0.566	0.569	0.553	0.547	0.541	0.535	0.529	0.523
90	0.517	0.511	0.505	0.500	0.494	0.488	0.483	0.477	0.472	0.467
100	0.463	0.458	0.454	0.449	0.445	0.441	0.436	0.432	0.428	0.423

续表

$\lambda\sqrt{\dfrac{f_y}{235}}$	0	1	2	3	4	5	6	7	8	9
110	0.419	0.415	0.411	0.407	0.403	0.399	0.395	0.391	0.387	0.383
120	0.379	0.375	0.371	0.367	0.364	0.360	0.356	0.353	0.349	0.346
130	0.342	0.339	0.335	0.332	0.328	0.325	0.322	0.319	0.315	0.312
140	0.309	0.306	0.303	0.300	0.297	0.294	0.291	0.288	0.285	0.282
150	0.280	0.277	0.274	0.271	0.269	0.266	0.264	0.261	0.268	0.256
160	0.254	0.251	0.249	0.246	0.244	0.242	0.239	0.237	0.235	0.233
170	0.230	0.228	0.226	0.224	0.222	0.220	0.218	0.216	0.214	0.212
180	0.210	0.208	0.206	0.205	0.203	0.201	0.199	0.197	0.196	0.194
190	0.192	0.190	0.189	0.187	0.186	0.184	0.182	0.181	0.179	0.178
200	0.176	0.175	0.173	0.172	0.170	0.169	0.168	0.166	0.165	0.163
210	0.162	0.161	0.159	0.158	0.157	0.156	0.154	0.153	0.152	0.151
220	0.150	0.148	0.147	0.146	0.145	0.144	0.143	0.142	0.140	0.139
230	0.138	0.137	0.136	0.135	0.134	0.133	0.132	0.131	0.130	0.129
240	0.128	0.127	0.126	0.125	0.124	0.124	0.123	0.122	0.121	0.120
250	0.119									

附表 2.4　　　　　　　　d 类截面轴心受压构件的稳定系数 φ

$\lambda\sqrt{\dfrac{f_y}{235}}$	0	1	2	3	4	5	6	7	8	9
0	1.000	1.000	0.999	0.999	0.998	0.996	0.994	0.992	0.990	0.987
10	0.984	0.981	0.978	0.974	0.969	0.965	0.960	0.955	0.949	0.944
20	0.937	0.927	0.918	0.909	0.900	0.891	0.883	0.874	0.865	0.857
30	0.848	0.840	0.831	0.823	0.815	0.807	0.799	0.790	0.782	0.774
40	0.765	0.759	0.751	0.743	0.735	0.728	0.720	0.712	0.705	0.697
50	0.690	0.683	0.675	0.668	0.661	0.654	0.646	0.639	0.632	0.625
60	0.618	0.612	0.605	0.598	0.591	0.585	0.578	0.572	0.565	0.559
70	0.552	0.546	0.540	0.534	0.528	0.522	0.516	0.510	0.504	0.498
80	0.493	0.487	0.481	0.476	0.470	0.465	0.460	0.454	0.449	0.441
90	0.439	0.434	0.429	0.424	0.419	0.414	0.410	0.405	0.401	0.397
100	0.394	0.390	0.387	0.383	0.380	0.376	0.373	0.370	0.366	0.363
110	0.359	0.356	0.353	0.350	0.346	0.343	0.340	0.337	0.334	0.331
120	0.328	0.325	0.322	0.319	0.316	0.313	0.310	0.307	0.304	0.301
130	0.299	0.296	0.293	0.290	0.288	0.285	0.282	0.280	0.277	0.275
140	0.272	0.270	0.267	0.265	0.262	0.260	0.258	0.255	0.253	0.251
150	0.248	0.246	0.244	0.242	0.240	0.237	0.235	0.233	0.231	0.229
160	0.227	0.225	0.223	0.221	0.219	0.217	0.215	0.213	0.212	0.210
170	0.208	0.206	0.204	0.203	0.201	0.199	0.197	0.196	0.194	0.192
180	0.191	0.189	0.188	0.186	0.184	0.183	0.181	0.180	0.178	0.177
190	0.176	0.174	0.173	0.171	0.170	0.168	0.167	0.166	0.164	0.163
200	0.162									

附表 3　各种截面回转半径的近似值

$i_x=0.30h$ $i_y=0.30b$ $i_z=0.195h$	$i_x=0.40h$ $i_y=0.21b$	$i_x=0.38h$ $i_y=0.60b$	$i_x=0.41h$ $i_y=0.22b$
$i_x=0.32h$ $i_y=0.28b$ $i_z=0.18\dfrac{h+b}{2}$	$i_x=0.45h$ $i_y=0.235b$	$i_x=0.38h$ $i_y=0.44b$	$i_x=0.32h$ $i_y=0.49b$
$i_x=0.30h$ $i_y=0.215b$	$i_x=0.44h$ $i_y=0.28b$	$i_x=0.32h$ $i_y=0.58b$	$i_x=0.29h$ $i_y=0.50b$
$i_x=0.32h$ $i_y=0.20b$	$i_x=0.43h$ $i_y=0.43b$	$i_x=0.32h$ $i_y=0.40b$	$i_x=0.29h$ $i_y=0.45b$
$i_x=0.28h$ $i_y=0.24b$	$i_x=0.39h$ $i_y=0.20b$	$i_x=0.32h$ $i_y=0.12b$	$i_x=0.29h$ $i_y=0.29b$
$i_x=0.30h$ $i_y=0.17b$	$i_x=0.42h$ $i_y=0.22b$	$i_x=0.44h$ $i_y=0.32b$	$i_x=0.24h\mp$ $i_y=0.41b\mp$
$i_x=0.28h$ $i_y=0.21b$	$i_x=0.43h$ $i_y=0.24b$	$i_x=0.44h$ $i_y=0.38b$	$i=0.25d$
$i_x=0.21h$ $i_y=0.21b$ $i_z=0.185h$	$i_x=0.365h$ $i_y=0.275b$	$i_x=0.37h$ $i_y=0.54b$	$i=0.35d\mp$
$i_x=0.45h$ $i_y=0.24b$	$i_x=0.39h$ $i_y=0.29b$	$i_x=0.40h$ $i_y=0.24b$	$i_x=0.40h$ $i_y=0.50b$

附表4　柱的计算长度系数

附表 4.1　　　　　　　　　　有侧移框架柱的计算长度系数 μ

K_2＼K_1	0	0.05	0.1	0.2	0.3	0.4	0.5	1	2	3	4	5	≥10
0	∞	6.02	4.46	3.42	3.01	2.78	2.64	2.33	2.17	2.11	2.08	2.07	2.03
0.05	6.02	4.16	3.47	2.86	2.58	2.42	2.31	2.07	1.94	1.90	1.87	1.86	1.83
0.1	4.46	3.47	3.01	2.55	2.33	2.20	2.11	1.90	1.79	1.75	1.73	1.72	1.70
0.2	3.42	2.86	2.56	2.23	2.05	1.94	1.87	1.70	1.60	1.57	1.55	1.54	1.52
0.3	3.01	2.58	2.33	2.05	1.90	1.80	1.74	1.58	1.49	1.46	1.45	1.44	1.42
0.4	2.78	2.42	2.20	1.94	1.80	1.71	1.65	1.50	1.42	1.39	1.37	1.37	1.35
0.5	2.64	2.31	2.11	1.87	1.74	1.65	1.59	1.45	1.37	1.34	1.32	1.32	1.30
1	2.33	2.07	1.90	1.70	1.58	1.50	1.45	1.32	1.21	1.21	1.20	1.19	1.17
2	2.17	1.94	1.79	1.60	1.49	1.42	1.37	1.24	1.16	1.14	1.12	1.12	1.10
3	2.11	1.90	1.75	1.57	1.46	1.39	1.34	1.21	1.14	1.11	1.10	1.09	1.07
4	2.08	1.87	1.73	1.55	1.45	1.37	1.32	1.20	1.12	1.10	1.08	1.08	1.06
5	2.07	1.86	1.72	1.54	1.44	1.37	1.32	1.19	1.12	1.09	1.08	1.07	1.05
≥10	2.03	1.83	1.70	1.52	1.42	1.35	1.30	1.17	1.10	1.07	1.06	1.05	1.03

注　1.表中的计算长度系数 μ 值系按下式算得：

$$\left[36K_1K_2-\left(\frac{\pi}{\mu}\right)^2\right]\sin\left(\frac{\pi}{\mu}\right)+6(K_1+K_2)\frac{\pi}{\mu}\cos\left(\frac{\pi}{\mu}\right)=0$$

式中，K_1、K_2 分别为相交于柱上端、柱下端的横梁线刚度之和与柱线刚度之和的比值。当横梁远端为铰接时，应将横梁线刚度乘以 0.5；当横梁远端为嵌固时，则应乘以 2/3。

2.当横梁与柱铰接时，取横梁线刚度为 0。

3.对底层框架柱：当柱与基础铰接时，取 $K_2=0$（对平板支座可取 $K_2=0.1$）；当柱与基础刚接时，取 $K_2=10$。

4.当与柱刚性连接的横梁所受轴心压力 N_b 较大时，横梁线刚度应乘以折减系数 a_N：

横梁远端与柱刚接时：　　　　　　　　　$a_N=1-N_b/(4N_{Eb})$

横梁远端铰支时：　　　　　　　　　　　$a_N=1-N_b/hN_{Eb}$

横梁远端嵌固时：　　　　　　　　　　　$a_N=1-N_b/(2N_{Eb})$

式中，$N_{Eb}=\pi^2EI_h/l^2$，I_h 为横梁截面惯性矩，l 为横梁长度。

附表 4.2　　　　　　　　　　　**无侧移框架柱的计算长度系数 μ**

K_2 \ K_1	0	0.05	0.1	0.2	0.3	0.4	0.5	1	2	3	4	5	≥10
0	1.000	0.990	0.981	0.964	0.949	0.935	0.922	0.875	0.820	0.791	0.773	0.760	0.732
0.05	0.990	0.981	0.971	0.955	0.940	0.926	0.914	0.867	0.814	0.784	0.766	0.754	0.726
0.1	0.981	0.971	0.962	0.946	0.931	0.918	0.906	0.860	0.807	0.778	0.760	0.748	0.721
0.2	0.964	0.955	0.946	0.930	0.916	0.903	0.891	0.846	0.795	0.767	0.749	0.737	0.711
0.3	0.949	0.940	0.931	0.916	0.902	0.889	0.878	0.834	0.784	0.756	0.739	0.728	0.701
0.4	0.935	0.926	0.918	0.903	0.889	0.877	0.866	0.823	0.774	0.747	0.730	0.719	0.693
0.5	0.922	0.914	0.906	0.891	0.878	0.866	0.855	0.813	0.765	0.738	0.721	0.710	0.685
1	0.875	0.867	0.860	0.846	0.834	0.823	0.813	0.774	0.729	0.704	0.688	0.677	0.654
2	0.820	0.814	0.807	0.795	0.784	0.774	0.765	0.729	0.686	0.663	0.648	0.638	0.615
3	0.791	0.784	0.778	0.767	0.756	0.747	0.738	0.704	0.663	0.640	0.625	0.616	0.593
4	0.773	0.766	0.760	0.749	0.739	0.730	0.721	0.688	0.648	0.625	0.611	0.601	0.580
5	0.760	0.754	0.748	0.737	0.728	0.719	0.710	0.677	0.638	0.616	0.601	0.592	0.570
≥10	0.732	0.726	0.721	0.711	0.701	0.693	0.685	0.654	0.615	0.593	0.580	0.570	0.549

注　1. 表中的计算长度系数 μ 值系下式算得：

$$\left[\left(\frac{\pi}{\mu}\right)^2 + 2(K_1+K_2) - 4K_1K_2\right]\frac{\pi}{\mu}\sin\left(\frac{\pi}{\mu}\right) - 2\left[(K_1+K_2)\left(\frac{\pi}{\mu}\right)^2 + 4K_1K_2\right]\cos\left(\frac{\pi}{\mu}\right) + 8K_1K_2 = 0$$

式中，K_1、K_2——相交于柱上端、柱下端的横梁线刚度之和与柱线刚度之和的比值。当梁远端为铰接时，应将横梁线刚度乘以 1.5；当横梁远端为嵌固时，则将横梁线刚度乘以 2。

2. 当横梁与柱铰接时，取横梁线刚度为零。

3. 对底层框架柱：当柱与基础铰接时，取 $K_2=0$（对平板支座可取 $K_2=0.1$）；当柱与基础刚接时，取 $K_2=10$。

4. 当与柱刚性连接的横梁所受轴心压力 N_b 较大时，横梁线刚度应乘以折减系数 a_N；

横梁远端与柱刚接和横梁远端铰支时：$a_N = 1 - N_b/N_{Eb}$

横梁远端嵌固时：$a_N = 1 - N_b/(2N_{Eb})$

其中　$N_{Eb} = \pi^2 EI_b/l^2$

式中　I_b——横梁截面惯性矩；

　　　l——横梁长度。

附表 5　热轧等边角钢

热轧等边角钢的规格及截面特性（按 GB 9787—88 计算）

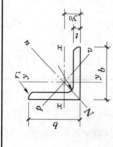

1. 表中双线的左侧为一个角钢的截面特性；
2. 趾尖圆弧半径 $r_1 \approx t/3$；
3. $I_w = Ai_r^2$，$I_w = Ai_r^2$。

规格	尺寸(mm) b	t	r	截面积 A (cm²)	质量 (kg/m)	重心距 y_0 (cm)	惯性矩 I_x (cm⁴)	抵抗矩 W_{xmax} (cm²)	W_{xmin}	W_w	回转半径 i_x (cm)	i_u	i_v	双角钢回转半径 i_y(cm) 当间距 a(mm) 为 i　6	8	10	12	14	16
∠20×3	20	3	3.5	1.132	0.889	0.60	0.40	0.67	0.29	0.45	0.59	0.75	0.39	1.08	1.16	1.25	1.34	1.43	1.52
∠20×4		4	3.5	1.459	1.145	0.64	0.50	0.78	0.36	0.55	0.53	0.73	0.38	1.10	1.19	1.28	1.37	1.46	1.55
∠25×3	25	3	3.5	1.432	1.124	0.73	0.82	1.12	0.46	0.73	0.76	0.95	0.49	1.28	1.36	1.45	1.53	1.62	1.71
∠25×4		4		1.859	1.459	0.76	1.03	1.36	0.59	0.92	0.74	0.93	0.48	1.29	1.38	1.46	1.55	1.64	1.73
∠30×3	30	3	4.5	1.749	1.373	0.85	1.46	1.72	0.68	1.09	0.91	1.15	0.59	1.47	1.55	1.63	1.71	1.80	1.88
∠30×4		4		2.276	1.786	0.89	1.84	2.07	0.87	1.37	0.90	1.13	0.58	1.49	1.57	1.66	1.74	1.83	1.91
∠36×4	36	3	4.5	2.109	1.656	1.00	2.58	2.58	0.99	1.61	1.11	1.39	0.71	1.71	1.79	1.87	1.95	2.03	2.11
		4		2.756	2.163	1.04	3.29	3.16	1.23	2.05	1.09	1.38	0.70	1.73	1.81	1.89	1.97	2.05	2.14
		5		3.382	2.654	1.07	3.95	3.69	1.56	2.45	1.08	1.36	0.70	1.74	1.82	1.91	1.99	2.07	2.16
∠40×4	40	3	5	2.359	1.852	1.09	3.59	3.29	1.23	2.01	1.23	1.55	0.79	1.86	1.93	2.01	2.09	2.17	2.25
		4		3.086	2.422	1.13	4.60	4.07	1.60	2.58	1.22	1.54	0.79	1.88	1.96	2.04	2.12	2.20	2.28
		5		3.791	2.976	1.17	5.53	4.73	1.96	3.10	1.21	1.52	0.78	1.90	1.98	2.06	2.14	2.23	2.31
∠45×4	45	3	5	2.659	2.088	1.22	5.17	4.23	1.58	2.58	1.40	1.76	0.89	2.07	2.14	2.22	2.30	2.38	2.46
		4		3.486	2.736	1.26	6.65	5.28	2.05	3.32	1.38	1.74	0.89	2.08	2.16	2.24	2.32	2.40	2.48
		5		4.292	3.369	1.30	8.04	6.18	2.51	4.00	1.37	1.72	0.88	2.11	2.18	2.26	2.34	2.42	2.51
		6		5.076	3.985	1.33	9.33	7.02	2.95	4.64	1.36	1.70	0.88	2.12	2.20	2.28	2.36	2.44	2.53

续表

| 规格 | 尺寸(mm) | | | 截面积(cm²) A | 质量(kg/m) | 重心距(cm) y_0 | 惯性矩(cm⁴) I_x | 抵抗矩(cm³) | | | 回转半径(cm) | | | 双角钢回转半径 i_y(cm) 当间距 a(mm)为 i | | | | | |
	b	t	r					W_{xmax}	W_{xmin}	W_w	i_x	i_u	i_v	6	8	10	12	14	16
3		3	5.5	2.971	2.332	1.34	7.18	5.36	1.96	3.22	1.55	1.96	1.00	2.26	2.33	2.41	2.48	2.56	2.64
4		4		3.897	3.059	1.38	9.26	6.71	2.56	4.16	1.54	1.94	0.99	2.28	2.35	2.43	2.51	2.59	2.67
∠50× 5	50	5		4.803	3.770	1.42	11.21	7.89	3.13	5.03	1.53	1.92	0.98	2.30	2.38	2.46	2.53	2.61	2.70
6		6		5.688	4.465	1.46	13.05	8.94	3.68	5.85	1.52	1.91	0.98	2.33	2.40	2.48	2.56	2.64	2.72
3		3	6	3.343	2.624	1.48	10.19	6.89	2.48	4.08	1.75	2.20	1.13	2.50	2.57	2.64	2.72	2.80	2.87
∠56× 4	56	4		4.390	3.446	1.53	13.18	8.61	3.24	5.28	1.73	2.18	1.11	2.52	2.59	2.67	2.74	2.82	2.90
5		5		5.415	4.251	1.57	16.02	10.20	3.97	6.42	1.72	2.17	1.10	2.54	2.62	2.69	2.77	2.85	2.93
8		8		8.367	6.568	1.68	23.63	14.07	6.03	9.44	1.68	2.11	1.09	2.60	2.67	2.75	2.83	2.91	3.00
4		4	7	4.978	3.907	1.70	19.03	11.19	4.13	6.78	1.96	2.46	1.26	2.80	2.87	2.95	3.02	3.10	3.18
5		5		6.143	4.822	1.74	23.17	13.32	5.08	8.25	1.94	2.45	1.25	2.82	2.89	2.96	3.04	3.12	3.20
∠63×6	63	6		7.288	5.721	1.78	27.12	15.24	6.00	9.66	1.93	2.43	1.24	2.84	2.91	2.99	3.06	3.14	3.22
8		8		9.515	7.469	1.85	34.46	18.63	7.75	12.25	1.90	2.40	1.23	2.87	2.94	3.02	3.10	3.18	3.26
10		10		11.657	9.151	1.93	41.09	21.29	9.39	14.56	1.88	2.36	1.22	2.92	2.99	3.07	3.15	3.23	3.31
4		4	8	5.570	4.372	1.86	26.39	14.19	5.14	8.44	2.18	2.74	1.40	3.07	3.14	3.21	3.29	3.36	3.44
5		5		6.875	5.397	1.91	32.21	16.86	6.32	10.32	2.16	2.73	1.39	3.09	3.16	3.24	3.31	3.39	3.47
∠70×6	70	6		8.160	6.406	1.95	37.77	19.37	7.48	12.11	2.15	2.71	1.38	3.11	3.19	3.26	3.34	3.41	3.49
7		7		9.424	7.398	1.99	43.09	21.65	8.59	13.81	2.14	2.69	1.38	3.13	3.21	3.28	3.36	3.44	3.52
8		8		10.667	8.373	2.03	48.17	23.73	9.68	15.43	2.12	2.68	1.37	3.15	3.22	3.30	3.38	3.46	3.54
5		5	9	7.412	5.818	2.04	39.97	19.59	7.32	11.94	2.33	2.92	1.50	3.30	3.37	3.45	3.52	3.60	3.67
6		6		8.797	6.905	2.07	46.95	23.68	8.64	14.02	2.31	2.90	1.49	3.31	3.38	3.46	3.53	3.61	3.68
∠75×7	75	7		10.160	7.976	2.11	53.57	25.39	9.93	16.02	2.30	2.89	1.48	3.33	3.40	3.48	3.55	3.63	3.71
8		8		11.503	9.030	2.15	59.96	27.89	11.20	17.93	2.28	2.88	1.47	3.35	3.42	3.50	3.57	3.65	3.73
10		10		14.126	11.089	2.22	71.98	32.42	13.64	21.48	2.26	2.84	1.46	3.38	3.46	3.54	3.61	3.69	3.77

续表

规格	尺寸(mm) b	t	r	截面积(cm²) A	质量(kg/m)	重心距(cm) y_0	惯性矩(cm⁴) I_x	抵抗矩(cm³) W_{xmax}	W_{xmin}	W_w	回转半径(cm) i_x	i_u	i_v	双角钢回转半径 i_y(cm) 当间距 a(mm)为 i 6	8	10	12	14	16
∠80×7	80	5	9	7.912	6.211	2.15	48.79	22.69	8.34	13.67	2.48	3.13	1.60	3.49	3.56	3.63	3.70	3.78	3.85
		6		9.397	7.376	2.19	57.35	26.19	9.87	16.08	2.47	3.11	1.59	3.51	3.58	3.65	3.73	3.80	3.88
		7		10.860	8.525	2.23	65.58	29.41	11.37	18.40	2.46	3.10	1.58	3.53	3.60	3.67	3.75	3.83	3.90
		8		12.303	9.658	2.27	73.49	32.37	12.83	20.61	2.44	3.08	1.57	3.54	3.62	3.69	3.77	3.84	3.92
		10		15.126	11.874	2.35	88.43	37.63	15.64	24.76	2.42	3.04	1.56	3.59	3.66	3.74	3.82	3.89	3.97
∠90×8	90	6	10	10.637	8.350	2.44	82.77	33.92	12.61	20.63	2.79	3.51	1.80	3.91	3.98	4.05	4.13	4.20	4.28
		7		12.301	9.656	2.48	94.83	38.24	14.54	23.64	2.78	3.50	1.78	3.93	4.00	4.08	4.15	4.22	4.30
		8		13.944	10.946	2.52	106.47	42.25	16.42	26.55	2.76	3.48	1.78	3.95	4.02	4.09	4.17	4.24	4.32
		10		17.167	13.476	2.59	128.58	49.64	20.07	32.04	2.74	3.45	1.76	3.98	4.06	4.13	4.21	4.28	4.36
		12		20.306	15.940	2.67	149.22	55.89	23.57	37.12	2.71	3.41	1.75	4.02	4.09	4.17	4.25	4.32	4.40
∠100×10	100	6	12	11.932	9.366	2.67	114.95	43.05	15.68	25.74	3.10	3.90	2.00	4.29	4.36	4.43	4.51	4.58	4.65
		7		13.796	10.830	2.71	131.86	48.66	18.10	29.55	3.09	3.89	1.99	4.31	4.38	4.46	4.53	4.60	4.68
		8		15.638	12.276	2.76	148.24	53.71	20.47	33.24	3.08	3.88	1.98	4.34	4.41	4.48	4.56	4.63	4.71
		10		19.261	15.120	2.84	179.51	63.21	25.06	40.26	3.05	3.84	1.96	4.38	4.45	4.52	4.60	4.67	4.75
		12		22.800	17.898	2.91	208.90	71.79	29.48	46.80	3.03	3.81	1.95	4.41	4.49	4.56	4.64	4.71	4.79
		14		26.256	20.611	2.99	236.53	79.11	33.73	52.90	3.00	3.77	1.94	4.45	4.53	4.60	4.68	4.76	4.83
		16		29.627	23.257	3.05	262.53	85.79	37.82	58.57	2.98	3.74	1.94	4.49	4.57	4.64	4.72	4.80	4.88
∠110×10	110	7	12	15.196	11.928	2.96	177.16	59.85	22.05	36.12	3.41	4.30	2.20	4.72	4.79	4.86	4.93	5.00	5.08
		8		17.238	13.532	3.01	199.46	66.27	24.95	40.69	3.40	4.28	2.19	4.75	4.82	4.89	4.96	5.03	5.11
		10		21.261	16.690	3.09	242.19	78.38	30.60	49.42	3.38	4.25	2.17	4.79	4.86	4.93	5.00	5.08	5.15
		12		25.200	19.782	3.16	282.55	89.41	36.05	57.62	3.35	4.22	2.15	4.82	4.89	4.96	5.04	5.11	5.19
		14		29.056	22.809	3.24	320.71	98.98	41.31	65.31	3.32	4.18	2.14	4.85	4.93	5.00	5.08	5.15	5.23

附表6 热轧不等边角钢

热轧不等边角钢的规格及截面特性（按 GB 9788—88 计算）

1. 肚尖圆弧半径 $r_1 \approx t/3$；
2. $I_b = I_y + I_3 - I_v$。

规格	尺寸(mm) B	b	t	r	截面积(cm²) A	质量(kg/m)	重心距(cm) x_0	y_0	惯性矩(cm⁴) I_x	I_y	I_v	抵抗矩(cm³) W_{xmax}	W_{xmin}	W_{ymax}	W_{ymin}	回转半径(cm) i_x	i_y	i_v	$\tan\theta$ (θ为 y轴与v轴夹角)
∠25×16×3	25	16	3	3.5	1.162	0.912	0.42	0.86	0.70	0.22	0.14	0.81	0.43	0.52	0.19	0.78	0.44	0.34	0.392
4			4		1.499	1.176	0.46	0.90	0.88	0.27	0.17	0.98	0.55	0.59	0.24	0.77	0.43	0.34	0.381
∠32×20×3	32	20	3	3.5	1.492	1.171	0.49	1.08	1.53	0.46	0.28	1.42	0.72	0.94	0.30	1.01	0.55	0.43	0.382
4			4		1.939	1.522	0.53	1.12	1.93	0.57	0.35	1.72	0.93	1.08	0.39	1.00	0.54	0.42	0.374
∠40×25×3	40	25	3	4	1.890	1.484	0.59	1.32	3.08	0.93	0.56	2.33	1.15	1.58	0.49	1.28	0.70	0.54	0.385
4			4		2.467	1.936	0.63	1.37	3.93	1.18	0.71	2.87	1.49	1.87	0.63	1.26①	0.69	0.54	0.381
∠45×28×3	45	28	3	5	2.149	1.687	0.64	1.47	4.45	1.34	0.80	3.03	1.47	2.09	0.62	1.44	0.79	0.61	0.383
4			4		2.806	2.203	0.68	1.51	5.69	1.70	1.02	3.77	1.91	2.50	0.80	1.42	0.78	0.60	0.380
∠50×32×3	50	32	3	5.5	2.431	1.908	0.73	1.60	6.24	2.02	1.20	3.90	1.84	2.77	0.82	1.60	0.91	0.70	0.404
4			4		3.177	2.494	0.77	1.65	8.02	2.58	1.53	4.86	2.39	3.35	1.06	1.59	0.90	0.69	0.402
∠56×36×3	56	36	3	6	2.743	2.153	0.80	1.78	8.88	2.92	1.73	4.99	2.32	3.65	1.05	1.80	1.03	0.79	0.408
4			4		3.590	2.818	0.85	1.82	11.45	3.76	2.23	6.29	3.03	4.42	1.37	1.79	1.02	0.79	0.408
5			5		4.415	3.466	0.88	1.87	13.86	4.49	2.67	7.41	3.71	5.10	1.65	1.77	1.01	0.78	0.404
∠63×40×4	63	40	4	7	4.058	3.185	0.92	2.04	16.49	5.23	3.12	8.08	3.87	5.68	1.70	2.02	1.14	0.88	0.398
5			5		4.993	3.920	0.95	2.08	20.02	6.31	3.76	9.62	4.74	6.64	2.07②	2.00	1.12	0.87	0.396
6			6		5.908	4.638	0.99	2.12	23.36	7.29	4.34	11.02	5.59	7.36	2.43	1.99②	1.11	0.86	0.393
7			7		6.802	5.339	1.03	2.15	26.53	8.24	4.97	12.34	6.40	8.00	2.78	1.98	1.10	0.86	0.389

注 1. 疑 GB 9788—88 所给数值有误，表中该 i_x 值是按 GB 9788—88 中所给相应的 I_x 和 A 计算求得，供参考。

    2. 疑 GB 9788—88 所给数值有误，表中该 W_{ymin} 和 i_x 值为已改正值，供参考。

续表

规格	尺寸(mm)				截面积(cm²) A	质量(kg/m)	重心距(cm)		惯性矩(cm⁴)			抵抗矩(cm³)				回转半径(cm)			tanθ (θ为v轴与y轴夹角)
	B	b	t	r			x_0	y_0	I_x	I_y	I_v	W_{xmax}	W_{xmin}	W_{ymax}	W_{ymin}	i_x	i_y	i_v	
∠70×45×4	70	45	4	7.5	4.547	3.570	1.02	2.24	23.17	7.55	4.40	10.34	4.86	7.40	2.17	2.26	1.29	0.98	0.410
5			5		5.609	4.403	1.06	2.28	27.95	9.13	5.40	12.26	5.92	8.61	2.65	2.23	1.28	0.98	0.407
6			6		6.647	5.218	1.09	2.32	32.54	10.62	6.35	14.03	6.95	9.74	3.12	2.21	1.25	0.98	0.404
7			7		7.657	6.011	1.13	2.36	37.22	12.01	7.16	15.77	8.03	10.63	3.57	2.20	1.25	0.97	0.402
∠75×50×5	75	50	5	8	6.125	4.808	1.17	2.40	34.86	12.61	7.41	14.53	6.83	10.78	3.30	2.39	1.44	1.10	0.435
6			6		7.260	5.699	1.21	2.44	41.12	14.70	8.54	16.85	8.12	12.15	3.88	2.38	1.42	1.08	0.435
8			8		9.467	7.431	1.29	2.52	52.39	18.53	10.87	20.79	10.52	14.36	4.99	2.35	1.40	1.07	0.429
10			10		11.590	9.098	1.36	2.60	62.71	21.96	13.10	24.12	12.79	16.15	6.04	2.33	1.38	1.06	0.423
∠80×50×5	80	50	5	8	6.375	5.005	1.14	2.60	41.96	12.82	7.66	16.14	7.78	11.25	3.32	2.56	1.42	1.10	0.388
6			6		7.560	5.935	1.18	2.65	49.49	14.95	8.85	18.68	9.25	12.67	3.91	2.56	1.41	1.08	0.387
7			7		8.724	6.848	1.21	2.69	56.16	16.96	10.18	20.88	10.58	14.02	4.48	2.54	1.39	1.08	0.384
8			8		9.867	7.745	1.25	2.73	62.83	18.85	11.38	23.01	11.92	15.08	5.03	2.52	1.38	1.07	0.381
∠90×56×5	90	56	5	9	7.212	5.661	1.25	2.91	60.45	18.33	10.98	20.77	9.92	14.66	4.21	2.90	1.59	1.10	0.385
6			6		8.557	6.717	1.29	2.95	71.03	21.42	12.90	24.08	11.74	16.60	4.96	2.88	1.58	1.08	0.384
7			7		9.880	7.756	1.33	3.00	81.01	24.36	14.67	27.00	13.49	18.32	5.70	2.86	1.57	1.08	0.382
8			8		11.183	8.779	1.36	3.04	91.03	27.15	16.34	29.94	15.27	19.96	6.41	2.85	1.56	1.07	0.380
∠100×63×6	100	63	6	10	9.617	7.550	1.43	3.24	99.06	30.94	18.42	30.57	14.64	21.64	6.35	3.21	1.79	1.38	0.394
7			7		11.111	8.722	1.47	3.28	113.45	35.26	21.00	34.59	16.88	23.99	7.29	3.20	1.78	1.38	0.394
8			8		12.584	9.878	1.50	3.32	127.37	39.39	23.50	38.36	19.08	26.26	8.21	3.18	1.77	1.37	0.391
10			10		15.467	12.142	1.58	3.40	153.81	47.12	28.33	45.34	23.32	29.82	9.98	3.15	1.74	1.35	0.387
∠100×80×6	100	80	6	10	10.637	8.350	1.97	2.95	107.04	61.24	31.65	36.28	15.19	31.09	10.16	3.17	2.40	1.72	0.627
7			7		12.301	9.656	2.01	3.00	122.73	70.08	36.17	40.91	17.52	34.87	11.71	3.16	2.39	1.72	0.626
8			8		13.944	10.946	2.05	3.04	137.92	78.58	40.58	45.37	19.81	38.33	13.21	3.14	2.37	1.71	0.625
10			10		17.167	13.476	2.13	3.12	166.87	94.65	49.10	53.48	24.24	44.44	16.12	3.12	2.35	1.69	0.622

续表

规格	尺寸(mm)				截面积 A (cm²)	质量 (kg/m)	重心距(cm)		惯性矩(cm⁴)			抵抗矩(cm³)				回转半径(cm)			tanθ (θ为y轴与v轴夹角)
	B	b	t	r			x_0	y_0	I_x	I_y	I_v	W_{xmax}	W_{xmin}	W_{ymax}	W_{ymin}	i_x	i_y	i_v	
∠110×70×	110	70	6	10	10.637	8.350	1.57	3.53	133.37	42.92	25.36	37.78	17.85	27.34	7.90	3.54	2.01	1.54	0.403
			7		12.301	9.656	1.61	3.57	153.00	49.01	28.95	42.86	20.60	30.44	9.09	3.53	2.00	1.53	0.402
			8		13.944	10.946	1.65	3.62	172.04	54.87	32.45	47.52	23.30	33.25	10.25	3.51	1.98	1.53	0.401
			10		17.167	13.476	1.72	3.70	208.39	65.88	39.20	56.32	28.54	38.30	12.48	3.48	1.96	1.51	0.397
∠125×80×	125	80	7	11	14.096	11.066	1.80	4.01	227.98	74.42	43.81	56.85	26.86	41.34	12.01	4.02	2.30	1.76	0.408
			8		15.989	12.551	1.84	4.06	256.77	83.49	49.15	63.24	30.41	45.38	13.56	4.01	2.28	1.75	0.407
			10		19.712	15.474	1.92	4.14	312.04	100.67	59.45	75.37	37.33	52.43	16.56	3.98	2.26	1.74	0.404
			12		23.351	18.330	2.00	4.22	364.41	116.67	69.35	86.35	44.01	58.34	19.43	3.95	2.24	1.72	0.400
∠140×90×	140	90	8	12	18.038	14.160	2.04	4.50	365.64	120.69	70.83	81.25	38.48	59.16	17.34	4.50	2.59	1.98	0.411
			10		22.261	17.475	2.12	4.58	445.50	146.03	85.82	97.27	47.31	68.88	21.22	4.47	2.56	1.96	0.409
			12		26.400	20.724	2.19	4.66	521.59	169.79	100.21	111.93	55.87	77.53	24.95	4.44	2.54	1.95	0.406
			14		30.456	23.908	2.27	4.74	594.10	192.10	114.13	125.34	64.18	84.63	28.54	4.42	2.51	1.94	0.403
∠160×100×	160	100	10	13	25.315	19.872	2.28	5.24	668.69	205.03	121.74	127.61	62.13	89.63	26.56	5.14	2.85	2.19	0.390
			12		30.054	23.592	2.36	5.32	784.91	239.06	142.33	147.54	73.49	101.30	31.28	5.11	2.82	2.17	0.388
			14		34.709	27.247	2.43	5.40	896.30	271.20	162.23	165.98	84.56	111.60	35.83	5.08	2.80	2.16	0.385
			16		39.281	30.835	2.51	5.48	1003.04	301.60	182.57	183.04	95.33	120.16	40.24	5.05	2.77	2.16	0.382
∠180×110×	180	110	10	14	28.373	22.273	2.44	5.89	956.25	278.11	166.50	162.35	78.96	113.98	32.49	5.80	3.13	2.42	0.376
			12		33.712	26.464	2.52	5.98	1124.72	325.03	194.87	188.08	93.53	128.98	38.32	5.78	3.10	2.40	0.374
			14		38.967	30.589	2.59	6.06	1286.91	369.55	222.30	212.36	107.76	142.68	43.97	5.75	3.08	2.39	0.372
			16		44.139	34.649	2.67	6.14	1443.06	411.85	248.94	235.03	121.64	154.25	49.44	5.72	3.06	2.38	0.369
∠200×125×	200	125	12	14	37.912	29.761	2.83	6.54	1570.90	483.16	285.79	240.20	116.73	170.73	49.99	6.44	3.57	2.74	0.392
			14		43.867	34.436	2.91	6.62	1800.97	550.83	326.58	272.05	134.65	189.29	57.44	6.41	3.54	2.73	0.390
			16		49.739	39.045	2.99	6.70	2023.35	615.44	366.21	301.99	152.18	205.83	64.69	6.38	3.52	2.71	0.388
			18		55.526	43.588	3.06	6.78	2238.30	677.19	404.83	330.13	169.33	221.30	71.74	6.35	3.49	2.70	0.385

注 不等边角钢的通常长度：∠25×16～∠90×56、∠100×63～∠140×90，为4～12m，∠160×100～∠200×125，为6～19m。

附表7 热轧普通工字钢

热轧普通工字钢的规格及截面特性（按 GB 706—88 计算）

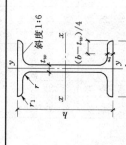

I—截面惯性矩；
W—截面抵抗矩；
S—半截面面积矩；
i—截面回转半径。

通常长度：
型号 10～18，为 5～19mm；
型号 20～63，为 6～19m。

型号	尺寸 (mm)						截面面积 A (cm²)	质量 (kg/m)	$x-x$ 轴				$y-y$ 轴		
	h	b	t_w	t	r	r_1			I_x (cm⁴)	W_x (cm³)	S_x (cm³)	i_x (cm)	I_y (cm⁴)	W_y (cm³)	i_y (cm)
10	100	68	4.5	7.6	6.5	3.3	14.345	11.261	245	49.0	28.5	4.14	33.0	9.72	1.52
12.6	126	74	5.0	8.4	7.0	3.5	18.118	14.223	488	77.5	45.2	5.20	46.9	12.7	1.61
14	140	80	5.5	9.1	7.5	3.8	21.510	16.890	712	102	59.3	5.76	64.4	16.1	1.73
16	160	88	6.0	9.9	8.0	4.0	26.131	20.513	1130	141	81.9	6.58	93.1	21.2	1.89
18	180	94	6.5	10.7	8.5	4.3	30.756	24.113	1660	185	108	7.36	122	26.0	2.00
20a	200	100	7.0	11.4	9.0	4.5	35.578	27.929	2370	237	138	8.15	158	31.5	2.12
20b		102	9.0				39.578	31.069	2500	250	148	7.96	169	33.1	2.06
22a	220	110	7.5	12.3	9.5	4.8	42.128	33.070	3400	309	180	8.99	225	40.9	2.31
22b		112	9.5				46.528	36.524	3570	325	191	8.78	239	42.7	2.27
25a	250	116	8.0	13.0	10.0	5.0	48.541	38.105	5020	402	232	10.2	280	48.3	2.40
25b		118	10.0				53.541	42.030	5280	423	248	9.94	309	52.4	2.40
28a	280	122	8.5	13.7	10.5	5.3	55.404	43.492	7110	508	289	11.3	345	56.6	2.50
28b		124	10.5				61.004	47.888	7480	534	309	11.1	379	61.2	2.49

续表

型号	尺寸 (mm)						截面面积 A (cm²)	质量 (kg/m)	x—x 轴				y—y 轴		
	h	b	t_w	l	r	r_1			I_x (cm⁴)	W_x (cm³)	S_x (cm³)	i_x (cm)	I_y (cm⁴)	W_y (cm³)	i_y (cm)
32a	320	130	9.5	15.0	11.5	5.8	67.156	52.717	11100	692	404	12.8	460	70.8	2.62
32b		132	11.5				73.556	57.741	11600	726	428	12.6	502	76.0	2.61
c		134	13.5				79.956	62.765	12200	760	455	12.3	544	81.2	2.61
36a	360	136	10.0	15.8	12.0	6.0	76.480	60.037	15800	875	515	14.4	552	81.2	2.69
36b		138	12.0				83.680	55.689	16500	919	545	14.1	582	84.3	2.64
c		140	14.0				90.880	71.341	17300	962	579	13.8	612	87.4	2.60
40a	400	142	10.5	16.5	12.5	6.3	86.112	67.598	21700	1090	636	15.9	660	93.2	2.77
40b		144	12.5				94.112	73.878	22800	1140	679	15.6	692	96.2	2.71
c		146	14.5				102.112	80.158	23900	1190	720	15.2	727	99.6	2.65
45a	450	150	11.5	18.0	13.5	6.8	102.446	80.420	32200	1430	834	17.7	855	114	2.89
45b		152	13.5				111.445	87.485	33800	1500	889	17.4	894	118	2.84
c		154	15.5				120.446	94.550	35300	1570	939	17.1	938	122	2.79
50a	500	158	12.0	20.0	14.0	7.0	119.304	93.654	46500	1860	1086	19.7	1120	142	3.07
50b		160	14.0				129.304	101.504	48600	1940	1146	19.4	1170	146	3.01
c		162	16.0				139.304	109.354	50600	2020①	1211	19.0	1220	151	2.96
56a	560	166	12.5	21.0	14.5	7.3	135.435	106.316	65600	2340	1375	22.0	1370	165	3.18
56b		168	14.5				146.635	115.108	68500	2450	1451	21.6	1490	174	3.16
c		170	16.5				157.835	123.900	71400	2550	1529	21.3	1560	183	3.16
63a	630	176	13.0	22.0	15.0	7.5	154.658	121.407	93900	2980	1732	24.6	1700	193	3.31
63b		178	15.0				167.258	131.298	98100	3110②	1834	24.2	1810	204	3.29
c		180	17.0				179.858	141.189	102000	3240③	1928	23.8	1920	214	3.27

①、②、③ 疑 GB 706—88 中所给数值有误，本表中这几个 W_x 值分别是按 GB 706—88 中所给相应的 I_x 和 h 计算求得（$W_x = 2I_x/h$），供参考。

附表 8　热轧普通槽钢

热轧普通槽钢的规格及截面特性(按 GB 707—88 计算)

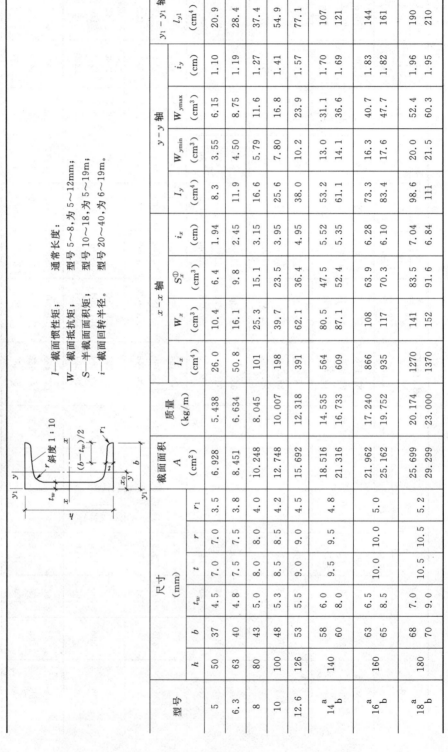

I—截面惯性矩;
W—截面抵抗矩;
S—半截面面积矩;
i—截面回转半径。

通常长度:
型号 5～8,为 5～12mm;
型号 10～18,为 5～19m;
型号 20～40,为 6～19m。

| 型号 | 尺寸 (mm) | | | | | | 截面面积 A (cm²) | 质量 (kg/m) | x-x 轴 | | | | y-y 轴 | | | | y_1-y_1 轴 | 重心距 |
	h	b	t_w	t	r	r_1			I_x (cm⁴)	W_x (cm³)	$S_x^{①}$ (cm³)	i_x (cm)	I_y (cm⁴)	$W_{y min}$ (cm³)	$W_{y max}$ (cm³)	i_y (cm)	I_{y1} (cm⁴)	x_0 (cm)
5	50	37	4.5	7.0	7.0	3.5	6.928	5.438	26.0	10.4	6.4	1.94	8.3	3.55	6.15	1.10	20.9	1.35
6.3	63	40	4.8	7.5	7.5	3.8	8.451	6.634	50.8	16.1	9.8	2.45	11.9	4.50	8.75	1.19	28.4	1.36
8	80	43	5.0	8.0	8.0	4.0	10.248	8.045	101	25.3	15.1	3.15	16.6	5.79	11.6	1.27	37.4	1.43
10	100	48	5.3	8.5	8.5	4.2	12.748	10.007	198	39.7	23.5	3.95	25.6	7.80	16.8	1.41	54.9	1.52
12.6	126	53	5.5	9.0	9.0	4.5	15.692	12.318	391	62.1	36.4	4.95	38.0	10.2	23.9	1.57	77.1	1.59
14ᵃ	140	58	6.0	9.5	9.5	4.8	18.516	14.535	564	80.5	47.5	5.52	53.2	13.0	31.1	1.70	107	1.71
b		60	8.0				21.316	16.733	609	87.1	52.4	5.35	61.1	14.1	36.6	1.69	121	1.67
16ᵃ	160	63	6.5	10.0	10.0	5.0	21.962	17.240	866	108	63.9	6.28	73.3	16.3	40.7	1.83	144	1.80
b		65	8.5				25.162	19.752	935	117	70.3	6.10	83.4	17.6	47.7	1.82	161	1.75
18ᵃ	180	68	7.0	10.5	10.5	5.2	25.699	20.174	1270	141	83.5	7.04	98.6	20.0	52.4	1.96	190	1.88
b		70	9.0				29.299	23.000	1370	152	91.6	6.84	111	21.5	60.3	1.95	210	1.84

续表

| 型号 | 尺寸(mm) | | | | | | 截面面积 A (cm²) | 质量 (kg/m) | x-x轴 | | | | y-y轴 | | | | y1-y1轴 | 重心距 |
	h	b	t_w	t	r	r_1			I_x (cm⁴)	W_x (cm³)	S_x① (cm³)	i_x (cm)	I_y (cm⁴)	W_{ymin} (cm³)	W_{ymax} (cm³)	i_y (cm)	I_{y1} (cm⁴)	x_0 (cm)
20 a	200	73	7.0	11.0	11.0	5.5	28.837	22.637	1780	178	104.7	7.86	128	24.2	63.7	2.11	244	2.01
b		75	9.0				32.837	25.777	1910	191	114.7	7.64	144	25.9	73.8	2.09	268	1.95
22 a	220	77	7.0	11.5	11.5	5.8	31.846	24.999	2390	218	127.6	8.67	158	28.2	75.2	2.23	298	2.10
b		79	9.0				36.246	28.453	2570	234	139.7	8.42	176	30.1	86.7	2.21	326	2.03
25a	250	78	7.0	12.0	12.0	6.0	34.917	27.410	3370	270	157.8	9.82	176	30.6	85.0	2.24	322	2.07
25b		80	9.0				39.917	31.335	3530	282	173.5	9.41	196	32.7	99.0	2.22	353	1.98
c		82	11.0				44.917	35.260	3690	295	189.1	9.07	218	34.7①	113	2.21	384	1.92
a	280	82	7.5	12.5	12.5	6.2	40.034	31.427	4760	340	200.2	10.9	218	35.7	104	2.33	388	2.10
28b		84	9.5				45.634	35.823	5130	366	219.8	10.6	242	37.9	120	2.30	428	2.02
c		86	11.5				51.234	40.219	5500	393	239.4	10.4	268	40.3	137	2.29	463	1.95
a	320	88	8.0	14.0	14.0	7.0	48.513	38.083	7600	475	276.9	12.5	305	46.5	136	2.50	552	2.24
32b		90	10.0				54.913	43.107	8140	509	302.5	12.2	336	49.2	156	2.47	593	2.16
c		92	12.0				61.313	48.131	8690	543	328.1	11.9	374	52.6	179	2.47	643	2.09
a	360	96	9.0	16.0	16.0	8.0	60.910	47.814	11900	660	389.9	14.0	455	63.5	186	2.73	818	2.44
36b		98	11.0				68.110	53.466	12700	703	422.3	13.6	497	66.9	210	2.70	880	2.37
c		100	13.0				75.310	59.118	13400	746	454.7	13.4	536	70.0	229	2.67	948	2.34
a	400	100	10.5	18.0	18.0	9.0	75.068	58.928	17600	879	524.4	15.3	592	78.8	238	2.81	1070	2.49
40b		102	12.5				83.068	65.208	18600	932	564.4	15.0	640	82.5	262	2.78	1140	2.44
c		104	14.5				91.068	71.488	19700	986	604.4	14.7	688	86.2	284	2.75	1220	2.42

① GB 707—88中S_x值没有提供，表中所列S_x值系取自原国际GB 707—65，供计算截面最大剪应力时参考采用。

② 疑GB 707—88中所给数值有误，本表中该W_{ymin}值是按GB 707—88中所给相应的I_y、b和计算求得$\left(W_{ymin} = \dfrac{I_y}{b - x_0}\right)$，供参考。

附表9 热轧 H 型钢和部分 T 型钢

热轧 H 型钢和剖分 T 型钢的规格及截面特性(按 GB 11263—89 计算)

符号 h—H 型钢截面高度;b—翼缘宽度;t_1—腹板厚度;t_2—翼缘厚度;W—截面惯量;i—回转半径;

S—半截面的静力矩;I—惯性矩。

对 T 型钢:截面高度 h_T,截面面积 A_T,质量 q_T,惯性矩 I_{yT} 等于相应 H 型钢的 1/2;

HW,HM,HN 分别代表宽翼缘、中翼缘、窄翼缘 H 型钢;

TW,TM,TN 分别代表各自 H 型钢剖分的 T 型钢。

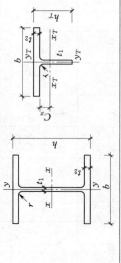

类别	H 型钢规格 $(h \times b \times t_1 \times t_2)$	截面积 A cm²	质量 q kg/m	I_x cm⁴	W_x cm³	i_x cm	I_y cm⁴	W_y cm³	i_y,i_{yT} cm	重心 C_x cm	I_{xT} cm⁴	i_{xT} cm	T 型钢规格 $(h_T \times b \times t_1 \times t_2)$	类别
HW	100×100×6×8	21.90	17.2	383	76.5	4.18	134	26.7	2.47	1.00	16.1	1.21	50×100×6×8	TW
	125×125×6.5×9	30.31	23.8	847	136	5.29	294	47.0	3.11	1.19	35.0	1.52	62.5×125×6.5×9	
	150×150×7×10	40.55	31.9	1660	221	6.39	564	75.1	3.73	1.37	66.4	1.81	75×150×7×10	
	175×175×7.5×11	51.43	40.3	2900	331	7.50	984	112	4.37	1.55	115	2.11	87.5×175×7.5×11	
	200×200×8×12	64.28	50.5	4770	477	8.61	1600	160	4.99	1.73	185	2.40	100×200×8×12	
	#200×204×12×12	72.28	56.7	5030	503	8.35	1700	167	4.85	2.09	25.6	2.66	#100×204×12×12	
	250×250×9×14	92.18	72.4	10800	867	10.8	3650	292	6.29	2.08	412	2.99	125×250×9×14	
	#250×255×14×14	104.7	82.2	11500	919	10.5	3880	304	6.09	2.58	589	3.36	#125×255×14×14	
	#204×302×12×12	108.3	85.0	17000	1160	12.5	5520	365	7.14	2.83	858	3.98	#147×302×12×12	
	300×300×10×15	120.4	94.5	20500	1370	13.1	6760	450	7.49	2.47	798	3.64	150×300×10×15	
	300×305×15×15	135.4	106	21600	1440	12.6	7100	466	7.24	3.02	1110	4.05	150×305×15×15	
	#344×348×10×16	146.0	115	33300	1940	15.1	11200	646	8.78	2.67	1230	4.11	#172×348×10×16	
	350×350×12×19	173.9	137	40300	2300	15.2	13600	776	8.84	2.86	1520	4.18	175×350×12×19	

阝　表

附 表 9

续表

类别	H型钢规格 (h×b×t₁×t₂)	截面积 A cm²	质量 q kg/m	x-x轴 I_x cm⁴	W_x cm³	i_x cm	y-y轴 I_y cm⁴	W_y cm³	i_y,i_{yT} cm	重心 C_x cm	x_T-x_T轴 I_{xT} cm⁴	i_{xT} cm	T型钢规格 ($h_T×b×t_1×t_2$)	类别
HW	#388×402×15×15	179.2	141	49200	2540	16.6	16300	809	9.52	3.69	2480	5.26	#194×402×15×15	TW
	#394×398×11×18	187.6	147	56400	2860	17.3	18900	951	10.0	3.01	2050	4.67	#197×398×11×18	
	400×400×13×21	219.5	172	66900	3340	17.5	22400	1120	10.1	3.21	2480	4.75	200×400×13×21	
	#400×408×21×21	251.5	197	71100	3560	16.8	23800	1170	9.73	4.07	3650	5.39	#200×408×21×21	
	#414×405×18×28	296.2	233	93000	4490	17.7	31000	1530	10.2	3.68	3620	4.95	#207×405×18×28	
	#428×407×20×35	361.4	284	119000	5580	18.2	39400	1930	10.4	3.90	4380	4.92	#214×407×20×35	
HM	148×100×6×9	27.25	21.4	1040	140	6.17	151	30.2	2.35	1.55	51.7	1.85	74×100×6×9	TM
	194×150×6×9	39.76	31.2	2740	283	8.30	508	67.7	3.57	1.78	125	2.50	97×150×6×9	
	244×175×7×11	56.24	44.1	6120	502	10.4	985	113	4.18	2.27	289	3.20	122×176×7×11	
	294×200×8×12	73.03	57.3	11400	779	12.5	1600	160	4.69	2.82	572	3.96	147×200×8×12	
	340×250×9×14	101.5	79.7	21700	1280	14.6	3650	292	6.00	3.09	1020	4.48	170×250×9×14	
	390×300×10×16	136.7	107	38900	2000	16.9	7210	481	7.26	3.40	1730	5.03	195×300×10×16	
	440×300×11×18	157.4	124	56100	2550	18.9	8110	541	7.18	4.05	2680	5.84	220×300×11×18	
	482×300×11×15	146.4	115	60800	2520	20.4	6770	451	6.80	4.90	3420	6.83	241×300×11×16	
	488×300×11×18	164.4	129	71400	2930	20.8	8120	541	7.03	4.65	3620	6.64	244×300×11×18	
	582×300×12×17	174.5	137	103000	3530	24.3	7670	511	6.63	6.39	6360	8.54	291×300×12×17	
	588×300×12×20	192.5	151	118000	4020	24.8	9020	601	6.85	6.08	6710	8.35	294×300×12×20	
	#594×302×14×23	222.4	175	137000	4620	24.9	10600	701	6.90	6.33	7920	8.44	#297×302×14×23	
HN	100×50×5×7	12.16	9.54	192	38.5	3.98	14.9	5.96	1.11	1.27	11.9	1.40	50×50×5×7	TN
	125×60×6×8	17.01	13.3	417	66.8	4.95	29.3	9.76	1.31	1.63	27.6	1.80	62.5×60×6×8	
	150×75×5×7	18.16	14.3	679	90.6	6.12	49.6	13.2	1.65	1.78	42.7	2.17	75×75×5×7	
	175×90×5×8	23.21	18.2	1220	140	7.26	97.6	21.7	2.05	1.92	70.7	2.47	87.5×90×5×8	
	198×99×4.5×7	23.59	18.5	1610	163	8.27	114	23.0	2.20	2.13	94.0	2.82	99×99×4.5×7	
	200×100×5.5×8	27.57	21.7	1880	188	8.25	134	26.8	2.21	2.27	115	2.88	100×100×5.5×8	

续表

类别	H型钢规格 ($h×b×t_1×t_2$)	截面积 A cm²	质量 q kg/m	$x-x$轴 I_x cm⁴	W_x cm³	i_x cm	$y-y$轴 I_y cm⁴	W_y cm³	i_y, i_{yT} cm	重心 C_x cm	x_T-x_T轴 I_{xT} cm⁴	i_{xT} cm	T型钢规格 ($h_T×b×t_1×t_2$)	类别
HN	248×124×5×8	32.89	25.8	3560	287	10.4	255	41.1	2.78	2.68	208	3.56	124×124×5×8	TN
	250×125×6×9	37.87	29.7	4080	326	10.4	294	47.0	2.79	2.78	249	3.62	125×125×6×9	
	298×149×5.5×8	41.55	32.6	6460	433	12.4	443	50.4	3.26	3.22	395	4.36	149×149×5.5×8	
	300×150×6.5×9	47.53	37.3	7350	490	12.4	508	67.7	3.27	3.38	465	4.42	150×150×6.5×9	
	346×174×6×9	53.19	41.8	11200	649	14.5	792	91.0	3.86	3.68	681	5.06	173×174×6×9	
	350×175×7×11	63.66	50.0	13700	782	14.7	985	113	3.93	3.74	816	5.06	175×175×7×11	
	#400×150×8×13	71.12	55.8	18800	942	16.3	734	97.9	3.21	—	—	—	—	
	390×199×7×11	72.16	56.7	20000	1010	16.7	1450	145	4.48	4.17	1190	5.76	198×198×7×11	
	400×200×8×13	84.12	66.0	23700	1190	16.8	1740	174	4.54	4.23	1400	5.76	200×200×8×13	
	#450×150×9×14	83.41	55.5	27100	1200	18.0	793	106	3.08	—	—	—	—	
	446×199×8×12	84.96	66.7	29000	1300	18.5	1580	159	4.31	5.07	1880	6.65	223×199×8×12	
	450×200×9×14	97.41	76.5	33700	1500	18.6	1870	187	4.38	5.13	2160	6.66	226×200×9×14	
	#500×150×10×16	98.23	77.1	38500	1540	19.8	907	121	3.04	—	—	—	—	
	496×199×9×14	101.3	79.5	41900	1690	20.3	1840	185	4.27	5.90	2840	7.49	248×199×9×14	
	500×200×10×16	114.2	89.6	47800	1910	20.5	2140	214	4.33	5.96	3210	7.50	250×200×10×16	
	#506×201×11×19	131.3	103	56500	2230	20.8	2580	257	4.43	5.95	3670	7.48	#253×201×11×19	
	596×199×10×15	121.2	95.1	69300	2330	23.9	1980	199	4.04	7.76	5200	9.27	298×199×10×15	
	600×200×11×17	135.2	106	78200	2610	24.1	2280	228	4.11	7.81	5820	9.28	300×200×11×17	
	#606×201×12×20	153.3	120	91000	3000	24.4	2720	271	4.21	7.76	6580	9.26	#303×201×12×20	
	#692×300×13×20	211.5	166	172000	4980	28.6	9020	602	6.53	—	—	—	—	
	700×300×13×24	235.5	185	201000	5760	29.3	10800	722	6.78	—	—	—	—	

注　"#"表示的规格为非常用规格。

附表10　锚　栓　规　格

型　式					Ⅰ			Ⅱ			Ⅲ	
锚栓直径 d（mm）	20	24	30	36	42	48	56	64	72	80	90
锚栓有效截面面积（cm²）	2.45	3.53	5.61	8.17	11.20	11.70	20.30	26.80	34.80	43.44	55.91
锚栓拉力设计值（kN）（Q235 钢）	34.3	49.4	78.5	114.4	156.9	206.2	284.2	375.2	484.4	608.2	782.2
Ⅲ 型锚栓	锚板宽度 c（mm）				110	200	200	240	280	350	400
	锚板厚度 t（mm）				20	20	20	25	30	40	40

附表11　螺栓的有效截面面积

螺栓直径 d（mm）	16	18	20	22	24	27	30
螺距 p（mm）	2	2.5	2.5	2.5	3	3	3.5
螺栓有效直径 d_a（mm）	14.1236	15.6545	17.6545	19.6545	21.1854	24.1854	26.7163
螺栓有效截面面积 A_a（mm²）	156.7	192.5	244.8	303.4	352.5	459.4	560.6

注　表中的螺栓有效截面面积 A_a 值按下式算得：

$$A_a = \frac{e}{A}\left(d - \frac{13}{24}\sqrt{3}\,p\right)^2$$

参 考 文 献

[1] 中华人民共和国国家标准.GB 50017—2003 钢结构设计规范.北京：中国建筑工业出版社，2001.

[2] 中华人民共和国国家标准.GB 50205—2001 钢结构工程施工质量验收规范.北京：中国建筑工业出版社，2001.

[3] 中华人民共和国国家标准.GB 50068—2001 建筑结构可靠度设计统一标准.北京：中国建筑工业出版社，2001.

[4] 中华人民共和国国家标准.GB 50009—2001 建筑结构荷载规范.北京：中国建筑工业出版社，2001.

[5] 周绥平.钢结构.武汉：武汉理工大学出版社，2009.

[6] 满广生.钢结构制作与安装.北京：中国水利水电出版社，2010.

[7] 唐丽萍，乔志远.钢结构制造与安装.北京：机械工业出版社，2008.

[8] 汤金华.钢结构制造与安装.南京：东南大学出版社，2006.

[9] 魏明钟，戴国欣.钢结构.武汉：武汉理工大学出版社，2007.

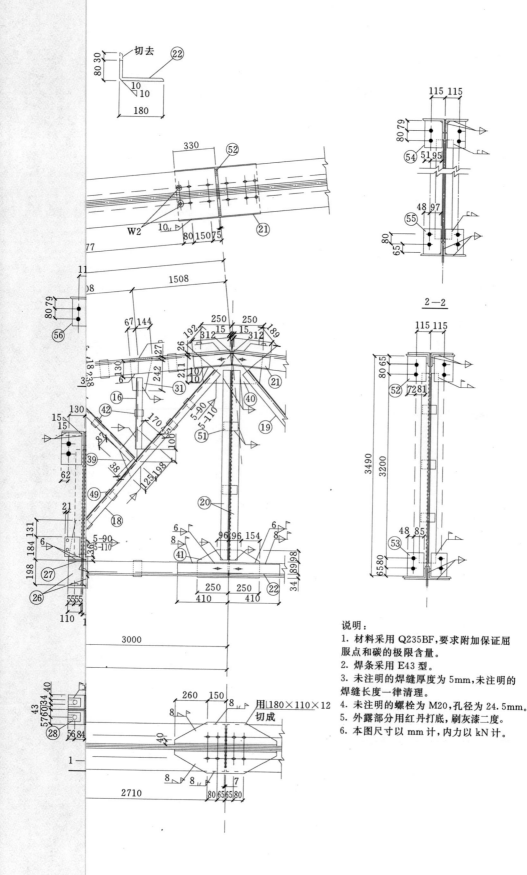

说明:
1. 材料采用 Q235BF,要求附加保证屈服点和碳的极限含量。
2. 焊条采用 E43 型。
3. 未注明的焊缝厚度为 5mm,未注明的焊缝长度一律清理。
4. 未注明的螺栓为 M20,孔径为 24.5mm。
5. 外露部分用红丹打底,刷灰漆二度。
6. 本图尺寸以 mm 计,内力以 kN 计。